电机制造工艺及装配

主　编　罗小丽
副主编　刘万太　李谟发
参　编　蒋　燕　宁金叶　罗胜华
　　　　赵东芝　贺　东
主　审　陈意军

机 械 工 业 出 版 社

本书以介绍中小型电机的制造和装配为主，大型电机制造工艺为辅，着重介绍了电机制造的工艺特点、工艺方案的分析方法、电机装配的工艺步骤、绕组制造工艺、定子与转子铁心制造工艺、产品检查试验，以及零部件加工质量对产品性能的影响等内容。

本书可作为高等职业院校及技工院校电机与电器及相关专业的教材，也可作为电机相关行业和企业培训用书，还可供相关工程技术人员的参考用书。

图书在版编目（CIP）数据

电机制造工艺及装配/罗小丽主编. —北京：机械工业出版社，2015.8（2023.8 重印）

ISBN 978-7-111-51152-6

Ⅰ.①电… Ⅱ.①罗… Ⅲ.①电机-生产工艺-高等职业教育-教材 Ⅳ.①TM305

中国版本图书馆 CIP 数据核字（2015）第 191959 号

机械工业出版社（北京市百万庄大街 22 号 邮政编码 100037）
策划编辑：林运鑫 责任编辑：林运鑫 版式设计：霍永明
责任校对：张玉琴 封面设计：张 静 责任印制：郜 敏
北京富资园科技发展有限公司印刷
2023 年 8 月第 1 版第 5 次印刷
184mm×260mm · 14 印张 · 362 千字
标准书号：ISBN 978-7-111-51152-6
定价：39.80 元

凡购本书，如有缺页、倒页、脱页，由本社发行部调换

电话服务
服务咨询热线：010-88379833
读者购书热线：010-88379649

网络服务
机 工 官 网：www.cmpbook.com
机 工 官 博：weibo.com/cmp1952
教育服务网：www.cmpedu.com
金 书 网：www.golden-book.com

前　　言

根据国家对高等职业院校教育教学发展的要求，为了完善国家高技能型人才培养体系建设，加快培养一大批结构合理、素质优良的技术技能型、复合技能型和知识技能型高技能人才的这一建设目标，结合高等职业院校的教学要求和办学特点，我们特编写了《电机制造工艺及装配》一书。

电机制造工艺及装配是电机与电器专业的必修课。通过本课程的学习，可以使学生在校期间就能对典型产品的结构有一定的认识，初步了解电机制造工艺的基本理论知识，掌握电机零部件典型工艺的特点。

本书由罗小丽任主编，并负责全书统稿及部分插图的制作，刘万太 、李谟发任副主编，参加编写的还有蒋燕、宁金叶、罗胜华、赵东芝 、贺东，全书由陈意军主审。

本书在编写过程中得到了湘潭电机股份有限公司相关领导和专业技术人员的大力支持，在此表示衷心的感谢。

由于编者水平有限，书中难免存在错误和不妥之处，恳请广大读者批评与指正。

编　者

目　录

绪论

电机制造工业为电力工业提供发电设备，又为其他工业以及交通运输业和农业等提供动力机械。因此，电机制造工业的发展程度已成为衡量一个国家工业技术水平的重要标志之一。

一、电机工业发展概况

新中国成立前，我国电机制造工业十分落后，当时仅能生产一些小型电机，基础薄弱，技术落后、产品型式混乱，技术标准不统一，主要原材料依靠国外供应，且大都属于修配性质。

新中国成立后，我国电机制造工业得到了迅速发展，产品从无到有、从小到大、从仿制到自行设计，并已初具规模与自成体系。在发展产品品种和提高产品质量等方面都取得了巨大成绩，为我国电机制造工业的发展奠定了良好的基础。近年来，在发展新产品、新材料、新工艺及推行标准化等方面，又取得了许多新的成就，适应了我国经济建设与改革开放新形势的需要。

电机制造方面：三相异步电动机由 J、JO 系列→J2、J02 系列→Y、Y—L 系列完成了三次统一设计。Y、Y—L 系列的功率等级与安装尺寸均符合国际电工标准，它们的大量生产标志着我国电机制造工业向世界先进水平迈出了一大步。后来，我国又统一设计了 Y2 系列三相异步电动机。产品达到 20 世纪 90 年代国际先进水平，它是 Y 系列电动机的更新产品，得到了广泛推广与生产。而直流电机由 Z 系列→Z2 系列→Z4 系列，并采用了叠片机座和 F 级绝缘等新结构。此外，大中型电机发展速度更快，先后制造了60 万千瓦汽轮发电机、30 万千瓦水轮发电机、中型高压异步电动机和多绕组多速异步电动机等新产品。电机生产中采用各种自动加工线、多工位专用机床和数控机床、多工位高速自动级进式冲床及绕组制造自动化等先进工艺，促进了我国电机制造工业生产技术水平的不断提高。

二、电机制造工业发展方向

随着引进技术的不断深入，电机制造工业将有更大的发展。如采用计算机优化设计，不断发展新产品、新材料与新工艺，生产工艺向机械化、自动化发展，不断提高产品质量与劳动生产率等。目前，我国电机制造工业的发展方向主要体现在以下几个方面：

第一，进一步采用计算机优化设计，力求电机的体积小、材料省、结构新及质量高，以便不断提高产量与降低成本，适应国内外市场的需要。

第二，不断发展新产品、新材料与新工艺，在实现国产化的基础上不断发展新品种。采用新型的导磁材料与绝缘材料，推广高速多工位级进式冲制方法、高速自动冲槽机、压合铁心、绕组机械化嵌线及滴浸、连续沉浸等新工艺。

第三，加速生产工艺的机械化与自动化，如可快速调整的加工自动生产线、数控机床进行群控的柔性加工系统在机械加工中广泛应用。多工位高速自动级进式冲床、高速自动冲床在铁心制造中的广泛应用，拉入式自动下线机、插槽绝缘机、插槽楔机、端部绑扎机等在绕组制造中的广泛应用。

第四，加强计算机在电机测试中的应用，提高测试技术与手段，确保电机产品质量的不断提高。

第五，加强技术、生产与经营管理，节约原材料，降低生产成本，提高劳动生产率，为企业创造更多的经济效益。

三、电机制造工艺的多样性

电机是一种实现机电能量传递和转换的电磁装置。它除了具有和一般机器类似的机械结构之外，还具有特殊的导电、导磁和绝缘结构。因此，尽管电机制造属于机械制造范畴，但是电机制造工艺与一般机械制造工艺相比具有以下几个特点：

（1）工种多，工艺涉及面广　除一般机械制造中所共有的铸、锻、焊、机械加工、冲压、表面被覆和装配等工艺外，还有铁心的冲制和压装，绕组的绕制、成型、嵌线和浸漆，换向器制造，集电环制造，电刷装置制造，磁钢充磁，印制绕组制造，塑料件制造等多种工艺。

（2）非标准设备和非标准工艺装备多　除标准的金属切削机床和压力机床外，还采用大量的非标准设备和非标准工艺装备。非标准设备如冲片涂漆机、离心铸铝机、绕线机、线圈张形机、浸漆设备等。非标准工艺装备如机座止口胎具、冲片冲模、笼型转子铸铝模和塑料件压模等。有的由电工机械厂制造，多数则由电机生产厂制造。

（3）制造材料种类多　电机制造中不但要用到一般的金属及其合金材料，如钢、铸铁、铜、铝、硅钢片，还大量地应用各种不同种类的绝缘材料以及工程塑料。因此，在电机制造中应尽量避免贵重材料的浪费。

（4）加工精度要求高　为使电机运行可靠和安装方便，零部件配合尺寸和安装尺寸的精度要求较高。同时，要求电机磁路对称，旋转平稳，对定子与转子的同轴度要求较高。为降低磨损和摩擦损耗，对转轴的轴承档和推力轴承的镜板等表面粗糙度方面要求也比较高。

（5）手工劳动量较大　除大批量生产的小型或微型电机外，由于铁心、绕组和换向器等结构的特殊性，使这些部件的制造工艺机械化和自动化水平仍然很低，手工劳动量较大。

四、电机结构和制造工艺间的关系

电机的结构和制造工艺之间有着极其密切的关系。可以说，电机的结构是制造工艺进行的基础，而制造工艺是结构实现的条件。所以，在设计电机时，对电机的结构工艺性必须给予充分的考虑。所谓结构工艺性问题，是指在研究确定电机结构时，既考虑产品运行性能的要求，又要重视其生产条件和经济效果。当产品的运行性能和生产条件之间出现矛盾时，应作具体分析，合理地把它们统一起来，确定出最合理的结构方案。当电机结构不够适宜时，即使采用了极复杂昂贵的工艺装备也经常不能保证电机的性能及生产效率。以拱形换向器和楔形换向器作比较，虽然后者具有变形小、运行性能可靠等优点，但由于加工困难，所以还是拱形换向器得到了广泛的应用。还应指出的是，电机结构中的某些难点，有时因为出现了合理的工艺方法而得到了解决。例如，由于塑料压制工艺在换向器上的应用，出现了塑料换向器，因而使得形状复杂的V形云母环和精度要求很高的V形槽和V形压圈的加工可以省略。又如以铸铝工艺代替铜条焊接工艺来制造异步电动机的笼型绕组，因而获得了高质量、高效率的生产效果。

在考虑电机结构时，除要考虑如何满足运行性能的要求外，还应考虑电机生产的经济效益。电机的结构对电机的加工工时和生产成本影响很大。每一个零件都可以有几种不同的结构方案，即使在一种方案中，其加工精度、表面粗糙度、加工余量、材料选择、零件形状的确定等，都对生产工时和制造成本有很大影响。在确定结构方案时还应考虑到尽量缩短生产周期，同时应尽量采用标准件、通用件、标准工艺装备以及利用现有的工艺装备等，以期获得更好的经济效果。因为在电机结构确定的同时，常常是工艺方案也随之而定了。所以在设计一台电机（特别是大型电机）时，设计人员与工艺人员的工作应该是自始至终密切配合，平行交叉进行的。如果设计人员仅仅考虑到所设计电机的运行性能的优越而忽视了电机结构工艺性；或者工艺人员仅仅注意到工艺方法而并不了解所设计电机的结构意图，这些对电机的生产都是不利的。既有优良的运行性能又有优越的工艺性的产品设计，才是一个成功的设计。因此，设计人员和工艺人员都应该深入生产实际，结合工厂的生产条件确定切实可行的工艺原则，作为设计和工艺的指导思想。决不可生硬照搬，哪怕是别人的成功经验，如果不结合自身实际情况，也可能给生产带来损失。

五、生产类型

电机的生产类型对制造工艺和生产经济性影响很大。按照一种电机年产量的多少，电机生产可分为单件生产、成批生产和大量生产三种类型。

（1）单件生产　年产量只有一台或几台。制造以后便不再重复生产，或者即使再生产，也是不定期的。例如大型电机的制造、新产品的试制等都是属于单件生产。

（2）成批生产　年产量较大且成批制造，每隔一定时间重复生产。成批生产是电机制造中最常见的生产类型。按照产品结构的复杂程度和年产量的多少，成批生产又可分为小批量生产、中批量生产和大批量生产三种。小批量生产的工艺情况类似单件生产，大批量生产的工艺情况类似大量生产。

（3）大量生产　年产量很大，大多数零部件的制造和装配经常用固定的工艺进行生产。

由于生产类型不同，所采取的工艺差别较大。各种生产类型采用的工艺及对操作人员的要求如下：

（1）单件生产和小批量生产　一般零部件的加工均采用适用机床和通用工艺装备，仅制造一些必需的专用设备和工具。为保证电机质量，操作人员必须具备较高的技术水平。

（2）中批量生产　一般零部件的加工采用通用机床和专用工艺装备，或采用程控机床与数控机床进行加工，既可保证产品质量，又有较高的生产率；对操作人员的技术水平要求可适当降低，使生产成本下降。

（3）大批量生产和大量生产　零部件采用专用机床组成的自动或半自动流水线进行生产，以进一步提高生产效率，对操作人员技术水平的要求较低；产品质量稳定，成本较低，具有更大的经济效益。

六、电机制造的技术准备和工艺准备工作

电机制造的准备工作是按照一定的计划和一定的生产程序进行的。其目的是为了使产品能顺利地进行生产，以及改善现有制造技术。电机制造的准备工作分为技术准备工作和工艺准备工作。

1. 加工工艺过程的组成

电机生产过程中，存在大量的机械加工。机械加工工艺过程是指用机械加工方法直接改变毛坯的形状和尺寸，使之成为成品。将比较合理的机械加工工艺过程确定下来，编写作为施工依据的文件，即为机械加工工艺规程。

机械加工工艺过程由一个或若干个顺序排列的工序所组成，毛坯依次通过这些工序变为成品。

（1）工序　一个（或一组）工人在一台机床上（或一个工作位置）对一个或几个工件所连续完成的工艺过程的一部分，称为工序。工序是工艺过程的基本单元，也是生产计划的基本单元。划分工序的主要依据是零件加工过程中工作地点是否变动。

（2）安装与工位　在同一道工序中，有时需要对零件进行一次或多次装卸加工，每装卸一次零件称为一次安装。工件加工中应尽可能减少安装次数。因为安装次数越多，安装误差越大，而且安装工件的辅助时间也越多。为减少安装次数，常采用各种回转夹具，使工件在一次安装中先后处于几个不同的位置进行加工。此时，在一次安装过程中，工件在机床上占据的每一个加工位置称为工位。工件在每个工位上完成一定的加工工作。

（3）工步　当加工表面、切削刀具和切削用量中的转速和进给量都保持不变时所完成的那一部分工作称为工步。一道工序包括一个或若干个工步。构成工步的任一因素（加工表面、刀具或规范）改变后，一般即成为另一新的工步。但是，对于那些连续进行的若干个相同的工步（如对 4 孔 ϕ10mm 的钻削），为简化工艺，习惯上多看作为一个工步。采用复合刀具或多刀加工的工步称为复合工步。在工艺文件上，复合工步应视为一个工步。

2. 电机生产的技术准备工作

电机生产的技术准备工作是依据电机设计过程中所给出的设计图样来进行的。一般情况下，生产中的技术准备包括以下几个方面，它们之间互为平行作业关系。

（1）产品的结构设计与改进　保证生产中所需要的图样、技术条件、说明书、规范以及其他设计资料。

（2）编制工艺规程　工艺规程是反映比较合理的工艺过程的技术文件。它是指导生产、管理工作以及设计新建或扩建工厂的依据。合理的工艺规程是在总结广大工人和技术人员的实践经验的基础上，依据科学理论和必要的科学试验而制定的。按照它进行生产，可以保证产品质量和较高的生产效率与经济性。因此，生产中一般应严格执行既定的工艺规程。实践证明，不按科学的工艺进行生产，往往会引起产品质量的严重下降及生产效率显著降低，甚至使生产陷入混乱状态。

但工艺规程并不是一成不变的。它应不断地反映工人的革新创造，及时地汲取国内外先进工艺技术，不断予以改进和完善，以便更好地指导生产。

制定工艺规程的基本原则，是在一定的生产条件和规模下，保证以最低的生产成本及最高的劳动生产率，可靠地加工出符合图样要求的零件。为此，必须正确处理质量与数量、人与设备之间的辩证关系，在保证加工质量的前提下，选择最经济合理的加工方案。制定工艺规程时，工艺人员必须认真研究原始资料，如产品图样、生产纲领（年产量）、毛坯资料以及现场的设备和工艺装备的状况等，然后参照国内外同行业工艺技术发展状况，结合本部门已有的生产实践经验，进行工艺文件的编制。为了使所拟工艺符合生产实际，工艺人员要深入现场，调查研究，虚心听取工人师傅的意见，集中群众的智慧。对于先进工艺技术的采用，应先经过必要的工艺试验。在制定工艺规程时，尤其应注意技术上的先进性、经济上的合理性及具有良好的劳动条件。

(3) 编制工艺规程的内容及步骤

1) 研究分析电机产品的装配图和零件图，从加工和制造角度对零件工作图进行分析和工艺审查，检查图样的完整性和正确性，分析图样上尺寸公差、形位公差及表面粗糙度等技术要求是否合理；审查零件的材料及其结构工艺性等，如发现有缺点和错误，工艺人员应及时提出，并会同设计人员进行研究，按照规定的审批手续对图样作必要的补充和修改。

2) 确定生产类型，并将零件分类分组和划分工段，按生产纲领确定生产组织形式。首先制定其中有代表性零件的工艺过程（其他零件的工艺过程可能只需增减或更换个别工序），此时要考虑机床和工艺装备的通用性。根据生产组织形式的不同，对大批生产应注意采用流水作业，尽量采用高效率的加工方法及广泛应用专用的工艺装备；同时还要求严格地平衡各工序的时间，使之按规定的节奏进行生产。对单件和小批量生产则采用万能机床和通用工艺装备，不需平衡各工序的时间，其需考虑各机床的负荷率。

3) 确定毛坯的种类和尺寸，选择定位基准和主要表面的加工方法，拟定零件加工工艺路线。

4) 确定加工工序及其公差。

5) 选择机床、工艺装备。

6) 确定切削用量、工时定额及工人等级。

7) 填写工艺文件。

(4) 先进技术定额的制定　主要是材料消耗定额、劳动消耗量、设备及工装的需要量等。

(5) 工艺装备的设计与制造　包括生产中所需要的模具、工夹具、刀具及量具等。

(6) 检查与调整　深入车间生产现场，检查调整所设计的工艺过程，以便掌握与贯彻工艺规范中所规定的最合理的工序、制度和方法。要求按图样、工艺及技术标准生产，同时检查与调整设备与工艺装备。

3. 电机生产的工艺准备工作

(1) 电机生产的工艺准备

1) 工艺规程的编制和推行。

2) 有关工具设备的设计、制造与调整。

3) 编制先进工具及设备使用的定额。

4) 编制材料消耗、工时消耗定额。

5) 设计与贯彻先进的生产技术、合理的检验方法。

下面仅就工艺文件的格式及其应用加以叙述。

工艺规则制定后，以表格或卡片的形式确定下来，作为生产准备和施工依据的技术文件，称为工艺文件。工艺文件大体上分为两类：一类是一般机械加工通用的工艺过程卡片、工艺卡片及工序卡片；另一类是电工专用的工艺守则。

(2) 工艺过程卡片（又称为路线单）　工艺过程卡片主要列出了整个零件加工所经过的路线，包括毛坯加工、机械加工、热处理等过程。按加工先后顺序注明工序安排次序、加工车间、所用设备及工艺装备等。它是制定其他工艺文件的基础，也是生产技术准备、编制生产作业计划和组织生产的依据。在单件和小批量生产中，一般零件仅编制工艺过程卡片作为工艺指导文件，见表0-1。

表 0-1 工艺过程卡片

<table>
<tr><td colspan="2" rowspan="2">厂名</td><td colspan="3" rowspan="2">简明工艺过程卡片</td><td colspan="2">产品型号</td><td>零件图号</td><td>零件名称</td><td colspan="2">共 页</td></tr>
<tr><td colspan="2"></td><td></td><td></td><td colspan="2">第 页</td></tr>
<tr><td colspan="2">毛坯种类</td><td>材料</td><td colspan="2"></td><td colspan="2">材料定额</td><td colspan="2"></td><td colspan="2">工时定额</td></tr>
<tr><td>序号</td><td>工序</td><td colspan="3">操作内容</td><td>车间</td><td>设备</td><td colspan="2">工艺装备</td><td>准备终结</td><td>单件</td></tr>
<tr><td></td><td></td><td colspan="3"></td><td></td><td></td><td colspan="2"></td><td></td><td></td></tr>
<tr><td></td><td></td><td colspan="3"></td><td></td><td></td><td colspan="2"></td><td></td><td></td></tr>
<tr><td></td><td></td><td colspan="3"></td><td></td><td></td><td colspan="2"></td><td></td><td></td></tr>
<tr><td></td><td></td><td colspan="3"></td><td></td><td></td><td colspan="2"></td><td></td><td></td></tr>
<tr><td></td><td></td><td colspan="3"></td><td></td><td></td><td colspan="2"></td><td></td><td></td></tr>
<tr><td>编制</td><td></td><td>日期</td><td></td><td>审核</td><td></td><td>日期</td><td>车间会签</td><td></td><td>日期</td><td></td></tr>
</table>

(3) 工艺卡片　工艺卡片是局限在某一加工车间范围内，以工序为单元详细说明整个工艺过程的工艺文件。它是用来指导工人进行生产和帮助车间领导和技术人员掌握整个零件加工过程的一种最主要的文件，广泛应用于成批生产和小批生产中比较重要的文件。卡片不仅标出工序顺序、工序内容，同时对主要工序还要表示出工步内容、工位和必要的加工简图或加工说明，见表 0-2。此外，还包括零件的工艺特征（材料、重量、加工表面及其公差等级和表面粗糙度要求等）。对于一些重要零件还应说明毛坯性质和生产纲领。

表 0-2 工艺卡片

<table>
<tr><td colspan="4">____________工厂</td><td>产品型号</td><td colspan="2"></td><td>零件名称</td><td></td><td colspan="2">零件号</td><td></td></tr>
<tr><td colspan="4" rowspan="2">机械加工工艺卡</td><td>每台件数</td><td colspan="2">下料方式</td><td>每料 件</td><td>毛重</td><td></td><td>第 页</td><td>共 页</td></tr>
<tr><td>材料</td><td colspan="2">毛坯尺寸</td><td></td><td>净重</td><td></td><td>责任车间</td><td></td></tr>
<tr><td rowspan="2">工序号</td><td rowspan="2">安装</td><td rowspan="2">工步号</td><td rowspan="2">工序内容</td><td rowspan="2">加工车间</td><td rowspan="2" colspan="2">机床设备名称与编号</td><td colspan="4">工艺装备名称与编号</td><td>工时定额/min</td></tr>
<tr><td>夹具</td><td>刀具</td><td>量具</td><td>辅助工具</td><td>准备终结 / 操作时间</td></tr>
<tr><td></td><td></td><td></td><td></td><td></td><td colspan="2"></td><td></td><td></td><td></td><td></td><td></td></tr>
<tr><td></td><td></td><td></td><td></td><td></td><td colspan="2"></td><td></td><td></td><td></td><td></td><td></td></tr>
<tr><td></td><td></td><td></td><td></td><td></td><td colspan="2"></td><td></td><td></td><td></td><td></td><td></td></tr>
<tr><td></td><td></td><td></td><td></td><td></td><td colspan="2"></td><td></td><td></td><td></td><td></td><td></td></tr>
<tr><td></td><td></td><td></td><td></td><td></td><td colspan="2"></td><td></td><td></td><td></td><td></td><td></td></tr>
<tr><td colspan="2">更改内容</td><td colspan="10"></td></tr>
<tr><td colspan="2">编制</td><td colspan="2"></td><td>审核</td><td colspan="2"></td><td colspan="2">会签</td><td></td><td>批准</td><td></td></tr>
</table>

(4) 工序卡片　工序卡片是根据工艺卡片为每个工序制定的，主要用来具体指导工人进行生产的一种工艺文件。工序卡片中详细记载了该工序加工所必需的资料。如定位基准选择、安装方法、机床、工艺装备、工艺尺寸、公差等级、切削用量及工时定额等，见表0-3。由于电机制造的自动化水平不断提高，各种自动或半自动机床加工时的操作简单化，而机床（或流水线）的调整比较复杂，所以还要编制调整卡片，而不编制工序卡片。此外，在大批量生产中还要编制技术检查卡片和检验工序卡片，这类卡片是技术检查员用的工艺文件。在卡片中详细填写出检查项目、允许误差、检查方法和使用的工具等。

在电机制造中有许多工艺过程对相似类型的产品都基本相同，如绕组浸漆干燥、硅钢片涂漆、转子铸铝、轴承装配及总鞋配等。这些工艺过程的内容比较复杂。在操作上要求稳定，以便保证产品质量。这种工艺过程的说明较难用卡片、表格的形式表示，常采用文字加以叙述而编成工艺守则。工艺守则是现行工艺的总结性文件，起着指导生产的作用。

表 0-3　工序卡片

机械加工工序卡			产品型号		零件名称			零件号	
车间	工段	工序名称				工序号			
			材料		机床				
			牌号	硬度	名称	型号		编号	
工序简图			夹具		定额				
			夹具名称	代号	每批件数	准备终结	单件时间	工人级别	

工序号	工步内容	走刀次数	每分钟转数或往返次数	每分钟进给量	机动时间/min	辅助时间/min	工具种类	工具代号	工具名称	工具尺寸	数量
							工艺员		主管工艺员		
							定额员		车间主任		
更改	页数	日期	签字	页数	日期	签字	技术科长		第　页		

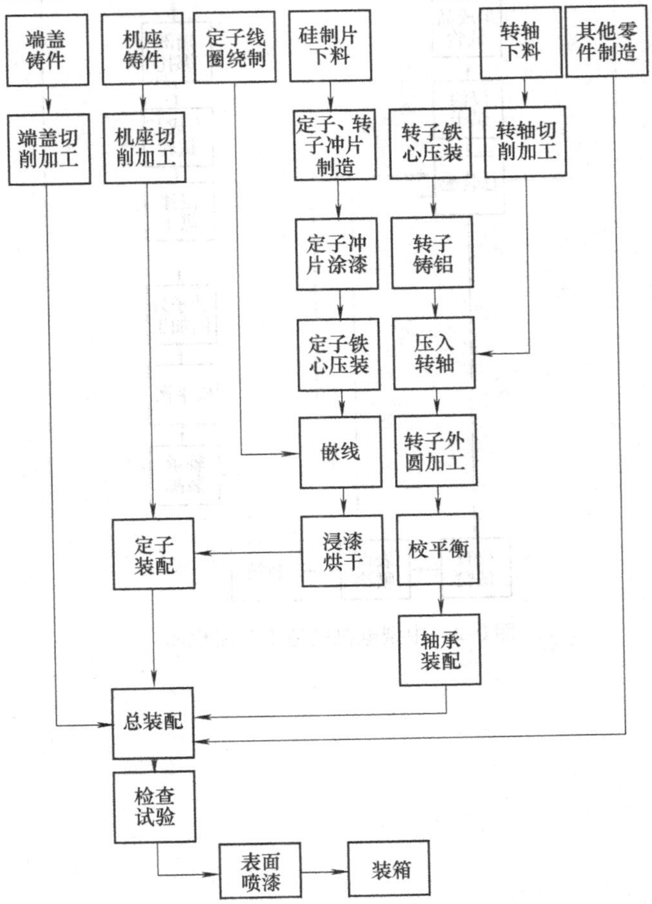

图 0-1　小型电机制造工艺流程图

七、电机制造过程概述

电机的零部件较多，其制造过程也较为复杂。为能简明扼要地掌握电机的全部工艺过程，常将电机的基本结构件机座、端盖、转轴、转子支架、定子铁心、转子铁心、定子绕组、转子绕组等的加工、制造、试验、装配、油漆、装箱等的工艺过程用框图表示。这种表示电机全部工艺过程的框图，称为电机的工艺流程图，如图 0-1 ~ 图 0-2 所示。电机是由定子和转子两大部分组成的。在电机装配前，有定子和转子两条主要工艺过程。在总装配后，便是出厂检查试验、油漆和装箱。

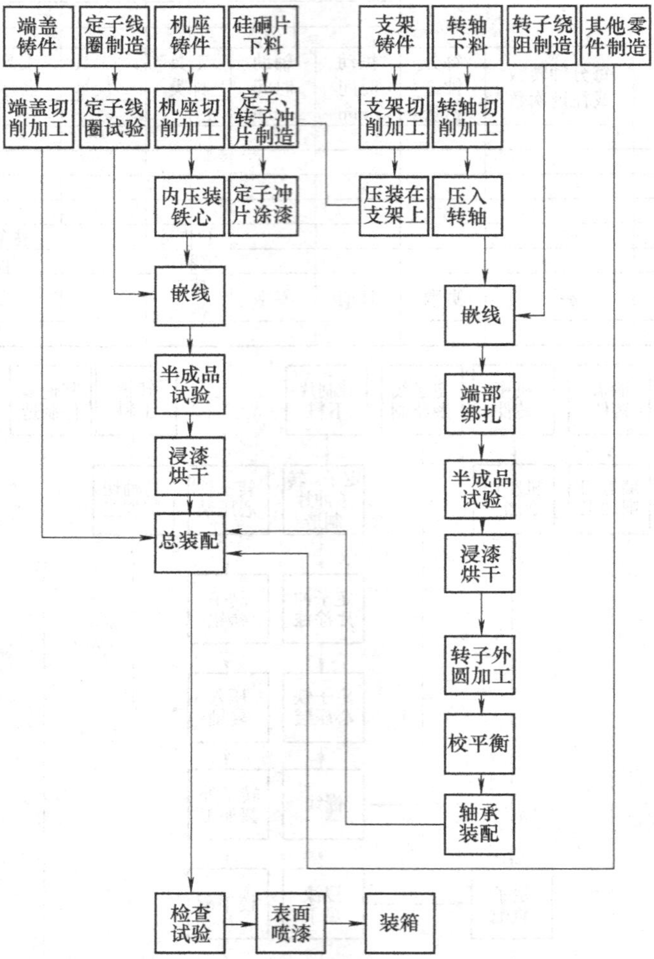

图 0-2 中型电机制造工艺流程图

第一章

电机零部件的机械制造加工

在整个电机制造过程中，机械加工占有很重要的地位。电机的一些主要零部件——机座、端盖、转轴与转子的加工质量，直接影响电机的电气性能和安装尺寸。机械加工工时在电机制造总工时中占有相当大的比重。因此，尽量采用先进工艺，广泛应用专用工艺装备，不断提高机械化和自动化水平，不断提高产品及其零部件的加工质量，提高劳动生产率、缩短生产周期、降低成本，是电机制造厂的经常性任务。

第一节　电机制造中机械加工的一般知识

一、电机零部件的互换性

任何机器（包括电机）都是由一定数量的零件组成和装配起来的，除了一些特殊的、专用的、大型的零部件外，大部分零件都是成批或大量地组织生产。因此生产出来的零件要装配到部件或机器中去时，要求不经挑选和修配就能装配，并完全符合规定的技术要求。零件的这种性质，称为具有互换性。

为了使零件具有互换性，最好使每个零件的尺寸和太小都完全一样，但事实上是不可能的。影响零件尺寸精度的因素有很多，其中多数还是变动的（例如机床本身存在的精度误差、刀具的磨损、装夹力变化和切削热造成工件尺寸的变形等），所以，即使在同一台机床由同一个工人用同一把刀具加工相同的工件，加工出来的尺寸和形状还是不可能完全相同的。但是，当零件的尺寸控制在一定的范围内变化时，并不影响装配的性能要求，也就是说允许零件有一定的偏差，并不妨碍零件的互换性。

二、尺寸公差的基本概念

在图样上标注的基本尺寸，是设计零件时按照结构和性能要求，根据材料强度、刚度或其他参数，经过计算或根据经验确定的。形成配合的一对结合面，它们的基本尺寸是相同的。在加工中通过测量所得到的实际尺寸，不可能与基本尺寸相同，但需限制实际尺寸在一定范围内，这个范围有上下两个界限值，称为极限尺寸。两个界限值中较大的一个称为最大极限尺寸（D_{max}），较小的一个称为最小极限尺寸（D_{min}）。最大极限尺寸减去基本尺寸所得的代数差称为上偏差（ES，es），最小极限尺寸减去基本尺寸所得的代数差称为下偏差（EI，ei）。上偏差与下偏差统称为极限偏差。极限偏差可以是正值、负值和零。为加工方便起见，图样上标注极限偏差而不标注极限尺寸，如图 1-1 所示。

对孔：

$$ES = D_{max} - D \qquad EI = D_{min} - D$$

对轴：

$es = d_{max} - d$　　　　$ei = d_{min} - d$

式中　ES，es——孔和轴的上偏差；

EI，ei——孔和轴的下偏差；

D，d——孔和轴的基本尺寸；

D_{max}，D_{min}——孔的最大极限尺寸和最小极限尺寸；

d_{max}，d_{min}——轴的最大极限尺寸和最小极限尺寸。

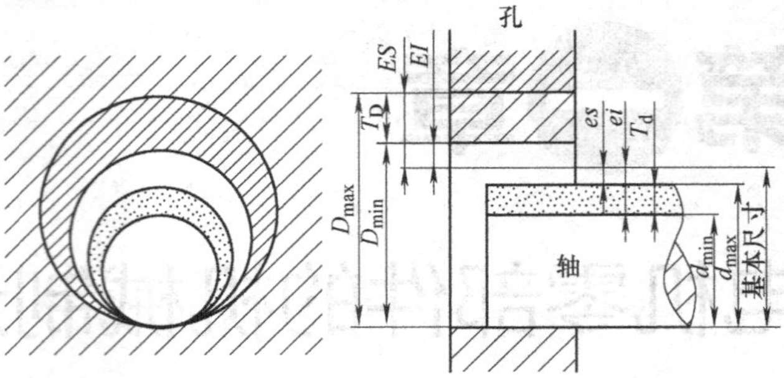

图 1-1　公差配合示意图

孔的公差：　　　　$T_D = D_{max} - D_{min} = ES - EI$

轴的公差：　　　　$T_d = d_{max} - d_{min} = es - ei$

允许尺寸的变动量称为尺寸公差（简称公差）。公差等于最大极限尺寸与最小极限尺寸之差（也等于上偏差与下偏差之差）。对于同一基本尺寸来说，其公差值的大小标志着精度的高低和加工的难易程度。在满足产品质量的条件下，尽量采用最大公差。

基本尺寸相同的互相结合的轴和孔之间的关系称为配合关系。当孔的实际尺寸大于轴的实际尺寸时，两者之差叫作间隙。具有间隙（包括最小间隙等于零）的配合称为间隙配合。这类配合的特点是保证具有间隙，这样便能保证互相结合的零件具有相对运动的可能性。同时它可以储存润滑油，补偿由温度变化而引起的变形和弹性变形等。当孔的实际尺寸小于轴的实际尺寸时，装配后孔胀大而轴缩小。装配前两者的尺寸差叫作过盈，过盈的大小决定结合的牢固程度和结合件传递转矩的能力。具有过盈（包括最小过盈等于零）的配合称为过盈配合。这类配合的特点是保证具有过盈。当配合件在允许公差范围内，有可能具有间隙也有可能具有过盈的配合叫作过渡配合。它是介于间隙配合与过盈配合之间的一种配合，即孔的公差带和轴的公差带互相重叠。这种配合产生的间隙与过盈量也是变动的。当孔做成最小极限尺寸，轴做成最大极限尺寸时，配合后将产生最大过盈。在过渡配合中，平均配合的性质可能是间隙，也可能是过盈。

允许间隙或过盈的变动量叫作配合公差。它表示配合精度的高低，是由产品的性能要求和装配精度所决定的。对于间隙配合，其配合公差等于最大间隙与最小间隙代数差的绝对值；对于过盈配合，其配合公差等于最小过盈与最大过盈代数差的绝对值；对于过渡配合，其配合公差等于最大间隙与最大过盈之差的绝对值。三种类型的配合公差都等于相互配合的孔公差和轴公差之和。这说明装配精度与零件加工精度有关，零件加工公差的大小将直接影响间隙或过盈的变化范围。

三、公差、配合与表面粗糙度

1. 公差与配合

新国标公差等级（即确定尺寸精度的等级）分为 20 级，并用标准代号 IT 和阿拉伯数字表示，即 IT01，IT0 及 IT1 至 IT18。其中 IT01 级精度最高，IT18 级精度最低。根据基准制的不同，国家标准中规定了基孔制和基轴制两种基准制。

基孔制的特点是：基本尺寸与公差等级一定，孔的极限尺寸保持一定（公差带位置固定不变），改变轴的极限尺寸（改变轴的公差带位置）而得到各种不同的配合。在基孔制中，孔是基准零件，称为基准孔，代号为 H。上偏差 ES 为正值，即为基准孔的公差，下偏

差 EI 为零。轴为非基准件。

基轴制的特点是：基本尺寸与公差等级一定，轴的极限尺寸保持一定（改变孔的公差带位置），而得到各种不同的配合。在基轴制中，轴是基准件，称为基准轴，代号为 H。其上偏差 es 为零，下偏差 ei 为负值，其绝对值即为基准轴的公差。孔为非基准件。

为了满足机械中各种不同性质配合的需要，标准中对孔和轴分别规定了 28 个基本偏差。接公差与配合标准中提供的标准公差和基本偏差，将任一基本偏差与任一公差等级组合，可以得到大量不同大小与位置的轴孔公差带，以满足各种使用需要。但是在生产中如果这么多的公差带都使用，不但不经济，也不利于生产。因此，国家标准中根据生产实际需要，并考虑到减少定值刀具、量具和工艺装备的品种和规格，分别对于轴和孔提出了优先选用的公差带、常用公差带和一般用途公差带若干种。

2. 几何公差

零件的实际与理想的几何形状之间所容许的最大误差，称为形状公差。在一定尺寸下，形状公差的大小表征零件表面形状准确度的高低。

零件各表面间、各轴线间或表面与轴线的实际位置与理想的相对位置之间所容许的最大误差，称为位置公差。在一定的尺寸下，位置公差的大小表征零件各表面间、各轴线间或表面与轴线之间相对位置准确度的高低。形状和位置公差统称为几何公差。按国家标准规定，几何公差共有 14 个项目。几何公差的符号见表 1-1，其标注方法如图 1-2 所示。电机制造中常用的形状公差有平面度、圆度、圆柱度和直线度等；位置公差有平行度、垂直度、同轴度、对称度、位置度、圆跳动和全跳动等。

表 1-1　几何公差的符号

类　别	名　称	符　号	类　别	名　称	符　号
几何公差	平面度	▱	几何公差	同轴度	◎
	圆度	○		对称度	⌯
	圆柱度	⌭		位置度	⌖
	直线度	—		圆跳动	↗
	平行度	//		垂直度	⊥

3. 表面粗糙度

表面粗糙度是指加工表面上具有的较小间距和峰谷所组成的微观几何形状特征，一般由所采用的加工方法和其他因素形成。按照国家标准规定，表面粗糙度有 14 个优先选用值。零件的表面粗糙度要求是与公差等级、配合间隙或过盈有关的；表面粗糙度决定于加工方法和零件的材料。

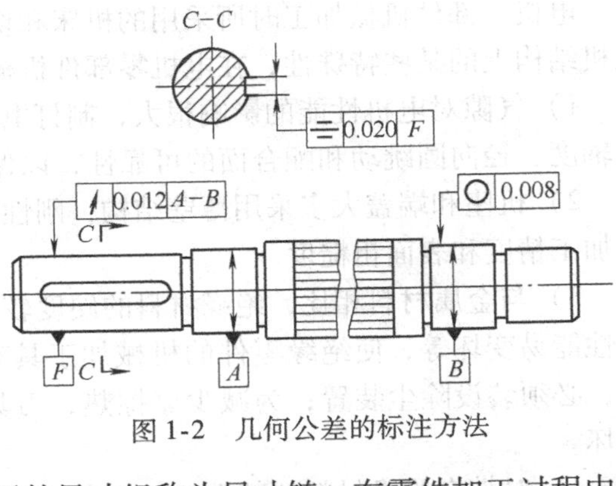

图 1-2　几何公差的标注方法

四、尺寸链基本概念

一个零件或一个装配体，都有由若干彼此连接的尺寸组成一个封闭的尺寸组，这种封闭的尺寸组称为尺寸链。在零件加工过程中所遇到的尺寸链，称为工艺尺寸链。

图 1-3a 示出一个轴器的长度尺寸，在零件图上注有尺寸 A_1 和 A_2，而尺寸 A_0 在图样上不注出。但尺寸 A_0 的数值却是一定的，并由 A_1 和 A_2 所确定。

为便于分析，常不画出零件的结构而只依次画出各个尺寸，每个尺寸用单向箭头表示。所有组成尺寸的箭头均沿着回路顺时针（或逆时针）方向做出，而把各个尺寸连成封闭回路的那一尺寸（即封闭尺寸）箭头反向做出后所得的图形，便是尺寸链简图，如图 1-3b 所示。

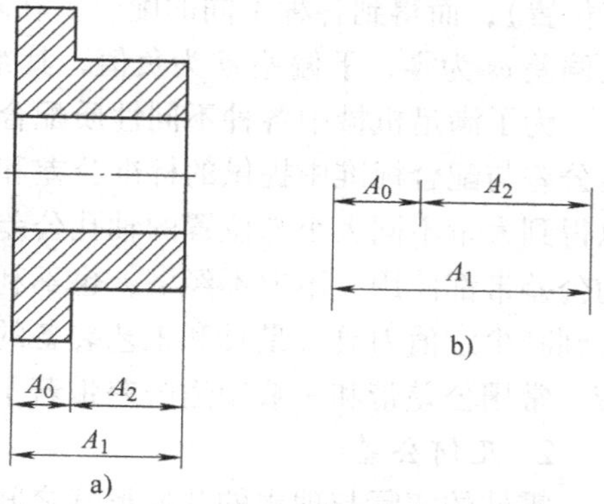

图 1-3　轴器的长度尺寸及尺寸链简图
a）轴器长度尺寸　b）尺寸链简图

五、电机的互换性

在成套的机器设备中，电机常被作为一个附件（或部件）来使用，因此同样要有互换性。电机互换性要求规定统一的安装尺寸及公差。

各种安装结构型式的安装尺寸及其公差均在相应的电机技术条件中加以规定。

小型异步电动机的基本安装结构型式如图 1-4 所示。如图 1-4a 所示，它是卧式、机座带底脚、端盖上无凸缘的结构型式，是最常用的安装结构；如图 1-4b 所示，它是机座不带底脚、端盖上带有大于机座的凸缘的结构型式；如图 1-4c 所示，它是机座带底脚、端盖上带大于机座的凸缘的结构型式。此外，在基本安装结构型式的基础上，还有派生的安装结构型式。

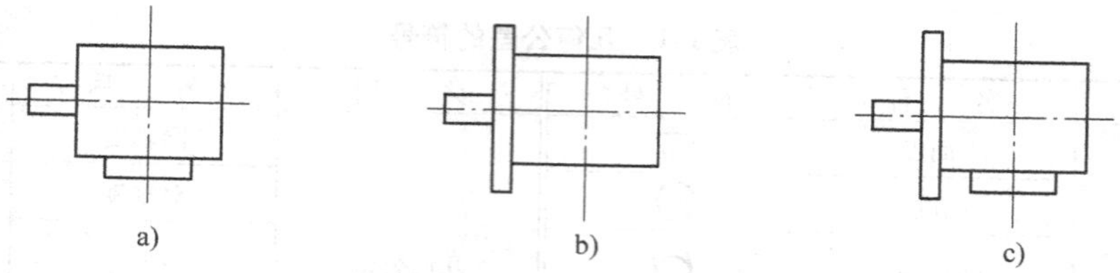

图 1-4　小型异步电动机的基本安装结构型式
a）B3 型　b）B5 型　c）B35 型

六、电机零部件机械加工的特点

电机零部件机械加工时所采用的机床和切削刀具与一般机器制造并无多大差异，但由于电机结构上的某些特殊性，在电机零部件机械加工中存在以下几个特点：

1）气隙对电机性能的影响很大，制订电机零部件的加工方案时，应充分注意零部件的同轴度、径向圆跳动和配合面的可靠性，以保证气隙的尺寸大小和均匀度。

2）机座和端盖大多采用薄壁结构，刚性较差，装夹和加工时容易产生变形或振动，影响加工精度和表面粗糙度。

3）与金属材料相比，绝缘材料的硬度较低、弹性较大、导热性差、吸湿性大、电气绝缘性能易变坏等，使绝缘零件的机械加工具有特殊性。绝缘零件机械加工时会产生大量粉尘，必须装设除尘装置；为减少摩擦热，刀具必须锋利；不能采用切削液，以免绝缘性能变坏。

4）对带有绝缘材料的部件，如定子、转子、换向器和集电环等，机械加工时，既不能使用切削液，又要防止切屑损伤绝缘材料。

5）对于导磁零部件，切削应力不能过大，以免降低导磁性能和增大铁耗。

6）对于叠片铁心，机械加工时应防止倒齿。根据电机的电磁性能要求，定子铁心内圆应尽量避免机械加工。

七、电机同轴度及其工艺措施

1. 电机的气隙及其均匀度

电机定子与转子之间的间隙称为电机气隙，是电机磁路的重要组成部分。电机气隙的基本尺寸是由电机的电磁性能决定的，通常要求电机气隙必须是均匀的。若电机气隙不均匀会使电机磁路不对称，引起单边磁拉力使电机的运行恶化。对于直流电机而言，主磁极和电枢间的气隙不均匀，将引起均压线电流沿均压线和电枢绕组循环，增加电机的发热和损耗；换向极和电枢之间气隙不均匀常是换向不良、火花严重的原因。因此，必须规定电机气隙的均匀度。由于气隙是在电机装配以后才形成的，所以气隙均匀度的保证主要取决于电机零件的加工质量，首先是机械加工的质量。表1-2为Y系列电机气隙长度，表1-3为Y系列电机的ε/δ值。

表1-2　Y系列电机气隙长度　（单位：mm）

中心高	80	90	100	112	132	160	180	200	225	250	280
2极	0.3	0.35	0.4	0.45	0.55	0.65	0.8	1	1.1	1.2	1.5
4极	0.25	0.25	0.3	0.3	0.4	0.5	0.55	0.63	0.7	0.8	0.9
6极	—	0.25	0.25	0.3	0.35	0.4	0.45	0.5	0.5	0.55	0.65
8极	—	—	—	—	0.35	0.4	0.45	0.5	0.5	0.55	0.65

表1-3　Y系列电机的ε/δ值

δ/mm	0.20	0.25	0.30	0.35	0.40	0.45	0.50	0.55	0.60	0.65	0.70	0.75
ε/δ(%)	26.5	26.6	24.6	23.6	23.0	22.0	21.0	20.5	19.7	19.0	18.5	18.0
δ/mm	0.80	0.85	0.90	0.95	1.0	1.05	1.1	1.15	1.2	1.25	1.3	>1.4
ε/δ(%)	17.5	17.0	16.0	15.5	15.0	14.5	14.0	13.5	13	12.5	12.0	10.0

表中δ表示气隙公称值，ε表示气隙的不均匀值，其定义式为

$$\varepsilon = \frac{2}{3}\sqrt{\delta_1^2+\delta_2^2+\delta_3^2-\delta_1\delta_2-\delta_2\delta_3-\delta_1\delta_3}$$

式中　δ_1，δ_2，δ_3——在相距120°的三点间测得的气隙值。

2. 气隙均匀度的影响因素

当电机定子内圆和转子外圆之间存在着如图1-5所示的偏心e时，就会使电机的气隙不均匀。通过几何分析可以得出，气隙不均匀值与偏心值e在数值上相等。所以，解决气隙不均匀问题，主要是解决定转子不同轴问题。由图1-5和图1-6可知，异步电动机定转子偏心e，主要取决于定子、端盖、轴承和转子四大零部件的几何公差及这些零部件的配合间隙。

机座与定子铁心外圆的配合，既要考虑在电磁拉力作用下保证两者不能相对移动或松动（必须采用过盈配合），又要考虑机座是一个薄壁件，过大的过盈将使机座圆周面产生变形，甚至在装配时压裂。因此，通常按较小过盈量的过盈配合来确定机座与定子铁心外圆的公差。

为了能够可靠地传递转矩，转轴与转子内孔的配合必须采用具有较大过盈的配合。采用上述两种过盈配合，不会有间隙产生，因而不会引起定转子偏心。

机座与端盖止口圆周面采用过渡配合。轴承内圈与转轴以及端盖轴承室与轴承外圈的配合也采用过渡配合，一般不会引起间隙或间隙非常小，因而对定转子不同轴造成的气隙不均

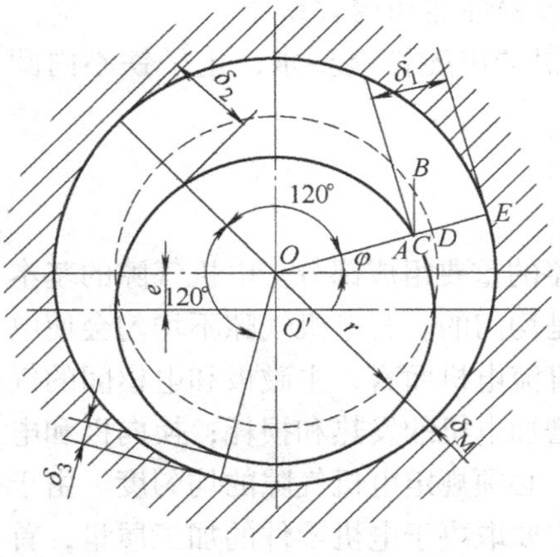

图 1-5　偏心 e 与 ε 的关系

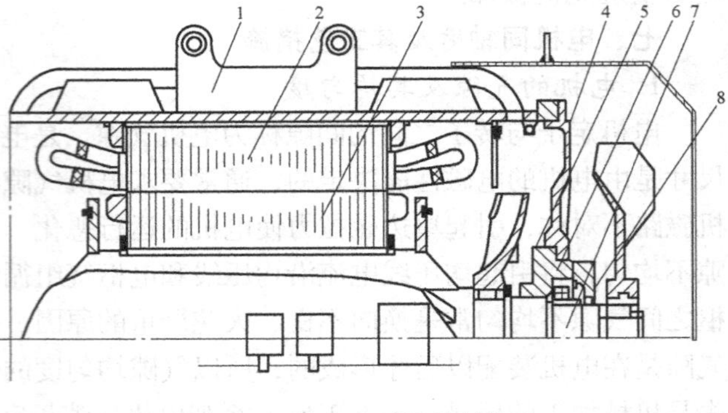

图 1-6　异步电动机的结构
1—机座　2—定子铁心　3—转子铁心　4—端盖
5—轴承内盖　6—轴承　7—轴　8—轴承外盖

匀的影响也是非常小的。

3. 定子同轴度是保证气隙均匀度的关键

影响电机气隙均匀度有以下 5 种几何公差：

1）$J1$：定子铁心内圆对定子两端止口公共基准线的径向圆跳动。

2）$J2$：转子铁心外圆对两端轴承挡公共基准线的径向圆跳动。

3）$J3$：端盖轴承孔对止口基准轴线的径向圆跳动。

4）$J4$：滚动轴承内圆对外圆的径向圆跳动。

5）$Z1$：机座两端止口端面对两端面止口公共基准轴线的端面圆跳动（即垂直度）。

为了使电机气隙不均匀度不超过允许值，必须控制上述几何公差在一定范围内。以上 5 种几何公差对电机气隙均匀度的影响程度是不同的，现分析如下：

轴承是一种标准的精密零件，由专门的工厂生产，尽管轴承合格品的保证值公差 $J4$ 较小，但外购的轴承都能保证这个要求。

$J2$ 与 $J3$ 值工艺上也是比较容易保证的（在工艺上相应采取的措施在以后几节中分析）。

机座两端止口端面对两端止口公共基准轴线的端面圆跳动 $Z1$ 对于气隙均匀度的影响也是不大的。

对气隙均匀度影响最大的因素是定子铁心外圆对定子两端止口公共基准线的径向圆跳动（或称为定子同轴度）。这是由定子的结构工艺特点决定的。定子铁心是由冲片一片片叠压而成的，各道工序都会造成几何误差积累。机座是一种薄壁零件，铁心压入后止口极易造成几何误差。根据电机的电磁性能要求，定子铁心内圆通常是不准加工的。因此要保证气隙的均匀度，主要应保证定子的同轴度。

4. 保证定子同轴度的工艺方案

在我国，保证定子同轴度的工艺方法主要有以下三种不同的方案：

（1）光外圆方案（W 方案）　以铁心内圆为基准精车铁心外圆，压入机座后，不精车机座止口。其特点是铁心外圆的尺寸精度和内、外圆的同轴度均由叠压后精车外圆达到。可放松对冲片外圆精度和内、外圆同轴度的要求。铁心外圆加工时，切削条件较差，用单刃车刀加工，刀具寿命较短；而且铁心压入机座后，不再加工，所以对机座的尺寸精度和同轴度要求都较高。

（2）光止口方案（*Z* 方案）　定子铁心内、外圆不进行机械加工。压入机座后，以铁心内圆定位精车机座止口。其特点是以精车止口消除机座加工、铁心制造和装配所产生的误差，从而达到所要求的同轴度。因此，定子的同轴度主要取决于精车止口时所用胀胎工具的精度和定位误差。在机座零件加工时，对止口与内圆的同轴度和精度可放低些，有利于采用组合机床或自动生产线进行加工。但是这样会增加一道光止口工序，以至于多占用一次机床。

（3）两不光方案（*L* 方案）　定子铁心的内、外圆不进行机械加工，压入机座后，机座止口也不再加工。其特点是定子的同轴度完全取决于机座和定子铁心的制造质量，对冲片、铁心和机座的制造质量要求都较高，但能简化工艺过程。流水作业线无返回现象，易于合理布置车间作业线，因而获得广泛应用。

对采用内压装定子铁心（定子铁心放在机座内压装）的大中型电机，主要是在压装过程中设法使机座止口与铁心内圆保持一定的同轴度。压装后，以机座止口定位精车或磨削铁心内圆，虽可提高同轴度，但将影响电机性能。为此，很多工厂采用内压装外压法，以确保其同轴度。

第二节　端盖的加工

一、端盖的类型及技术要求

端盖是连接转子和机座的结构零件。它一方面对电机内部起保护作用，另一方面通过安放在端盖内的滚动轴承来保证定子和转子的相对位置。电机端盖的种类有很多，从不同的角度出发，可把端盖分成许多不同的类型。图 1-7 所示为小型电机端盖的典型结构。

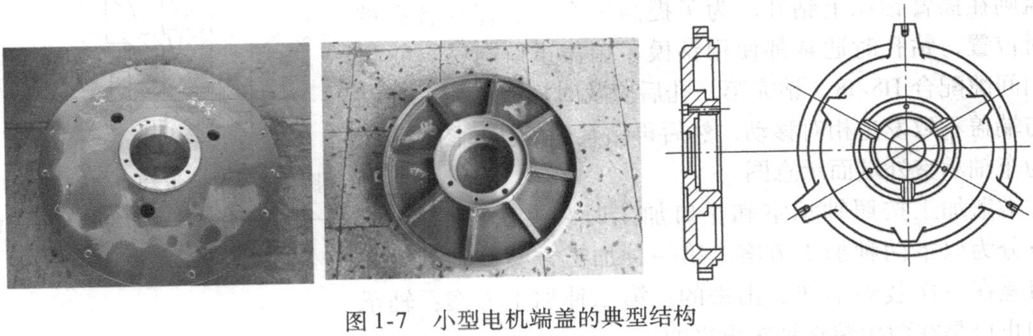

图 1-7　小型电机端盖的典型结构

按照轴承室部位结构的不同，可分为通孔轴承室端盖和阶梯孔轴承室端盖两种。使用通孔轴承室端盖时，必须采用外轴承盖，以防止润滑脂外流。这种端盖的结构简单，加工容易，检修方便，因此用得最多。阶梯孔轴承室端盖的外侧部分能起外轴承盖的作用，可减少零件数量，简化电机结构，中心高在 160mm 以下的小型电机都采用这种端盖。

按照端盖坯件的不同，可分为焊接端盖与铸造端盖。焊接端盖由钢板焊接而成；铸造端盖可用铸铁、铸钢或铝合金铸造。铸铁价格便宜，铸造和加工性能都比较好，且有足够的强度，因此，在中小型电机中广泛采用铸铁端盖。只有在特殊的场合，如牵引电动机和防爆电机等机械强度要求较高时才采用铸钢端盖或高强度铸铁端盖。在大量生产的小功率电机中，为减少加工工时，常采用铝合金压铸的端盖。为提高轴承室的机械强度，铝合金端盖的轴承室嵌有铸铁衬套。由于铝合金的机械强度和耐磨性能较差，价格又较贵，所以外径在300mm以上的端盖便不宜采用铝合金。

端盖的结构特点是壁薄容易变形，加工时装夹比较困难。端盖是定子与转子之间的连接件，依靠止口和轴承室的配合精度保证电动机气隙的准确性，并且要求装卸磨损对精度的影响小，因此，止口和轴承室应具有较低的表面粗糙度。端盖加工的技术要求如下：

1）止口的尺寸精度、圆度和表面粗糙度（$Ra=6.3\mu m$）应符合图样规定。

2）轴承室的尺寸精度、圆柱度和表面粗糙度（$Ra=6.3\mu m$）应符合图样规定。

3）端盖的深度（止口端面至轴承室端面的距离）应符合图样规定。

4）止口圆与轴承室内孔的同轴度、止口端面对轴心线的跳动量应符合图样规定。

5）端盖固定孔和轴承盖固定孔的位置应符合图样规定。

二、端盖加工的工艺过程和工艺方案分析

端盖加工过程比较简单，基本上是车削和钻孔两项。但是端盖是一种易变形的薄壁零件，过大的夹紧力或过大的切削量都可能使端盖的尺寸超差和变形。减小夹紧力又将导致切削用量降低，从而降低生产率。因此，常将车削分为粗车和精车两道工序，采用不同的夹紧力，在准确度等级不同的车床上加工。

小型电动机端盖加工时，常用自定心卡盘夹紧端盖上的工艺搭子外圆。工艺搭子外圆应预先加工，以便控制夹紧力和壁厚均匀度。中型电动机端盖加工时，应在凸缘的外圆柱面处将端盖径向夹紧，并均匀地支撑住凸缘平面，以免车削时产生振动，影响加工质量。

小型端盖采用立式钻床或多轴钻床进行钻孔，大中型端盖则在摇臂钻床上钻孔。为了提高生产率和保证各孔的相对位置，钻孔时通常都使用钻模。端盖止口与钻模止口采用间隙配合H8/f8。钻完第一孔后应及时插入销钉，使钻模与端盖不致发生相对移动，然后再钻其他的孔。图1-8所示为车轴承室外端面示意图。

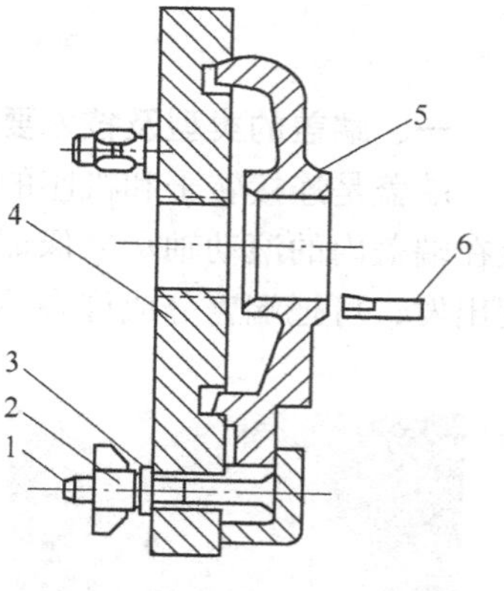

图1-8　车轴承室外端面示意图

1—拉紧螺杆　2—蝶形螺母　3—压板　4—止口胎　5—端盖　6—车刀

端盖加工按照轴承室和止口加工时装夹次数的不同，可以分为以下两种加工方案。第一种加工方案：轴承室和止口是在一次装夹中加工出来的；第二种加工方案：轴承室和止口是在两次装夹精车出来的。

两次装夹的优点是夹持应力对精加工部位的变形影响小，夹持稳定可靠，切削速度可适当提高；缺点是止口与轴承室不是一次装夹中精车，容易产生不同轴，同时两次装夹导致辅助工时增多。

三、端盖的制造工序（见表1-4）

四、小型电机端盖加工自动化

小型电机端盖在成批生产时，常采用多工位组台机床或数控机床进行加工；在大批量生产时，可采用自动生产线进行加工。

表 1-4　典型电机端盖的制造工序

工序名称	图示说明	工作内容
车削	 	立式车床加工端盖的端面和止口： 1)将端盖装夹于机床卡爪上，校准中心和端面 2)粗车轴承室、轴承室的两端面、挡风板凸台平面，粗车止口 3)稍微回松卡爪，精车止口和端面 4)精车轴承室
钻孔		钻孔和攻螺纹：小型端盖采用立式钻床或多轴钻床进行钻孔，大中型端盖则在摇臂钻床上钻孔。为了提高生产率和保证各孔的相对位置，钻孔时通常都使用钻模
端盖外观质量样板图	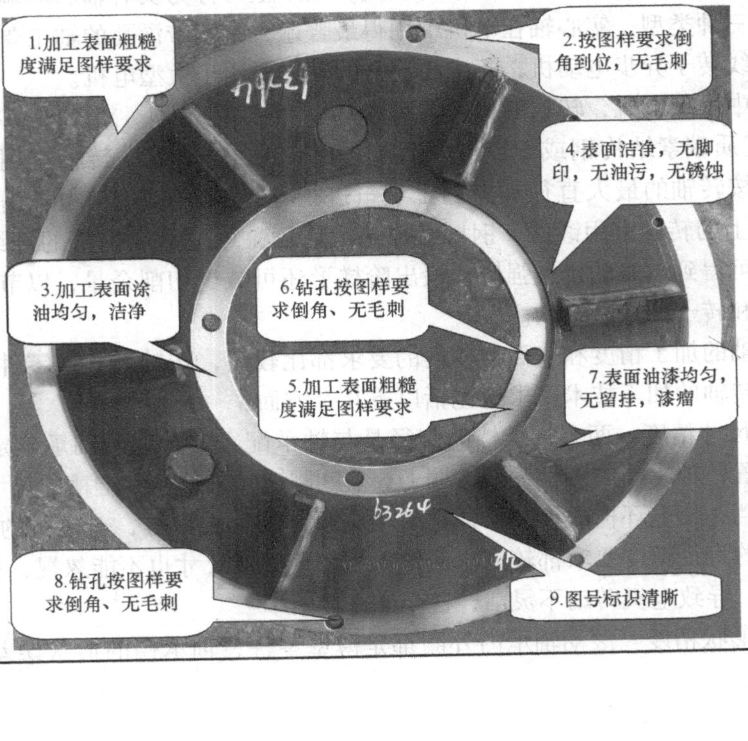	

多工位组合机床的特点是，工件能在几个工位上同时加工多个工作面，生产效率较高。成批生产的小型电机端盖可预先在卧式车床上用多刀进行粗车，然后在普通数控车床上精车止口和轴承室，以及车削轴承室外端面。这种加工方案使粗车与精车分开，使用不同精度的机床，而且止口和轴承室内孔是在精密机床上一次装夹下加工出来的，其同轴度高，质量稳定可靠，生产率也较高。

成批生产较复杂的小型电机端盖，例如冶金起重用绕线转子异步电动机的后端盖，可采用一台“加工中心”机床分粗、精两次加工。这样，可避免装夹变形和切削热变形。这种加工方案适应性强，便于换批生产，机床精度高；并且，由于自动连续加工，排除了操作者的人为误差，加工质量好；既能减轻劳动强度，又能提高劳动生产率。其缺点是设备投资费用较大，编制程序需要较高的技术水平。

大批量生产的小型电机端盖可用自动生产线加工。为使工件能在自动生产线上的随行夹具中准确定位，以及减小装夹变形和热变形，在工件放到自动生产线上加工前，预先在卧式车床上用多把车刀粗车端盖的大部分加工面。由于端盖的加工过程比较简单，所以自动生产线只由少量的机床组成。例如，由四台专用机床可组成端盖加工自动生产线，第一台机床也用多刀半精镗已加工的表面，第二台机床作径向进给，镗削轴承室内端面，第三台机床精镗轴承室内孔和止口，第四台机床进行钻孔，其工作节拍为40s。

第三节　转轴的加工

一、转轴的类型及其技术要求

转轴是电机的重要零件之一，它支撑各种转动零部件的重量并确定转动零部件对定子的相对位置，更重要的是，转轴还是传递转矩、输出机械功率（以电动机为例）的主要零件。

电机转轴都是阶梯轴，按照结构型式，基本上可分为实心轴、一端带深孔的轴和有中心通孔的轴三种类型。实心轴在电机中用得最普遍，一端带深孔的轴主要用于集电环位于端盖外侧的绕线转子异步电动机，有中心通孔的轴主要用于大型电机。

对于中小型电机，转轴的材料常用45优质碳素结构钢。对于小功率电机，转轴的材料可用35优质碳素结构钢或Q275碳素结构钢。中小型电机的转轴选用热轧圆钢作为毛坯，其直径需按转轴的最大直径加上加工余量进行选择，因此，转轴的切削量是较大的。直径200mm以上的转轴宜用锻件。钢材经加热锻造后，可使金属内部的纤维组织沿表面均匀分布，从而可得到较高的机械强度，锻出阶梯形还可减少切削余量，以节省材料消耗。图1-9所示为轴和转子的典型结构。

对转轴的加工精度和表面粗糙度的要求都比较高，转轴与其他零件的配合也比较紧密。因此，对转轴的加工技术要求应包括以下几个方面：

（1）尺寸精度　两个轴承档的直径是与轴承配合的，通过轴承确定转子在定子内腔中的径向位置，轴承档的直径一般按照IT6精度制造。轴伸档和键槽的尺寸都是重要的安装尺寸。铁心档、集电环档或换向器档是与相应部件配合的部位，对电机的运行性能影响较大。以上各档的直径精度要求都较高。两轴承档轴肩间的尺寸也不能忽视，否则，会影响电机的轴向间隙，导致电机转动不灵活，甚至装配困难。

（2）形状精度　滚动轴承内外圈都是薄壁零件，轴承档的形状误差会造成内外圈变形

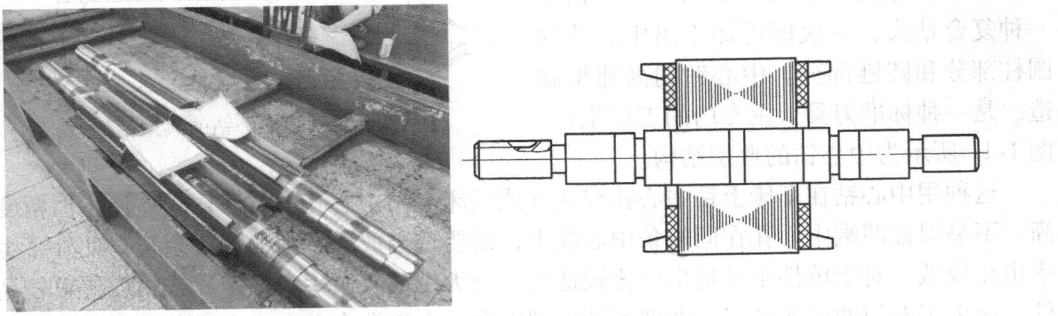

图 1-9　轴和转子的典型结构

而影响轴的回转精度，并产生噪声。轴伸档和铁心档的形状误差会造成与联轴器和转子铁心的装配困难。对轴的这些部位都应有圆柱度要求，其中尤以轴承档和轴伸档的圆柱度要求最高。

（3）位置精度　轴伸档外圆对两端轴承档公共轴线的径向圆跳动量过大，将引起振动和噪声。因此，这个径向圆跳动量要求较严。键槽宽度对轴线的对称度超差，将使有关零部件在轴上的固定发生困难。因此，对这种对称度的要求也较高。两端的中心孔是轴加工的定位基准，也应有良好的同轴度。

（4）表面粗糙度　配合面的表面粗糙度值过大，配合面容易磨损，将影响配合的可靠性。非配合面的表面粗糙度值过大，将降低轴的疲劳强度。轴承档和轴伸档的圆柱面是轴的关键表面，其表面粗糙度 $Ra=0.8\sim1.6\mu m$。

转轴和转子的几何公差，以 Y180M-4 为例有：

1）转子外圆对两端轴承档公共基准轴线的径向圆跳动（0.05mm）。

2）转子轴伸外圆对两端轴承档公共基准轴线的径向圆跳动（0.025mm）。

3）转轴轴承档的圆柱度（0.019mm）。

4）轴伸档圆度（0.008mm）。

5）键槽对称度（0.035mm）。

二、转轴的结构要素

1. 中心孔

轴和转子的加工工序，大都以中心孔作为定位基准。中心孔的质量对工件加工精度有直接的影响。常用中心孔有两种形式，如图 1-10 所示。在电机轴中都采用 B 型中心孔，即带护锥中心孔。中心孔由圆柱孔和圆锥孔两部分组成。圆柱孔用来储存润滑油，以减少顶尖的磨损。圆锥孔必须与车床顶尖相配，角度一般为 60°，用来负担压力和确定中心。B 型带护锥的中心孔，在 60°锥孔的端部还要加 120°倒角，可起到保护锥孔表面的作用。

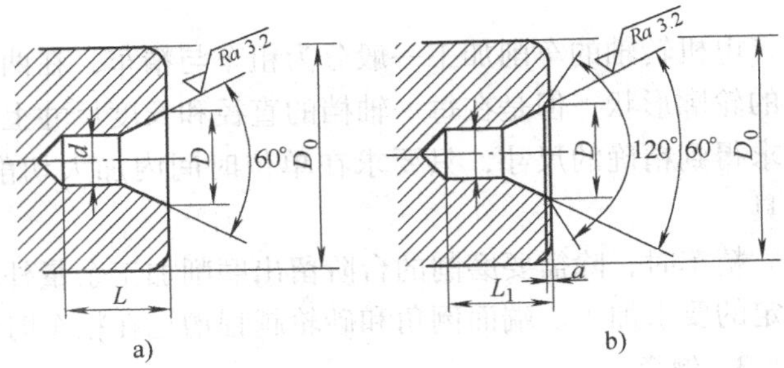

图 1-10　转轴中心孔

a）A 型不带护锥　b）B 型带护锥

中心孔是用中心钻加工的。中心钻是一种复合钻头，一次即可加工出中心孔的圆柱部分和圆锥部分。中心钻用高速钢制造，是一种标准刀具，由专门的工厂生产。图 1-11 所示为中心钻的典型结构。

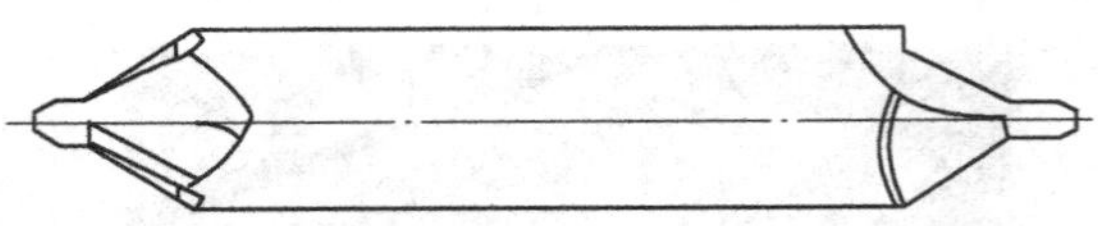

图 1-11　中心钻的典型结构

这种用中心钻在车床上钻中心孔或在立式钻床上钻中心孔的方法比较简便，但精度不太高，不易保证两端中心孔在同一条中心线上，需要适当放大车削的加工余量。此外，生产效率也比较低，对于单件小批量生产比较适合。对大批或大量生产的工厂或精度要求较高的零件，应采用专门的设备加工，即把两端平端面和钻中心孔合并在一台设备上完成。

为了保证转轴各表面相对位置的精度，要求在各道工序中采用统一的定位基准中心孔，因此在车削工序中，普遍采用双顶尖定位装夹。这种定位装夹方法如图 1-12 所示。在车床主轴上装有拨盘，通过拨杆带动鸡心夹头，鸡心夹头通过方头螺钉与工件连在一起，也可以不用拨杆，把直尾鸡心夹头改成弯展的，同样能达到目的。

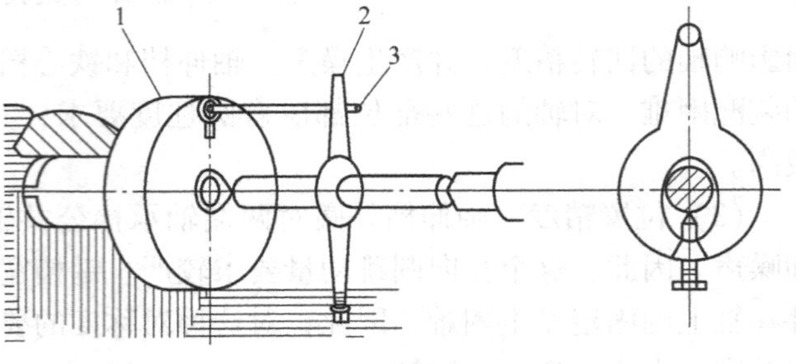

图 1-12　双顶尖定位装夹

1—拨盘　2—鸡心夹头　3—拨杆

2. 退刀槽

为了便于轴颈加工，使装配工艺可靠，应在台阶过渡处加工出退刀槽（又称为砂轮越程槽），如图 1-13 所示。

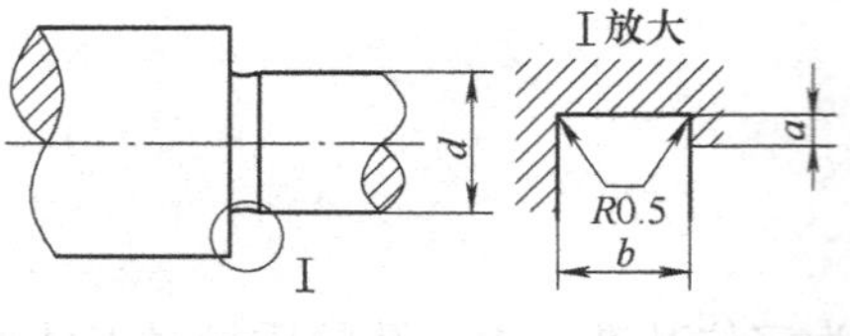

（单位：mm）

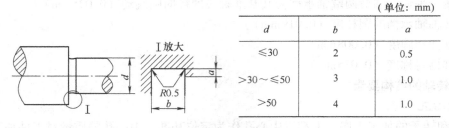

d	*b*	*a*
≤30	2	0.5
>30～≤50	3	1.0
>50	4	1.0

图 1-13　退刀槽尺寸

电机转轴的车削加工一般分为粗车与精车，在两台车床上进行。粗车时，得到和转轴相似的轮廓形状，但是在每一轴档的直径和长度尺寸上都留有精车及磨削工序的加工余量，不要求得到精确的尺寸，只要求在单位时间内加大切削量。常采用功率较大的机床和坚固的刀具。

精车时，除需要磨削的台阶留出磨削加工余量外，其余各轴档的直径和长度全部按图样规定的要求加工。端面倒角和砂轮越程槽也在精车时加工。精车工序采用较精密的车床。

3. 倒角

为了保证装配工作容易和安全，一般在车削加工结束前都需进行端面倒角。倒角尺寸见表 1-5。

表 1-5　倒角尺寸　（单位：mm）

轴直径 d	倒角尺寸	轴直径 d	倒角尺寸
$3<d\leqslant6$	$0.4\times45°$	$80<d\leqslant120$	$3\times45°$
$6<d\leqslant10$	$0.6\times45°$	$120<d\leqslant180$	$4\times45°$
$10<d\leqslant18$	$1\times45°$	$180<d\leqslant260$	$5\times45°$
$18<d\leqslant30$	$1.5\times45°$	$260<d\leqslant360$	$6\times45°$
$30<d\leqslant50$	$2\times45°$	$360<d\leqslant500$	$8\times45°$
$50<d\leqslant80$	$2.5\times45°$		

4. 键槽

为传递电动机的转矩，在转轴上加工出键槽。当轴上有两个及以上的键槽时，为了考虑结构工艺的要求，应尽量统一键槽宽度，并布置在轴的同一母线上，便于在铣床上通过一次装夹把全部键槽铣出来。

三、转轴的制造工序

表 1-6 为典型电机转轴的制造工序。

表 1-6　典型电机转轴的制造工序

工序名称	产品图片	工作内容
粗加工		锯断、毛坯的粗加工、带金板的转轴的金板焊接等都属于转轴的粗加工
平端面和钻中心孔	  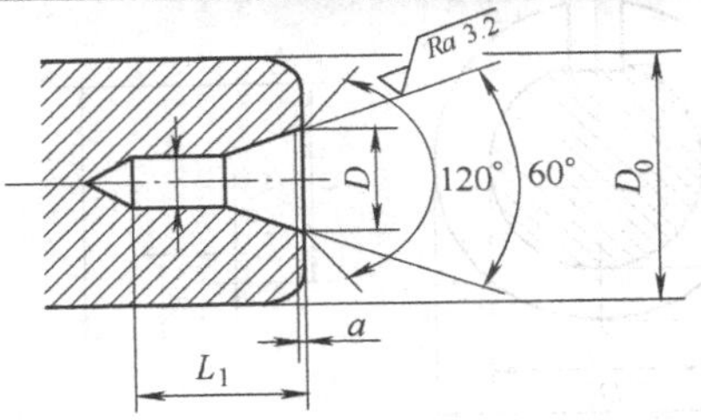	1）由锯床锯成或锻打的毛坯不能保证端面与轴线相垂直，对转轴全长精度也不易保证，因此必须留有余量，然后在车床或有关设备上平端面及钻中心孔 2）中心孔是用中心钻加工的。中心钻是一种复合钻头，一次即可加工出中心孔的圆柱部分和圆锥部分 3）轴和转子的加工都以中心孔为定位基准

（续）

<table>
<tr><th>工序名称</th><th>产品图片</th><th>工作内容</th></tr>
<tr><td>车削倒角和退刀槽</td><td>
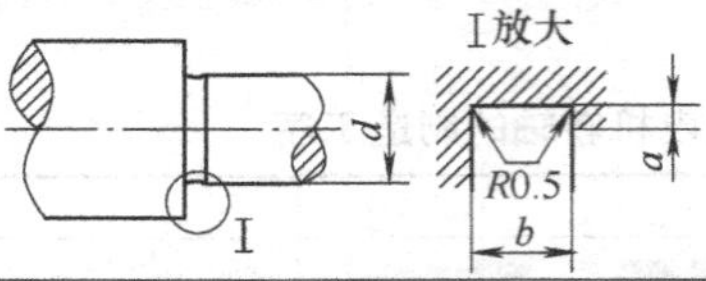</td><td>1）车削工序时，除需要磨削的台阶留出磨削加工余量外，其余各轴档的直径和长度全部按图样规定的要求加工。倒角的同时加工
2）退刀槽：为了便于轴颈加工，使装配工艺可靠，应在台阶过渡处加工出退刀槽
3）通常4道步骤：
①粗车左端各轴档
②粗车右端各轴档
③精车左端各轴档、倒角、切槽
④精车右端各轴档、倒角、切槽</td></tr>
<tr><td rowspan="2">磨削加工</td><td>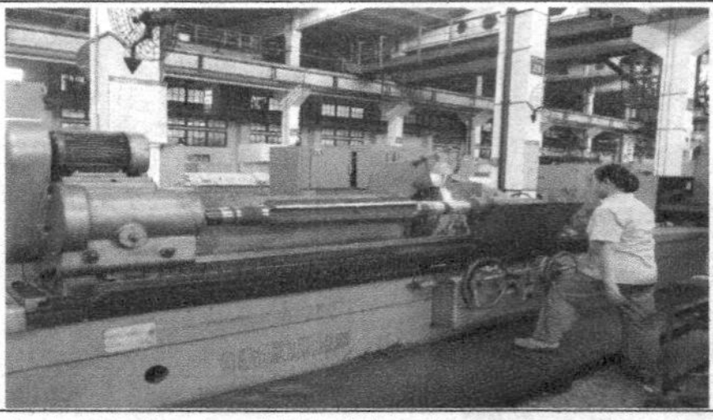</td><td>提高转轴外圆的表面精度和几何公差，电机轴上的轴伸档和两端轴承档的精度与几何公差要求都较高，都需进行磨削加工</td></tr>
<tr><td colspan="2">对于小功率电机，由于转轴较细，当转轴压入铁心内时，极易产生变形（压弯），所以磨削加工都在转轴压入铁心后进行。对直径在60mm以上的转轴，因其刚度和强度较好。压入铁心时引起弯曲变形的可能性不大，因此普遍采用转轴全部加工后（包括磨削）再压入铁心的工艺，这种工艺的优点是：减轻劳动强度，缩短生产周期，消除在磨削时切削液进入转子铁心的现象</td></tr>
<tr><td rowspan="2">铣键槽</td><td></td><td>当轴上有两个及以上的键槽时，为了考虑结构工艺的要求，应尽量统一键槽宽度，并布置在轴的同一母线上，便于在铣床上通过一次装夹把全部键槽铣出来（传递电机的转矩）</td></tr>
<tr><td colspan="2">对于轴伸端键槽铣削与直径磨削的安排，把精加工的磨削工序放在铣键槽工序之后进行是较合理的。这样一方面可以消除由于铣削工序可能引起的变形，同时也能有效去除铣槽口的毛刺。如果采用先铣后磨的工艺，也有不利的一面，即：磨削成为不连续，如切削用量选用不当，容易损坏砂轮，并且键槽的精度相对来说也要求高一些
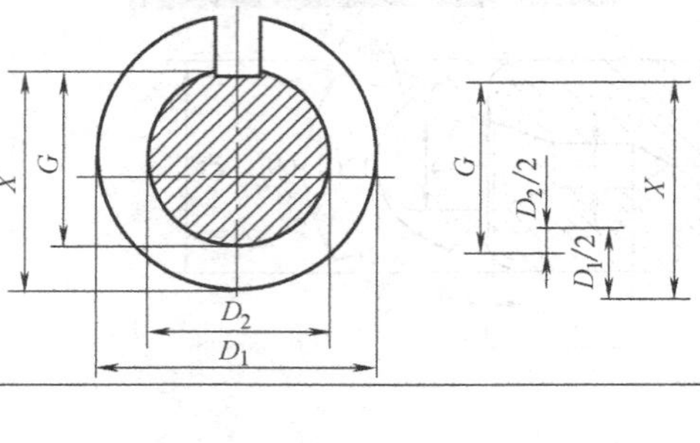</td></tr>
</table>

（续）

工序名称	产品图片	工作内容
钻金板孔		为转轴套接转子做准备
转子光外圆加工		转子外圆加工是转子加工的最后一道工序，也是保证电机气隙准确性和电机性能的关键工序
转轴外观质量样板图	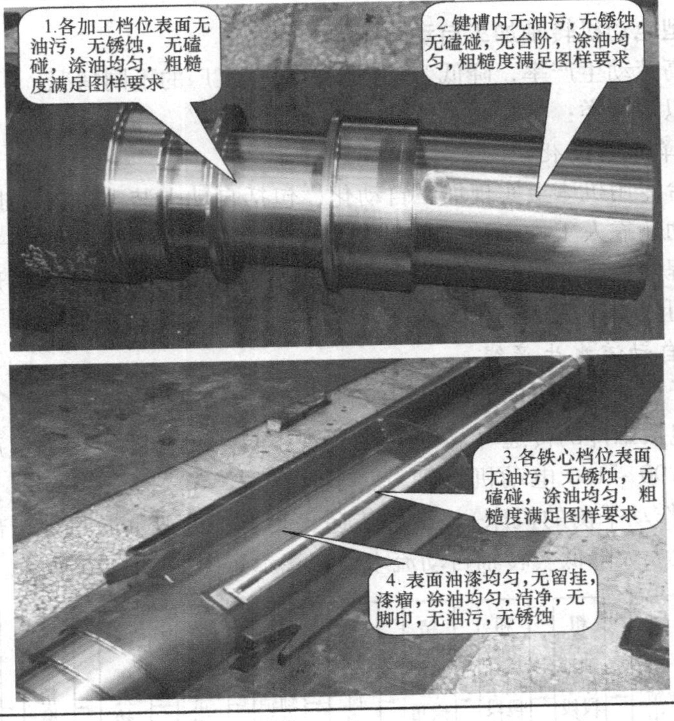 1.各加工档位表面无油污，无锈蚀，无磕碰，涂油均匀，粗糙度满足图样要求 2.键槽内无油污，无锈蚀，无磕碰，无台阶，涂油均匀，粗糙度满足图样要求 3.各铁心档位表面无油污，无锈蚀，无磕碰，涂油均匀，粗糙度满足图样要求 4.表面油漆均匀，无留挂，漆瘤，涂油均匀，洁净，无脚印，无油污，无锈蚀	

转子铁心外圆不允许采用磨削工艺，尽管采用磨削可以同轴承档磨削在一次装夹中完成，从而使形位误差极小。但是，转子铁心是由一张张冲片叠压而成，磨削时大量的冷却液必将渗入到冲片间隙中，降低冲片的使用寿命；同时，外圆表面上由于槽口铝条的影响，磨削比较困难。

所以转子铁心外圆加工无例外地都采用车削加工。由于槽口铝条影响，车削是交替地从硬的钢到软的铝。对刀具来讲，与断续切削相似，因此刀具磨损较快，尤其在自动流水线上，加工效率低，成为薄弱环节，刀具刃磨调整频繁，尺寸精度不易控制。

先进的工艺方法是采用旋转圆盘车刀加工。同普通硬质合金车刀相比，切削速度可提高1倍，刀具使用寿命可提高10倍（根据某电机厂试验，一般车刀刃磨一次可加工30个转子，圆盘车刀一次刃磨可加工400多个转子）。这种刀具的结构如图1-14所示。刀片是一个用YG6材料制成的硬质合金圆环，用压板通过6个M5内六角螺钉紧固。刀体固定在带圆锥的轴上，而轴则在刀体座中，通过轴承能自由转动。利用圆盘车刀加工转子外圆，圆盘车刀的刃口比普通车刀长几十倍，刀具磨损相应减小，又由于刃口是在旋转，对切削热量的散发特别有利，所以这种刀具使用寿命较长、耐用度较高。

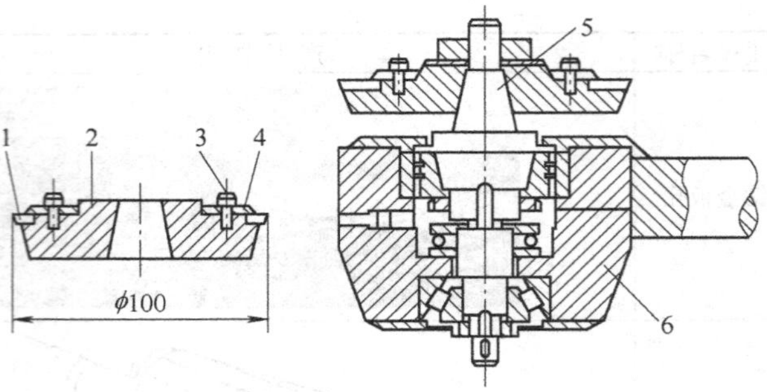

图1-14　旋转圆盘车刀的结构
1—刀片　2—刀体　3—固定螺钉　4—压板
5—心轴　6—刀体座

四、小型电动机转轴加工自动化概要

为了提高劳动生产率，降低劳动强度，根据工厂的不同情况，可采取不同的措施，大体上可归纳为以下两类：

1. 实现单机自动化

即在一台专用机床上实现加工自动化，包括自动卡装、进刀、退刀、停车和卸工件等，只有搬运传动还靠人工。卡装工件是利用压缩空气或液压传动的夹具来自动完成；自动进刀、退刀靠程序控制。如有的工厂生产中使用的齐头打孔机床、仿形自动车床（未做到自动装卡）都可以自动完成一个工序。

2. 实现自动流水生产线

转轴转子加工较先进的方法是组织自动流水生产线。几个实现了单机自动化加工的机床连在一起，包括工件的传递（转序）也实现了自动化，即实现了生产自动线。例如某电机厂的Y系列Y90～160电动机转轴、转子自动线，节拍为1.5min，全线由11台机床组成（不包括最后作动平衡的机床），工件传递、装卡、进刀、退刀等全部自动化，生产效率很高，劳动强度大大降低。转轴自动流水生产线示意图如图1-15所示。

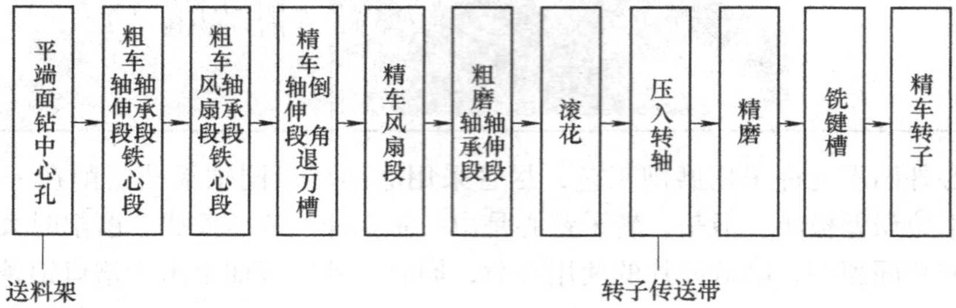

图1-15　转轴自动流水生产线示意图

图1-15中轴料在备料车间下好后送到流水线旁的进料架上，然后自动传送给平端面钻中心孔机床。图内两台粗车和两台精车机床分别加工轴伸档和风扇档，它们反方向布置在流水线两边，因此工件传递过来可以不必调头，即可卡上切削。精磨的工序是为了校正由于滚花和压入转子而引起的转轴弯曲和变形。

第四节　机座的加工

一、机座的类型及技术要求

机座在电机中起着支撑和固定定子铁心、在轴承端盖式结构中通过机座与端盖的配合起到支撑转子和保护电机绕组的作用。机座的结构类型很多，有整体型机座、分离型机座，有铸铁机座、铸钢机座、钢板焊接机座（包括箱式机座）及铝合金压铸机座等。但从制造工艺上看，具有代表性的是有底脚的整体型铸铁机座和分离型钢板焊接机座两种。前者是中小型电机中最常用的机座，后者则用于大型水轮发电机和特殊要求的直流电机。图1-16所示为机座的典型结构。

机座与端盖的配合面称为止口，在电机结构上有内止口和外止口两种。若机座止口面为内圆的，称为内止口；若机座止口面为外圆的，称为外止口。

机座上需要加工的部位有两端止口、铁心档内面、底脚平面、底脚孔，以及固定端盖、接线盒和吊环用的螺栓孔等。对于分离型机座，还需要加工拼合面（即接合面）、拼合通孔和销钉孔等。

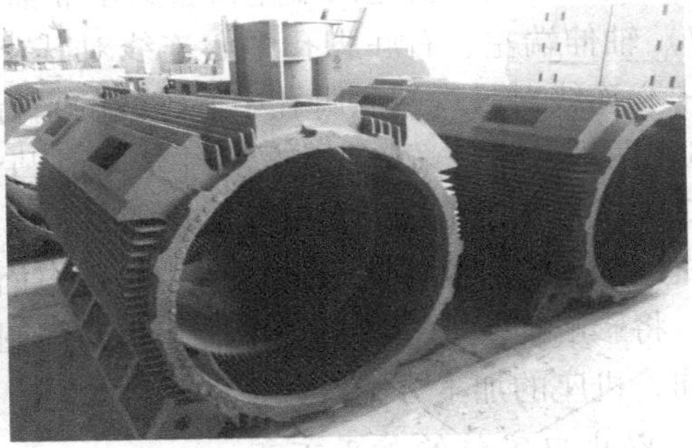

图1-16　机座的典型结构

机座加工的技术要求应根据机座的功用、工作条件，以及定子铁心和端盖的相对位置制定。一般机座加工的技术要求如下：

1. 尺寸精度应符合图样规定

机座止口和铁心档内圆均属配合面，其尺寸精度要求最高，在小型异步电动机中，这两个尺寸的公差常取H8。电机中心高是一个重要的安装尺寸。由于气隙均匀度的要求，机座中心高（即机座轴线至底脚支撑面的高度）常比电动机中心高的公差等级取高些。其余安装尺寸的精度则次之。

2. 形状精度应符合图样规定

底脚平面是电动机安装的基准面，有平面度要求。对铁心档内圆柱面的圆柱度也有严格规定。

3. 位置精度应符合图样规定

一端止口和铁心档内圆柱面对另一端止口的轴线有同轴度要求。两端止口端面对止口公共轴线的端面圆跳动、铁心档内圆对上述轴线的径向圆跳动、底脚平面对上述轴线的平行度都有严格规定。两端的几个端盖固定螺孔对上述轴线和端面的位置度要求也比较高。径向圆跳动是一项综合性公差，它同时控制着同轴度和圆度的误差。通常零件的圆度误差比同轴度误差小得多，且径向圆跳动误差检测方便，因此，生产上常以径向圆跳动公差代替同轴度公差，这也就相对地提高了同轴度的精度。

4. 粗糙度应符合图样规定

止口圆周面和铁心档内圆表面粗糙度值最小（$Ra=3.2\mu m$），其余加工面的表面粗糙度值则较大（$Ra=12.5\mu m$）。

5. 其他要求

机座壁厚要均匀，分离型机座的拼合面要求接合稳定，定位可靠，拆开后重装时仍能达到原定要求。

对机座的几何公差，以 Y180M-4 为例有如下要求：

1）铁心档内圆对两端止口公共基准线的径向圆跳动（0.12mm）。

2）机座止口两端面对两端止口公共基准轴线的端面圆跳动（0.08mm）。

3）机座止口圆周面的圆度（75%公差带，其平均值仍在公差带范围内）。

4）机座内圆铁心接触面的圆度（75%公差带，其平均值仍在公差范围内）。

5）底脚平面的平面度（100:0.04）。

6）底脚平面与机座两端止口公共基准轴线的平行度（100:0.04）。

7）轴伸端左、右底脚孔中心连线对其止口平面的平行度（100:0.36）；一端左、右底脚孔中心连线对另一端底脚孔中心连线的平行度（1.05mm）。

8）两端各一处端盖固定螺孔中心对其凸台中心线的对称度（1.0mm）。

二、机座加工的工艺方案

机座加工时，必须综合考虑各主要加工面的质量要求，以确定零件的装夹方式。若装夹不当，将影响加工后零件的壁厚、止口与内圆的同轴度，并将产生变形。根据机座装夹方式的不同，机座的加工方案有以下两种：

1. 以止口定位的加工方案

以加工过的一端止口为定位基准，轴向夹紧，加工另一端止口和内圆；并以止口或内圆定位，加工底脚平面。其特点是两端止口和内圆的同轴度取决于止口与止口模的配合精度。精车时，止口与止口模的配合为 H7/j6。止口模磨损或拆卸后应重新加工，以保证其精度。这个方案能够保证电机中心高的尺寸精度，但需要调头精车止口。由于这种方案的夹具简单，工艺容易掌握，因而成为最常用的加工方案。

2. 以底脚平面定位的加工方案

以加工过的底脚平面为定位基准，一次装夹，加工两端止口、端面和内圆。其特点为两端止口和内圆是在一次装夹下加工的，可减小装夹误差。止口与内圆的同轴度主要取决于机床的精度。对底脚平面要求平直，且在装夹时夹紧力应均匀，否则会引起不对称变形。

为减小机座变形，在机座的加工过程中必须注意以下几点：

1）铸件应在清砂和喷涂防锈漆后进行时效处理，焊接件应在焊接后进行退火处理，以消除内应力。

2）机座的止口和内圆加工必须分粗车与精车两道工序进行。这样，可减小切削热作用所引起的变形。在自动生产线上加工机座时，通常在粗车与精车工序之间，设置冷却工序或安排其他工序，使工件得到充分冷却。

3）精车时不宜采用径向夹紧，以免引起装夹变形。

4）要正确搬运，且小心轻放，不要野蛮搬运，不可与铁块相撞，以免引起意外变形。

三、机座加工方法分析

机座加工的具体工艺方法是多种多样的。不同的条件（电动机的品种规格、生产批量、工厂设备状况、工艺水平等），工艺方法都不一样。下面介绍一些常见的工艺方法。

1. 机座止口与内圆加工

机座止口与内圆加工是机座加工中的关键环节。对尺寸精度、形状精度、位置精度和表面粗糙度的要求都很严格。中心高在112mm及以下的机座：单件和小批量生产时，在卧式车床上加工；中批量生产时，在专用镗床上加工。对中心高在132～315mm的机座：单件和小批量生产时，在立式车床加工；中批量生产时，也采用专用镗床加工。对中心高在355mm及以上的机座，都是在立式车床上加工。图1-17所示为在立式车床上装夹机座

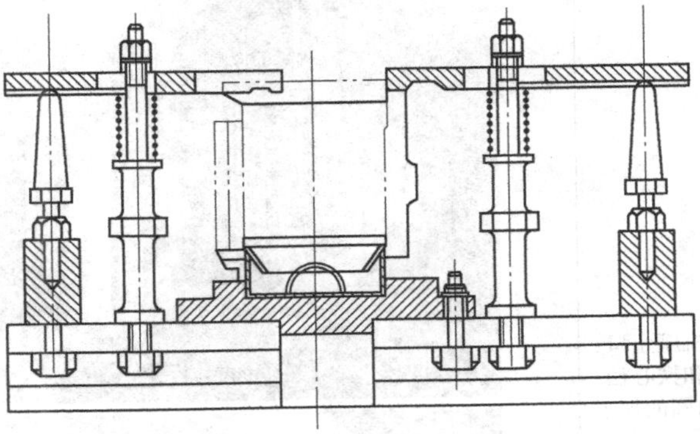

图1-17 在立式车床上装夹机座

2. 机座底脚平面的加工

加工底脚平面常以止口定位。两侧底脚的对称性也由止口模确定。所用的加工方法有刨、铣或镗。

在牛头刨床上加工底脚平面时，所用的夹具和刀具都比较简单。为保证机座中心高的尺寸精度、底脚平面的平面度和表面粗糙度等技术要求，分为粗刨和细刨两道工序进行加工。这种加工方法的生产率较低，在生产批量较大时，已很少采用。对中型机座的底脚平面，可用龙门刨床加工。为提高生产率，通常在工作台上同时装夹数台机座进行加工。

大型机座的底脚平面由卧式万能镗床进行加工。在镗头上装有两把刀，加工性质仍是间断的，切削量较大时有振动。这种加工方法的生产率较高，其质量也较好。加工后，机座的中心高是不易测量的，由工艺尺寸链原理可知，控制底脚平面至止口的最短尺寸精度，便可满足中心高精度的要求。

如图1-18所示，图1-18a适用于“底脚定位方案”，图1-18b适用于“内圆定位方案”。

3. 机座的钻孔与攻螺纹

大、中型机座的钻孔和攻螺纹是在摇臂钻床上进行的，小型机座的钻孔和攻螺纹是在立式钻床上进行的。在成批生产中，机座的端面孔和底脚孔常用钻模定位钻孔，以便省去划线工时。生产批量较大时，小型机座的端面孔是在多轴钻床上进行钻孔和攻螺纹的。

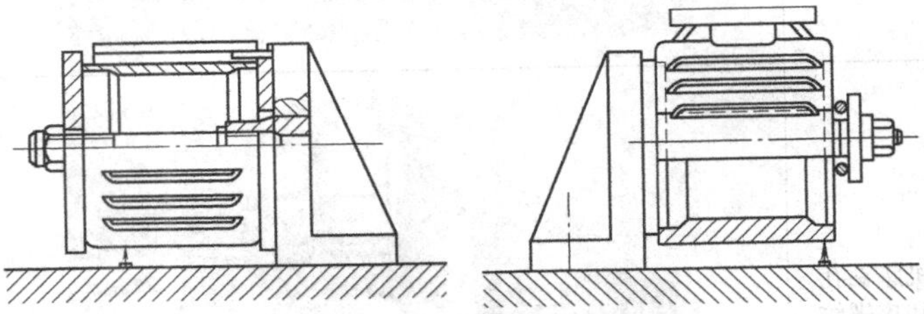

a) b)

图1-18 机座底脚刨削加工

a）底脚定位方案 b）内圆定位方案

四、机座的制造工序

典型电机的机座制造工序见表1-7。

表1-7　典型电机的机座制造工序

工序名称	产品图片	工作内容
机座止口和铁心档内圆的加工	 	中心高在112mm及以下的机座，在卧式车床上加工；中批量生产时，在专用镗床上加工。对中心132～315mm的机座在立式车床上加，对中心高在355mm及以上的机座，都是在立式车床上加工
机座底脚平面加工		加工底脚平面常以止口定位，两侧底脚的对称性也由止口模确定。所用的加工方法有刨、铣或镗
机座钻孔和攻螺纹		大、中型机座的钻孔和攻螺纹是在摇臂钻床上进行的，小型机座的钻孔和攻螺纹是在立式钻床上进行的

（续）

<table>
<tr><th>工序名称</th><th>产品图片</th><th>工作内容</th></tr>
<tr><td>机座外观质量样板图</td><td>
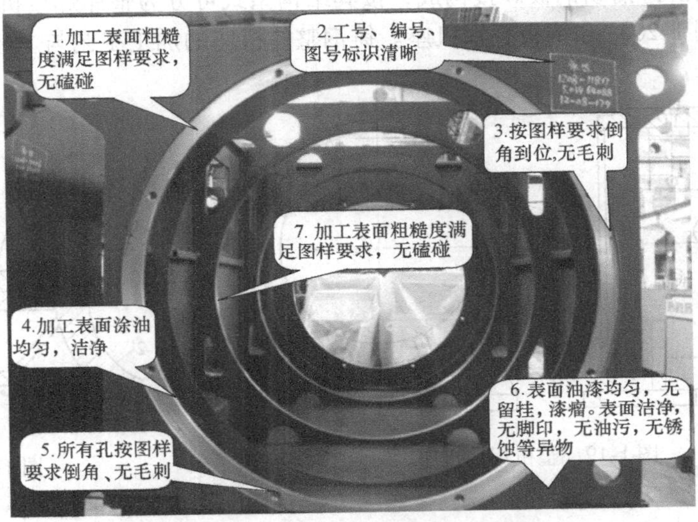
1.加工表面粗糙度满足图样要求，无磕碰
2.工号、编号、图号标识清晰
3.按图样要求倒角到位,无毛刺
7. 加工表面粗糙度满足图样要求，无磕碰
4.加工表面涂油均匀，洁净
6.表面油漆均匀，无留挂，漆瘤。表面洁净，无脚印，无油污，无锈蚀等异物
5.所有孔按图样要求倒角、无毛刺

8.焊线美观，平整，无焊籽焊渣
9.加工表面粗糙度满足图样要求，无磕碰
10. 机座内腔表面油漆均匀，无留挂，漆瘤。表面洁净，无脚印，无油污，无锈蚀、无异物

11.上下加工表面粗糙度满足图样要求，无磕碰和锈蚀
12.焊线美观，平整，无虚焊，无焊籽、焊渣
</td><td></td></tr>
</table>

五、直流电机机座的加工特点

直流电机的机座是磁路的组成部分，也是固定主磁极、换向极、端盖等零部件的支撑件。它一般由铸钢或钢板焊接构成，按其结构型式可分为整体焊接机座（见图 1-19）、分爿机座（见图 1-20）和钢板叠片机座。铸钢整体机座的加工工艺与上述基本相同。

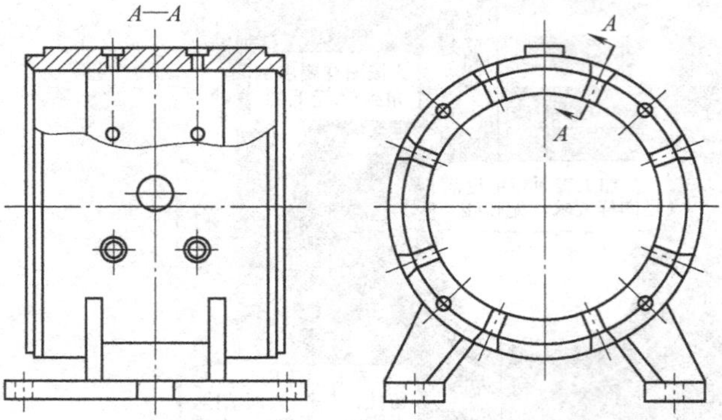

图 1-19　整机焊接机座

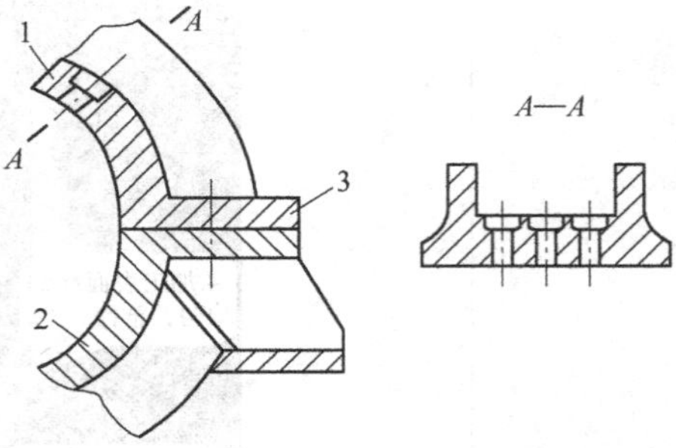

图 1-20　分爿机座

1—上半机座　2—下半机座　3—并合面

1. 钢板焊接机座的加工特点

机座的加工工艺过程是：锻压成形（或用弯板机弯制）⟶焊圆⟶车光内外圆⟶划线⟶焊底脚⟶精车内圆止口⟶刨底脚（以内圆定位）⟶划线钻磁极孔⟶钻端盖孔⟶攻螺纹。

直流电机机座加工特点有以下几方面：

1）内圆和外圆都经过车光，外表美观，而底脚是在车加工后焊上去的。

2）为保证电机的磁路对称，主磁极铁心与换向极铁心沿圆周的分布要求均匀，这就要求磁极孔的位置要很准确，这也是钻孔工序的主要矛盾。有的工厂使用分度机构及钻模钻磁极孔，这样可以保证孔在机座外圆上的位置符合要求，但在机座内圆上的位置仍会有误差。有些工厂采用从内圆向外钻孔的专用机床，成功地解决了这个问题，显著地提高了产品的质量。

3）由于机座是用钢板弯成圆形再焊接的，焊缝的导磁性能与钢板是有差异的。因此，机座的焊缝位置安排要防止引起主磁极磁路的不对称。

2. 分爿机座的加工特点

分爿机座的并合面位置要着重考虑安装和维修的方便，通常将并合面设计在水平直线以上略高处。机座截面形状为槽形（见图 1-20），以增加机座刚度。其加工工艺过程如下：

1）划上、下两半机座的并合面线。

2）镗（或车）上、下两半机座的并合面。

3）划上半机座每边并合面上的螺钉孔及销钉孔线。

4）钻上半机座每边并合面螺孔及销钉孔的预孔，并用上半机座配钻下半机座每边并合面螺孔的预孔及其销钉孔的预孔。

5）装配，并合面上、下两半机座用螺栓固紧。钻铰每边销钉孔，装配定位销。

6）划校正线，将机壳卧放，且使并合面垂直于划线平台。沿外圆和两端面划垂直于并合面的线；再将机壳立放，且使并合面垂直于划线平台，沿外面划磁极孔的平分线。

7）在立式车床上车两端面、内圆及止口。

8）划底脚平面线和侧面线。

9）镗底脚平面和侧面。

10）划磁极孔线及底脚螺孔线。

11）镗工序孔（即第 10 道工序的孔）。

12）钻每个端面孔的预孔并攻螺纹。

由以上工艺过程可以看出，直流电机分爿机座的划线次数较多，几乎全都依靠划线进行机械加工。对划线质量要求较高，为严格控制并合面的加工，在距并合面加工线 5mm 处还应划出一条检查线。当并合面加工线被镗掉或车掉以后，依靠检查线也能及时检查并合面的位置。加工并合面时，必须确实保证并合面与检查线之间的距离为 5mm。

分爿机座的加工特点如下：

1）首先加工并合面，使上、下两个坯件组成完整的机壳，以便后续工序加工。

2）为减少磁路的不对称，并合面要平整，接缝要紧密。

3）为使分爿机座加工时不错位及以后拆装方便，并合面处以销钉定位。

4）加工端面、内圆、止口或底脚平面时，不能使用内圆胀胎，只能采用外圆装夹。因为机座接缝是用螺栓紧固的，使用内圆胀胎时，将造成接缝松动，使加工尺寸不准确。

5）与整体机座相比，分爿机座的刚度较差。为防止变形，加工时的切削量不宜过大。

6）加工工时较多。

第二章

铁心制造工艺

定子铁心是电机磁路的重要组成部分，它和转子铁心、定子和转子之间的气隙一起组成电机的磁路。这里主要按照 YK355—4 型三相异步电机定子铁心的制造工艺流程，从铁心冲制的材料和设备、铁心冲片的冲制工艺流程、铁心的压装工艺三个方面进行讲解，来掌握定转子铁心制造工艺流程。

第一节　铁心冲制的材料和设备

在异步电动机中，定子铁心中的磁通是交变的，因而产生铁心损耗。铁心损耗包括两部分：磁滞损耗和涡流损耗。为了减小铁心损耗，交流电机的定子铁心必须用电阻系数大、磁滞回线面积小的薄板材料——硅钢片，经冲制和绝缘处理后叠压而成。图 2-1 所示为定子铁心和转子铁心。

图 2-1　定子铁心和转子铁心

一、铁心冲制的材料

常用的铁心材料有硅钢片、电工纯铁、铁镍合金、铁铝合金、铁钴合金和永磁材料等。

1. 硅钢片

硅钢片是铁硅合金钢片，品种多、规格全、用量大。硅钢片按制造工艺不同分为热轧和冷轧两大类。冷轧又有各向同性（无取向）和各向异性（有取向）两种。20 世纪 70 年代以前，国内外均以热轧硅钢片为主。近年来，由于冷轧钢片性能优越，工艺性好，发展迅速，技术先进的国家已经淘汰了热轧硅钢片。

硅钢片越薄，铁心损耗越小，但冲片的机械强度减弱，铁心制造的工时增加，叠压后由于冲片绝缘厚度所占的比例增加，因而减小了磁路的有效截面积。所以，过薄的硅钢片在电机中也是不宜采用的。

不同型号和规格的硅钢片，力学性能是不同的。硅的质量分数低的硅钢片韧性较好，宜于冷冲加工。随着硅的质量分数的增加，硅钢片的硬度也增加，而且变脆，容易磨钝冲模的刃口，冲件的冲断面不光滑，甚至在冲剪处产生裂纹。

硅钢片的厚度对冲模的结构有很大影响。通常，凸凹模刃口之间的间隙为硅钢片厚度的10%～15%。因此，冲制厚度不同的硅钢片，应该选用不同间隙的冲模，否则将影响冲片的质量和冲模的使用寿命。

我国生产的硅钢片，大部分还是板料，裁成一定长宽的矩形，包装供应。有600mm×1200mm，670mm×1340mm，750mm×1500mm，810mm×1620mm，860mm×1720mm，900mm×1800mm，1000mm×2000mm等规格。选用硅钢片的尺寸规格，应该根据定子铁心外径来确定，以得到合理的应用，避免边角料过大，造成浪费。

硅钢片在轧钢厂出厂时，已经经过退火处理。退火处理的主要目的是，改善硅钢片的电磁性能，并降低其抗剪强度。

冷轧硅钢片与热轧硅钢片相比较有一系列的优点：在电磁性能方面，最大磁导率μ_m值较高而铁损较低。在力学性能方面，冷轧片厚度均匀，表面平整光洁，可提高铁心叠压系数；对表面已涂好绝缘层的（全工艺型）冷轧片，可免去片间绝缘处理工艺；冲剪性能好，容易保证冲片尺寸精度；冲模磨损少，可以延长冲模使用寿命；可以带材成卷供应，便于提高剪裁的利用率和生产效率，抗拉强度$\sigma_b=345\sim380\text{N/mm}^2$。因此有条件时应优先选用冷轧硅钢片。

我国还生产晶粒取向度小的冷轧硅钢片，这种硅钢片的电磁性能虽比晶粒取向度大的冷轧硅钢片差，但比热轧硅钢片优良。由于晶粒取向度小，平行轧制方向和垂直轧制方向交变磁化，电磁性能差别不是很大，故成为制造交流电机定子铁心的良好材料。

2. 电工纯铁

电工用纯铁有原料纯铁（DT1、DT2）和电磁纯铁（DT3、DT4、DT5和DT6）两类。供料状态有直径不大于250mm的热轧、热锻及冷拉棒料和冷轧、热轧薄板。纯度为99.95%的电解铁矫顽力$H_c=7.2\text{A/m}$，初始磁导率$\mu_i=12\times10^{-4}\text{H/m}$，最大磁导率$\mu_m=250\times10^{-4}\text{H/m}$。电工纯铁的纯度越高，电磁性能越好。但制取高纯度的铁，工艺复杂，成本高。工程上广泛采用的是电磁纯铁，在冶炼中常适当加入铝和硅，以削弱其他杂质对磁性能的不良影响。

由于电磁纯铁中杂质含量少，所以冷加工性能比较好，且饱和磁通密度仍有较高数值，但电阻率低，铁损较大，只适用于恒定磁场。电磁纯铁加工后，由于存在加工残余应力，使磁性能降低，故必须在机械加工后进行退火处理。

3. 铁镍合金

含镍量在45%～80%的铁镍合金，经高温退火后有极好的磁性能。在较低磁通密度下，磁导率比硅钢片高10～20倍。旋转变压器、自整角机和测速发电机等控制电机铁心常采用铁镍合金制成。

铁镍合金有冷轧带材、热轧扁材、冷拉丝材、棒材、热锻材等，以0.5～1.0mm厚的带（片）材应用最多。其主要特点是在较低磁场下有极高的磁导率和很低的矫顽力，加工性能好。其主要缺点是含贵重金属镍比例大，成本高，工艺方面机加工应力和热处理等对磁性能影响较大，使产品之间磁性能差别较大。此外，该材料电阻率不高（0.45μΩ·m），适用于1～2kHz以下频率使用，常用铁镍合金材料型号有1J50、1J79和1J85等。

4. 铁铝合金

铁铝合金是以铁和铝（占6% ~16%）为主要成分、不含贵重元素的另一类高电磁性能软磁合金，在微电机中也得到应用。常用的铁铝合金可以有冷轧或热轧带材，片厚为0.1~0.5mm。其主要特点是有高的电阻率和硬度，密度较小（6.5~7.29g/mm^3），抗振动和抗冲击性能良好，其磁性能对应力不像铁镍合金那样敏感。用铁铝合金片制造的铁心，涡流损耗小，重量较轻，有良好的耐中子辐射性能。当含铝量超过16%时，铁铝合金变脆，塑性减弱，机械加工困难。含铝量增加会使饱和磁感应强度降低。铁铝合金制成的铁心与铁镍合金铁心一样，需要最终高温退火处理，消除应力，提高磁性能。

常用铁铝合金型号有1J6、1J 12和1 J 16等。型号中最后数字为含铝量，随着含铝量的增加，材料的磁导率和电阻率变高，而饱和磁感应强度降低。

5. 铁钴合金

在铁钴合金材料中，饱和磁感应强度最高（高于纯铁），居里温度高（98℃），电阻率较低（0.27μΩ·m），含贵重金属钴大约50%，其型号为1J22，适用于作航空、航天特殊要求的微电机铁心。

6. 永磁材料

永磁材料又叫作硬磁材料，其主要特征是剩磁感应和矫顽力高。永磁材料经饱和磁化以后，去掉磁化的磁场仍能长时间地保持较强的、稳定的磁性，给电机励磁，建立磁场。

永磁材料主要有铝镍钴、铁氧体永磁材料、稀土钴永磁材料、稀土钕铁硼永磁材料等系列。

（1）铝镍钴系列　铝镍钴系列永磁材料包括铸造和粉末冶金加工两种。

铝镍钴系列开发应用较早，有比较成熟的产品品种。但是，这个系列中，性能较好的材料中镍和钴的成分比重较大，而镍和钴为稀有金属，产量少；铝镍钴材料的磁场 H 值相对较低，抗去磁能力差，因此在应用方面受到了一定限制。

（2）铁氧体永磁系列　铁氧体永磁材料的特点是矫顽力较高，回复磁导率较小，密度小，电阻率大，最大磁能积较小，如果合理应用，可以得到较大的回复磁能积，比较适合在动态磁路中工作。这种材料价格最便宜，在微电机中应用广泛。

这种材料的不足之处是剩磁 B 较低，磁感应温度系数较高，应用时需要加以注意。这种材料也有各向同性和各向异性两个系列。各向异性系列是在模压成型时加外磁场得到。一般取外磁场方向和加工时所加压力方向一致，该方向上的磁性最好。

（3）稀土永磁系列　稀土永磁材料包括稀土钴和稀土钕铁硼两个系列。

稀土钴系列永磁材料是由部分稀土金属（Sm、Pr、Ce等）和钴、铁等金属形成的金属间化合物。稀土永磁材料的剩磁、磁感矫顽力、最大磁能积和矫顽力都有很高的数值，去磁曲线为线性，回复曲线与去磁曲线基本重合，有很强的抗去磁能力和磁稳定性。但是，钴金属矿源不足，价格昂贵，使稀土钴系列的应用受到一定限制，促使人们寻找更新的材料。稀土钴永磁材料型号为XGS。

国内外近些年开发的稀土钕铁硼系列永磁材料，不含钴金属，磁性能又有了新的提高，而且价格便宜，一般为稀土钴永磁材料的1/4~1/3，因而得到迅速广泛的应用。稀土钕铁硼系列永磁材料又有烧结钕铁硼和粘结钕铁硼永磁两类。

实践和资料表明：由于我国稀土资源丰富，为世界储量第一，磁性能优异、价格低廉的稀土钕铁硼永磁材料发展很快，已形成年产千吨以上规模，各种使用钕铁硼的微特电机相应有了很大发展。钕铁硼永磁材料在微电机中的应用，也使微特电机的几个方面得到了改进。

二、铁心冲制的设备

铁心制造工艺包括硅钢片冲制工艺和铁心压装工艺。所采用的主要设备有剪床、冲床、半自动冲槽机和油压机等。表 2-1 为典型交流电机的铁心冲片的加工设备。

表 2-1　典型交流电机的铁心冲片的加工设备

设备	产品图片	工　作　内　容
剪床	 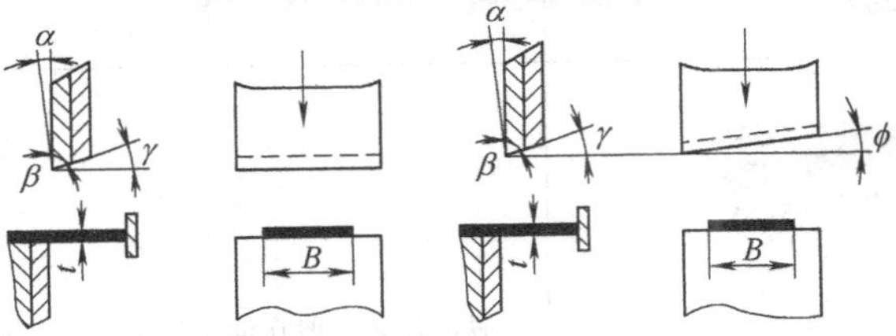	剪床用来将整张的硅钢片剪裁为方料或条料 剪床上下刀刃的间隙： 借螺钉调整，根据剪切材料的厚度，调整到合理数值。间隙过大，使工件的剪切边缘产生毛刺；间隙过小，使工件的断裂部分挤坏并增加剪切应力。在剪切 0.5mm 的硅钢片时，间隙为 0.05 ~ 0.07mm 剪床分平口剪床和斜口剪床两种。平口剪床上下剪刃平行，适宜于剪切窄而厚的材料。剪切速度快、劳动生产率高，但所需动力太。斜口剪床的上剪刃斜交下剪刃一个不大于 15°的角，适于剪切宽而薄的条料。由于只有一个剪切点，故所需动力较小。在冲片制造中，一般采用斜口剪床
冲床	 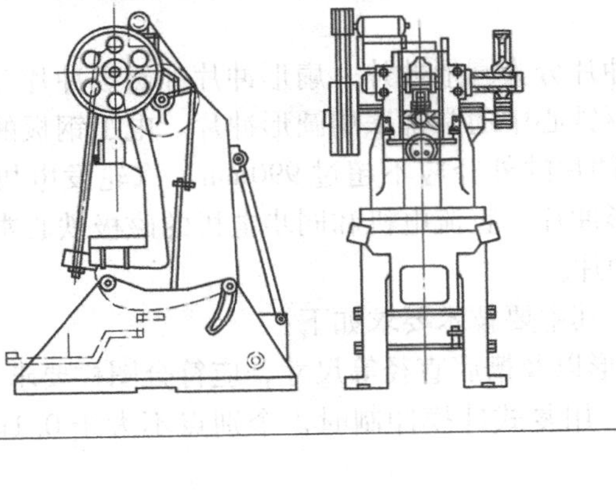	• 冲床用来安装冲模，冲制定子、转子冲片或其他冲压工件。常见的有偏心冲床和曲轴冲床两种 • 冲床的特点是：行程不大，冲制速度较高，每分钟可达 50 ~ 100 次 • 冲床的主要参数： 1. 额定吨位：冲床铭牌上规定的吨位为冲床的额定吨位。额定吨位的大小，反映冲床的冲裁能力。在我国，偏心冲床和曲轴冲床都已成系列生产，公称压力可分为 15 个等级，即 4t、6.3t、10t、16t、25t、40t、63t、80t、100t、125t、160t、200t、250t、315t、400t。选择冲床时，必须使冲床的额定吨位大于工件所需要的冲裁力 2. 闭合高度：冲床闭合高度是指冲床在连杆全部旋入时从台面（包括台面垫板）至下止点时滑块下平面间的距离。冲模闭合高度是指上、下模在最低工作位置时的冲模高度（下模座下平面至上模座上平面的高度） 3. 台面尺寸（长×宽）和台面孔尺寸：在冲模设计和安装时，必须考虑台面尺寸和台面孔尺寸。前者应能保证模具在台面上压紧；后者应能保证冲孔的余料或工件能从台面孔落下 4. 模柄孔尺寸：在冲模设计和安装时，必须考虑冲床滑块模柄孔的尺寸

（续）

设备	产品图片	工作内容
半自动冲槽机	 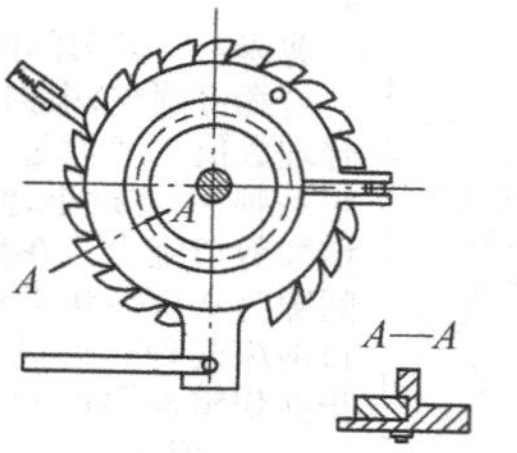	在电机制造中，当冲片为单槽冲时，广泛采用半自动冲槽机。半自动冲槽机的结构与普通冲床基本相同，只是多了一套自动分度机构。自动分度机构如左图所示。连杆的作用是把曲轴的圆周运动改变为往返运动。以驱动分度盘回转。当曲轴回转一周时，单冲一个槽，同时连杆往返一次，驱动分度盘回转一个角度，其值为 360°/z，从而使工件回转 360°/z。当冲完全部槽数时，冲槽机自动停车，让飞轮空转
油压机		铁心压装一般在油压机上完成。油压机的种类很多，左图显示的是较为简单的一种。通过液压传动可使活塞带动压板上下滑动来完成压装工作

第二节　铁心冲片的冲制工艺

一、铁心冲片的类型及技术要求

按照铁心冲片形状的不同，铁心冲片分为圆形冲片、扇形冲片和磁极冲片。

在中小型交流电机和直流电机电枢铁心中通常都采用圆形冲片。电工钢板的最大宽度为1000mm。考虑冲制的搭边量后，圆形冲片的外径应不超过990mm。汽轮发电机、水轮发电机和其他大型电机的铁心，均采用扇形冲片。直流电机和同步电机的磁极铁心常用磁极冲片压装而成。图 2-2 所示为典型的铁心冲片。

冲片质量对电机性能的影响很大，其主要技术要求如下：

1）冲片的外径、内径、轴孔、槽形以及槽底直径等尺寸，应符合图样要求。

2）定子冲片毛刺不大于 0.05mm。用复式冲模冲制时，个别点不大于 0.1mm。转子冲

定子铁心

扇形铁心

转子铁心

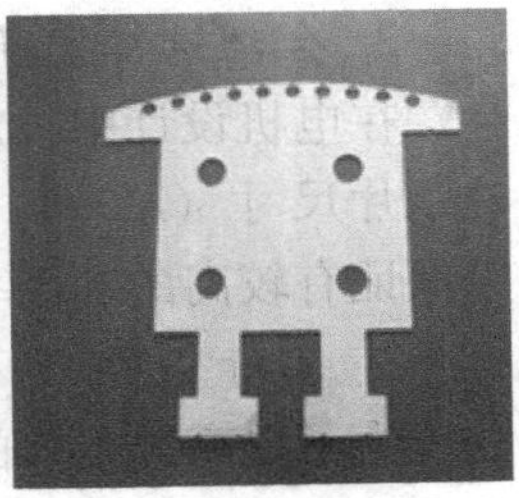
磁极冲片

图 2-2 典型的铁心冲片

片毛刺不大于 0.1mm。

3）冲片应保证内、外圆和槽底直径同轴，不产生椭圆度。如对 Y160～280 电机定子冲片内外圆同轴度要求不大于 0.06mm。

4）槽形不得歪斜，以保证铁心压装后槽形整齐。

5）冲片冲制后，应平整而无波浪形。对于涂漆冲片，单面漆膜厚度为 0.1～0.15mm（双面为 0.25mm），表面应均匀、干透、无气泡及斑块。

二、铁心冲片内外圆的特色槽

如图 2-3 所示在定子冲片外圆上冲有鸠尾槽，以便在铁心压装时安放扣片，将铁心紧固。在定子冲片外圆上还冲有记号槽，其作用是保证叠压时按冲制方向叠片，使毛刺方向一致，并保证将同号槽叠压在一起，使槽形整齐。转子冲片的轴孔上冲有键槽和平衡槽。叠片时键槽起记号槽作用；转子铸铝时键槽与假轴斜键配合，以保证转子槽斜度。平衡槽主要使转子减少不平衡度。

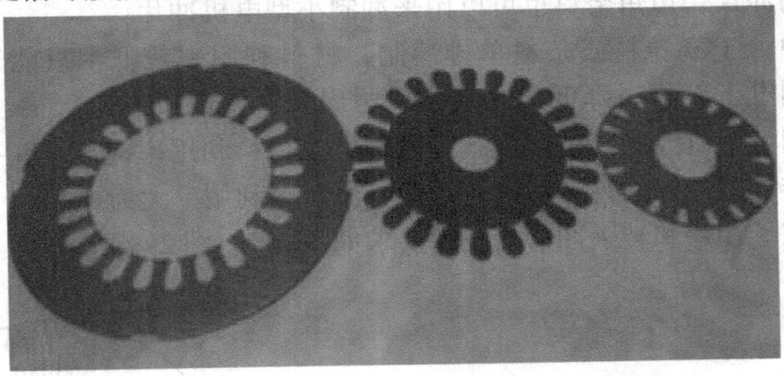

图 2-3 铁心冲片的内外圆的特色槽

三、硅钢片的剪裁

许多工厂制造铁心冲片的第一道工序，是将整张硅钢片在剪床上剪成一定宽度的条料。条料的宽度应略大于铁心冲片的外径，留有适当的加工余量，以保证冲片的质量。如图 2-4 所示为硅钢片的裁剪。

硅钢片是一种重要的合金钢材，在电机制造中用量很大，因此在设计和工艺上，必须采取一系列措施，提高其利用率。

1. 规定最小的搭边量 C

搭边量太大使利用率降低。搭边量太小，在送料时硅钢片的剪裁过程中硅钢片容易被拉断和被拉入凹模，产生毛刺，并降低冲模寿命；还容易使定子冲片产生缺角现象。小型异步电动机冲片采用的搭边量 C 一般为 5～7mm。

2. 合理选择定子铁心外径 D

在电机设计中，定子铁心外径的选择要结合硅钢片尺寸（$a \times b$）和最小搭边量 C 来考虑，以保证有较高的利用率。

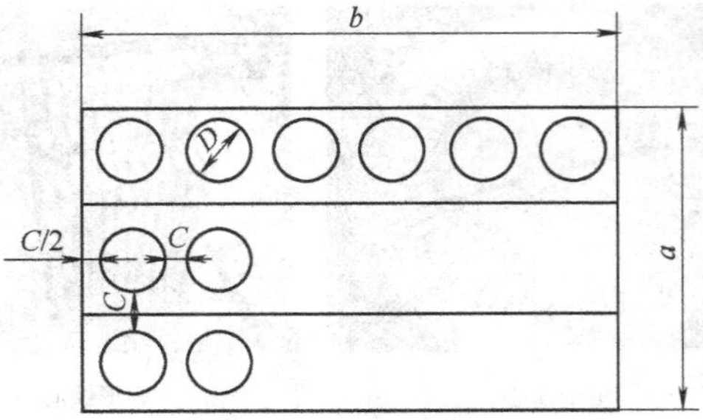

图 2-4　硅钢片的裁剪

3. 实行套裁

为了提高硅钢片的利用率，许多工厂实行套裁。套裁就是合理安排冲片的位置，通过减少外部余料，来提高硅钢片的利用率。套裁的方法有错位套裁和混合套裁，如图 2-5、图 2-6 所示。混合套裁时，由于冲片的直径不同将增加操作和生产管理上的困难，所以用得较少。

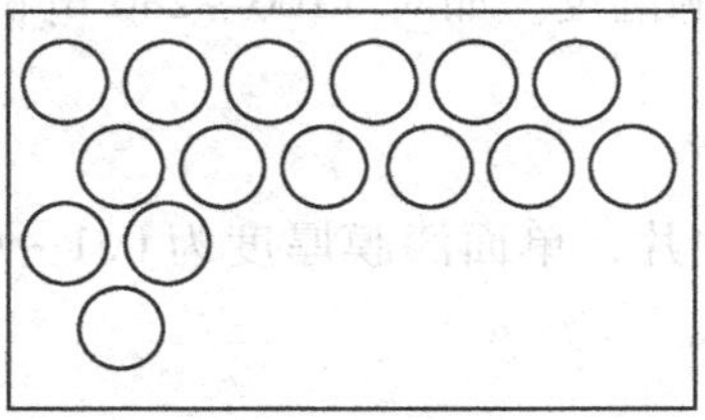
图 2-5　硅钢片的错位套裁

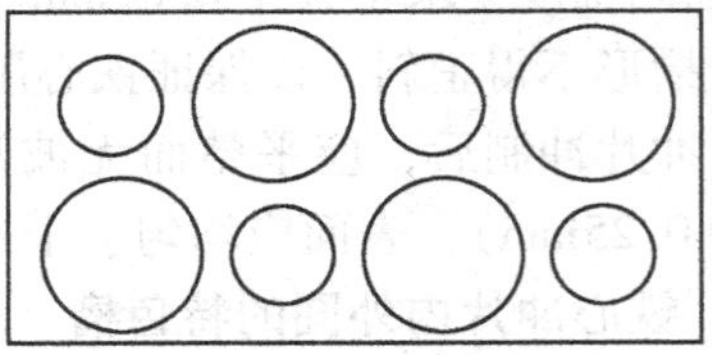
图 2-6　硅钢片的混合套裁

4. 充分利用余料

充分利用“内部余料”和“外部余料”。大电机冲片轴孔冲下来的“内部余料”可以用来冲制小电机的冲片，边角余料也可以用来冲制小型电机冲片。

在铁心制造中由于窄卷料或条料单排冲制，材料利用率较低，只能达到 70% ~77%。为了更有效地利用电工钢板，降低产品成本，国内外一些电机制造厂很注重提高材料利用率。有的厂家采用计算机控制错位套裁新工艺，可使材料利用率提高 6% ~10%。日本三菱新城工厂采用双排级进冲，而且冲片没有搭边，使材料利用率大为提高。

异步电动机定子冲片和转子冲片的技术要求如图 2-7、图 2-8 所示。

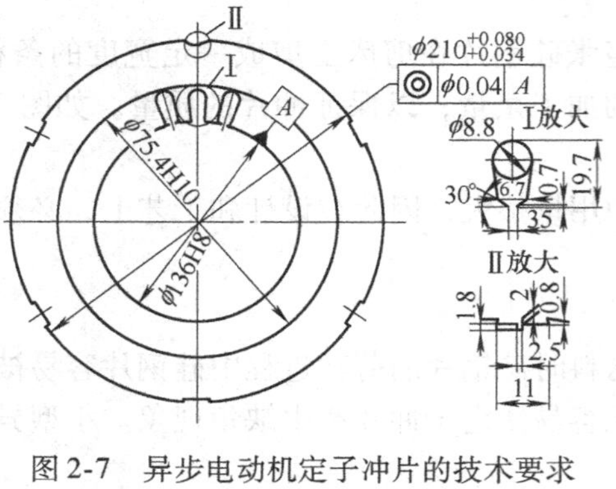

图 2-7　异步电动机定子冲片的技术要求

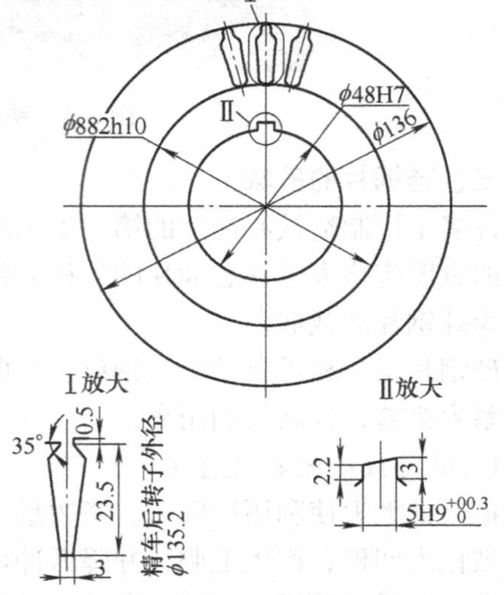

图 2-8　异步电动机转子冲片的技术要求

四、铁心冲片的冲制方法

定子、转子冲片有以下几种冲制方法，它们所要求的冲模各不相同。

1. 单冲

每次冲出一个连续的（最多有一个断口的）轮廓线。例如轴孔及键槽，一个定子槽或一个转子槽。单冲的优点是单式冲模结构简单、容易制造、通用性好，生产准备工作简单，要求冲床的吨位小。它的缺点是冲制过程是多次进行的，不可避免地带来定子冲片内外圆同轴度的误差，以及定子槽和转子槽的分度误差，因此冲片质量较差，劳动生产率不高。单冲主要用于单件生产或小批量生产中，能减少工装准备的时间和费用。此外，在缺少大吨位冲床时也常常采用单冲。

2. 复冲

每次冲出几个连续的轮廓线。例如能一次将轴孔、轴孔上的键槽和平衡槽以及全部转子槽冲出，或一次将定子冲片的内圆和外圆冲出。复冲的优点是劳动生产率高，冲片质量好。缺点是复式冲模制造工艺比较复杂，工时多，成本高，并要求吨位大的冲床。复冲主要用于大批量生产中。

3. 级进冲

将几个单式冲模或复式冲模组合起来，按照同一距离排列成直线，上模安装在同一个上模座上，下模安装在同一个下模座上，就构成一副级进式冲模。冲模内有四个冲区：第一个冲区冲轴孔、轴孔上的键槽和平衡槽以及全部转子槽和两个定位孔；第二个冲区冲鸠尾槽、记号槽和全部定子槽；第三个冲区落转子冲片外圆；第四个冲区内落定子冲片外圆。这样，条料进去后，转子冲片和定子冲片便分别从第三个冲区和第四个冲区的落料孔中落下，自动顺序顺向迭放，如图 2-9 所示。

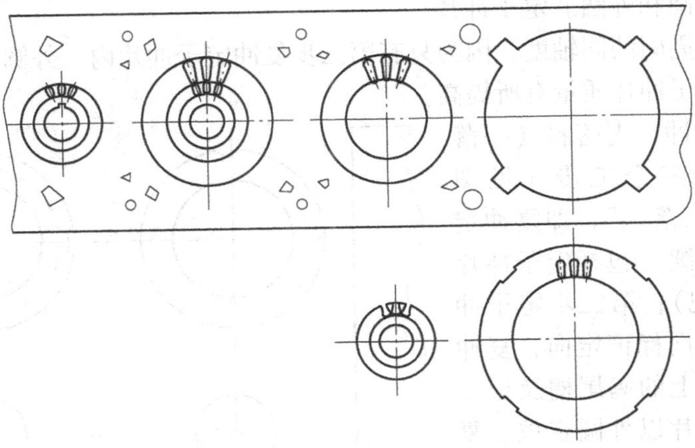

图 2-9 用级进式冲模冲制定子与转子冲片的工步示意图

级进冲的优点是劳动生产率较高，缺点是级进式冲模制造比较困难。级进冲主要用于小型及微型电机的大量生产，因为功率大的电机冲片尺寸大，将几个冲模排列起来，冲床必须有较大的吨位和较大的工作台。级进冲只有使用卷料时，才能发挥其优点。

以上几种冲制方法各有其优缺点和应用范围，应根据工厂生产批量的大小、模具制造能力及冲床设备条件等，在努力提高劳动生产率和冲片质量的前提下，将它们适当地组合起来，发挥各自的优点，避免缺点，满足发展生产的需要。

五、铁心冲片制造工艺方案的分析

异步电动机定子与转子冲片的冲制工艺复杂多样，下面列举5个常用的冲制工艺方案，比较其优缺点。

第一方案：复冲，先冲槽，后落料。分三个工步（见图2-10）：第一步复冲轴孔（包括轴孔上的键槽和平衡槽，键槽兼起记号槽的作用）和全部转子槽；第二步以轴孔定位，复冲全部定子槽和定子冲片外圆上的鸠尾槽和记号槽；第三步以轴孔定位，复冲定子冲片的内圆和外圆。这一方案的优点是：劳动生产率比较高；定子与转子槽连同各自的记号槽同时冲出，冲片质量较好；定子冲片内外圆同时冲出，容易由模具保证同轴度；可将三台冲床用传送带连接起来组成自动生产线。其缺点是：硅钢片要预先裁剪成条料，利用率较低；复冲定子槽和定子冲片内外圆都以轴孔定位，槽底圆周和冲片内外圆的同轴度有两次定位误差，即它们之间的相对位置会因导正钉的磨损而有所改变。这种改变的最大值可能是两次定位误差之和，因此叠压时以内圆胀胎为基准，会使槽孔不整齐。为了克服上述缺点，有的工厂改为第一步复冲轴孔，全部定子槽和定子冲片外圆上的鸠尾槽和记号槽；第二步以轴孔定位，复冲全部转子槽和轴孔上的键槽和平衡槽；第三步以轴孔定位，复冲定子冲片的内圆和外圆。定子冲片内、外圆和槽底圆周间的同轴度，因为只有第三步复冲定子冲片内、外圆以轴孔定位时的一次定位误差，故定子冲片质量有所提高。

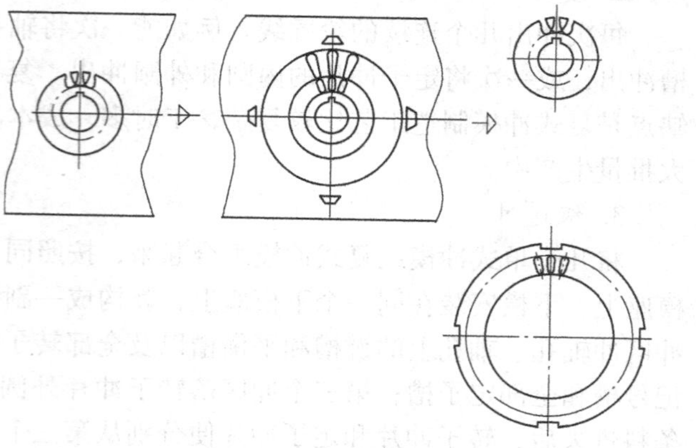

图2-10　复冲，先冲槽，后落料的方案

第二方案：复冲，先落料（一落二），后冲槽。分三个工步（见图2-11）：第一步"一落二"，即复冲定子冲片的内圆和外圆（包括定子冲片外圆上的定向标记）；第二步定子冲片以内圆定位，定向标记定向，复冲全部定子槽和外圆上的鸠尾槽及记号槽；第三步转子冲片以外圆定位。复冲全部转子槽、轴孔及轴孔的键槽和平衡槽。这一方案的优点是：劳动生产率高；可以采用套裁，硅钢片的利用率较高；定子与转子槽连同各自的记号槽同时冲出，冲片质量较好；定子冲片内外圆同时冲出，容易由模具保证同轴度；容易实现单机自动化，即机械手进料，机械手取料；复冲定子与转子槽可以同时在两台冲床上进行，和第一方案相比较，缩短了加工周期。其缺点是复冲定子槽时如果内圆定位盘磨损，会

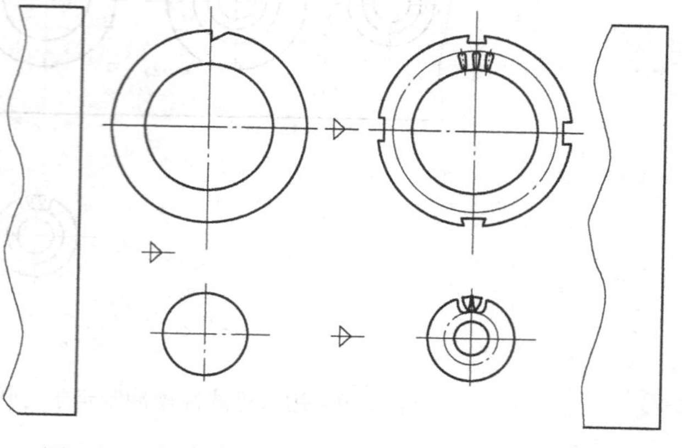

图2-11　复冲，先落料（一落二），后冲槽的方案

使槽底圆周与内圆不同轴，叠压时，以内圆胀胎为基准，会使槽孔不整齐。

第三方案：复冲，先落料（一落三），后冲槽。分三个工步（见图2-12）：第一步“一落三”，即复冲定子冲片的内圆和外圆（包括定子冲片内圆上的定向标记）以及转子冲片上的工艺孔；第二步定子冲片以内圆定位，定向标记定向，复冲全部定子槽和外圆上的鸠尾槽和记号槽；第三步转子冲片以工艺孔定位，复冲全部转子槽、轴孔和轴孔上的键槽。这一方案具有和第二方案相同的优缺点。因为复冲转子冲片时以转子冲片上的工艺孔定位，下模上的外圆粗定位板精度要求不高，结构简单，容易制造；外圆粗定位板可做成半圆，送料容易，比较安全。但落料模和转子复式冲模因转子冲片上多一工艺孔而较为复杂。

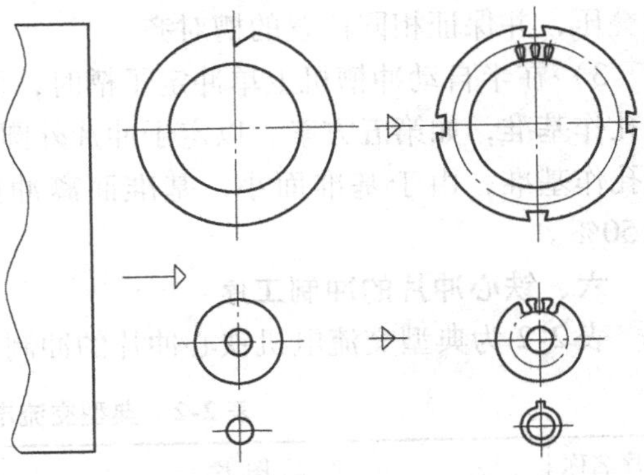

图2-12 复冲，先落料（一落三），后冲槽的方案

第四方案：单冲，定子冲片以外圆定位，转子冲片以轴孔定位。分四个工步：第一步“一落三”，即复冲轴孔（包括轴孔上的键槽和平衡槽）及定子冲片的内圆和外圆（包括定子冲片外圆上的定向标记）；第二步定子冲片以内圆定位，定向标记定向，复冲鸠尾槽和记号槽；第三步定子冲片以外圆和记号槽定位，单冲定子槽；第四步转子冲片以轴孔和记号槽定位，单冲转子槽。这个方案的优点是：模具比较简单，虽然第一工步和第二工步使用了复式冲模，但这种复式冲模比较容易制造；定子冲片内圆和外圆一次冲出，容易由模具保证同轴度；冲定子槽以外圆定位，槽的位置比较准确；定转子冲槽可以同时在两台冲槽机上进行。和第五方案相比较，缩短了加工周期。其缺点是落料模同轴度要求高，因为定子铁心外压装时以内圆定位，第三步单冲定子槽以外圆定位，由于定位基准的改变，倘若落料模同轴度不高，就不能保证定子铁心的质量。

第五方案：单冲，定子与转子冲片均以轴孔定位。分五个工步：第一步复冲轴孔（包括轴孔上的键槽和平衡槽）及定子外圆；第二步以轴孔和键槽定位，复冲鸠尾槽和记号槽；第三步以轴孔和键槽定位，单冲定子槽；第四步以轴孔和键槽定位，单冲定子内圆；第五步以轴孔和键槽定位，单冲转子槽。这个方案的优点是：各种冲模都很简单，容易制造；冲模的通用性好；不要求大吨位冲床。其缺点是：工步多，劳动生产率低；以轴孔定位冲定子槽，槽的位置不容易保持准确；定子冲片内圆和外圆分两次冲出，不容易保持同轴度。这种方法一般用于小批量生产、单件生产或样机试制。

归纳以上方案，可以看出冲片制造工艺方案应注意的基本问题是：

1）用定子冲片内外圆一次冲出的模具来保证定子铁心内外圆同轴度。在第五方案中，以轴孔定位分两次冲出定子冲片内外圆，由于定位基准不可避免地存在间隙和磨损，造成同轴度误差过大，这样在铁心压入机座后，必须用精车定子止口或磨定子铁心内圆来保证同轴度。

2）采用复式冲制时，为了保证铁心压装使相同位置的槽对齐，必须同时冲出定子或转子槽和各自的记号槽。用半自动冲槽机单冲时，定子或转子槽和各自的记号槽必须以同一基准定位。在第五方案中，定子槽和定子冲片记号槽均以轴孔定中心，冲出键槽定角位，这样记号槽就能表示冲槽时各槽的顺序。铁心压装时，只要使记号槽对齐，就能使冲片按同一方向叠压，并保证相同位置的槽对齐。

3）在半自动冲槽机上单冲定子槽时，可选定子冲片外圆作基准，如第四方案；也可选轴孔作基准，如第五方案。以定子冲片外圆作基准比较准确，但冲槽速度不能太快；以转子轴孔作基准，由于基准面小，基准面离冲区远，不易保证槽位准确，但冲槽速度可提高约 50%。

六、铁心冲片的冲制工序

表 2-2 为典型交流电机铁心冲片的冲制工序

表 2-2　典型交流电机铁心冲片的冲制工序

工序名称	产 品 图 片	工 作 内 容
对照工作单	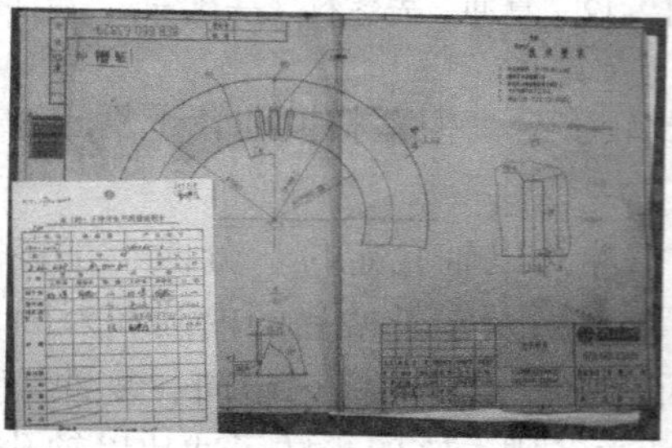	工艺流程卡片：以工序为单元详细说明整个零件加工过程的工艺文件 作用：指导操作人员进行生产，帮助相关技术人员掌握整个零件的加工过程。 注意：检查图样和被加工原材料的一致性
下料	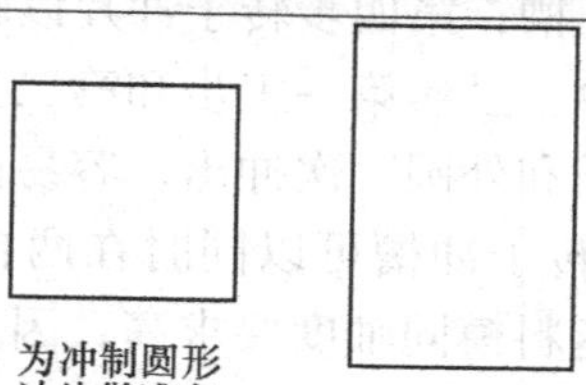 为冲制圆形冲片做准备　为冲制扇形冲片做准备	将卷筒料通过剪床剪成一定宽度的方形料或长方形料。宽度应该略大于铁心冲片的外径，留有加工余量
落外圆	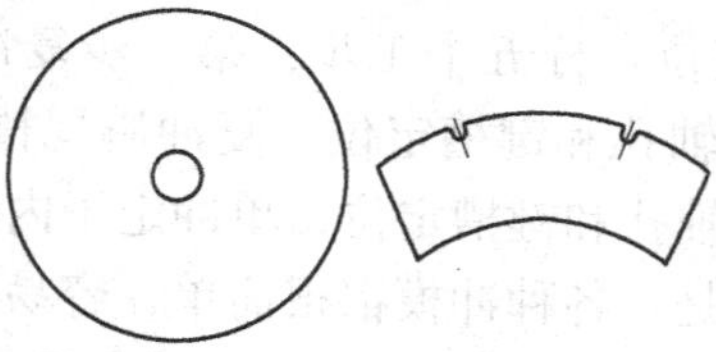	将方形或长方形硅钢片落成按要求的圆形或扇形冲片 （1）250t 开式冲床（立式） （2）150t 闭式冲床
冲制工艺孔	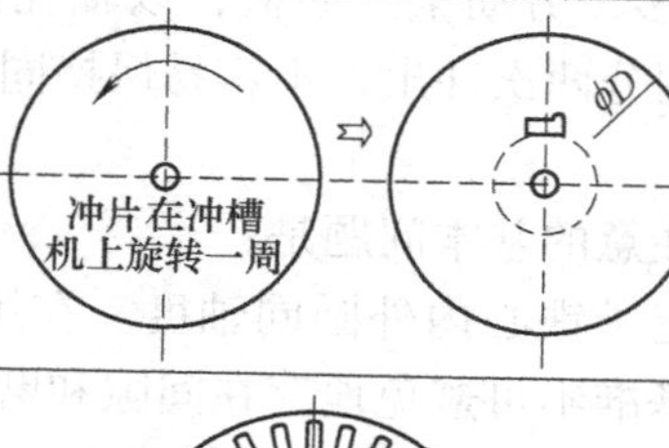	以定子冲片中心孔，工艺孔进行定位，使冲片在冲槽机的旋转的转盘上定位，按要求冲槽。工艺孔位置在转盘的圆周上
冲制定子槽	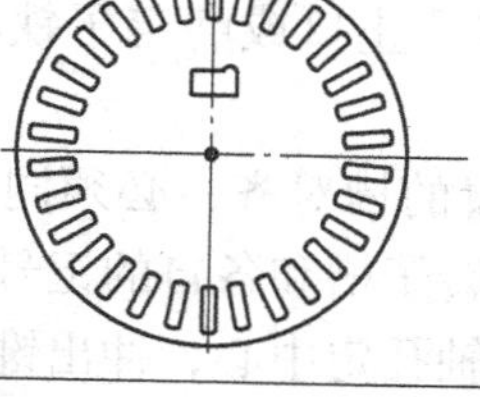	以定子冲片中心孔、工艺孔进行定位，套入高速冲槽机工装中心孔定位柱、工艺孔定位销位置。高速冲槽机配置有压料机构的将冲片压紧，单冲定子槽形

（续）

工序名称	产品图片	工作内容
冲制标记槽	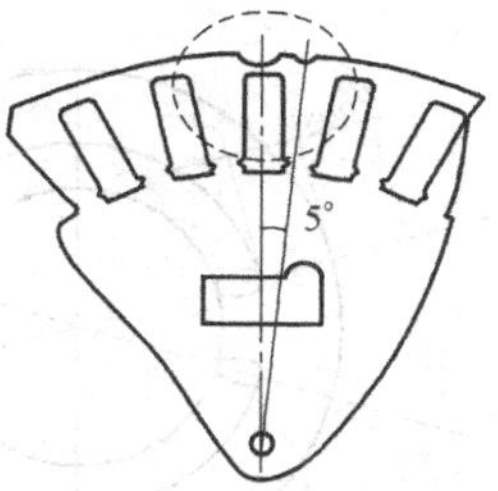	以定子冲片中心孔，工艺孔进行定位，套入标记槽工装 冲定子冲片外圆周上的标记槽（中心线对称，方便铁心叠装）
落定子内圆	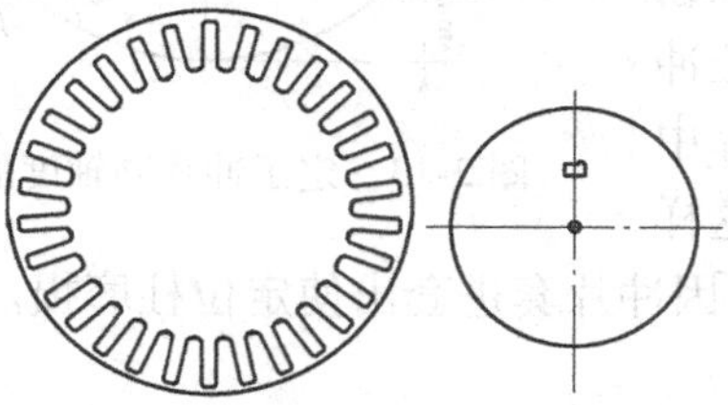	以定子冲片中心孔定位，套入工装模具中心孔定位柱位置 冲切定子冲片内圆，落料后，定子冲片是完工件，分离出来的转子冲片是待加工件
冲制转子槽	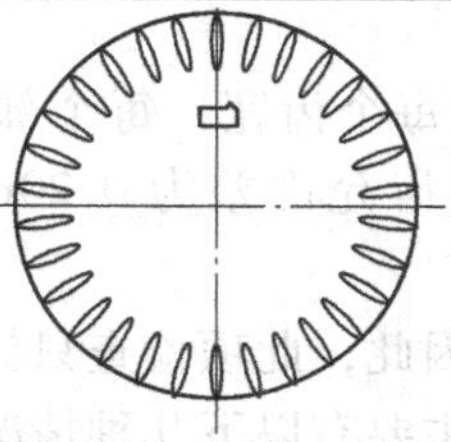	以转子冲片中心孔、工艺孔进行定位，套入冲槽机工装中心孔定位柱、工艺孔定位销位置。冲槽机配置有压料机构的将冲片压紧，单冲转子槽形
落转子内圆	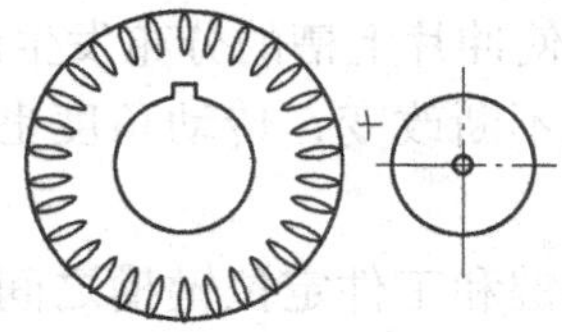	以转子冲片中心孔定位，套入工装模具中心孔定位柱位置 单冲转子冲片的轴孔。落转子内圆，转子冲片完工
冲片检查	冲片质量对电机性能的影响很大，其主要技术要求如下： 1）冲片的外径、内径、轴孔、槽形以及槽底直径等尺寸，应符合图样要求。 2）定子冲片毛刺不大于 0.05mm。用复式冲模冲制时，个别点不大于 0.08mm。转子冲片毛刺不大于0.08mm 3）冲片应保证内、外圆和槽底直径同轴，不产生椭圆度。如对 Y160～280 型电机定子冲片内外圆同轴度要求不大于 0.06mm 4）槽形不得歪斜，以保证铁心压装后槽形整齐 5）冲片冲制后，应平整而无波浪形	

七、冲片的质量检查及其分析

冲片在冲制过程中，要按冲片技术要求进行检查。冲片的内圆、外圆、槽底直径和槽形尺寸，均采用带指示表的游标卡尺进行测量。同时，还有以下内容需要检查：

1. 毛刺

一般用千分尺测量或用样品比较法检查。按技术条件规定，定子冲片毛刺不大于 0.05mm，复式冲模冲制时，个别槽形部分允许最大值为 0.08mm；转子冲片毛刺不大于 0.08mm。毛刺大主要是因为冲模间隙大和模刃变钝。间隙大有两种原因：一种是冲模制造不符合质量要求，即间隙没有达到合理尺寸；另一种是冲模在冲床安装时不恰当，使冲模模刃周围间隙不均匀，这样间隙大的一边就产生毛刺。

2. 同轴度

定子冲片内外圆的同轴度及定子冲片外圆与槽底圆周的同轴度可按图2-13所示的方法检查。将冲片在压板下压平，用带指示表的游标卡尺测量互成90°的四个位置的内外圆间的尺寸差。

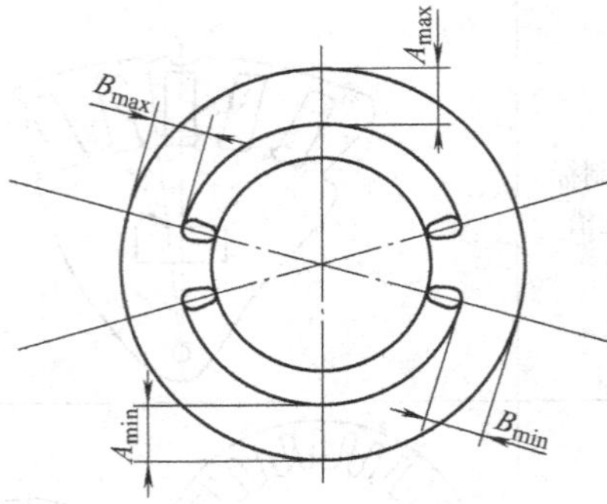

图2-13　定子冲片同轴度的检查

造成不同轴的主要原因是冲模定位零件与工件之间有间隙，即工件中心与定位零中心不重合。例如在前面所说的第五工艺方案中，第四工步以轴孔定位冲定子内圆，如果轴孔与定位柱之间有间隙，则冲片中心在“内落”时就可能不与定位柱的中心重合，这样就使定子冲片内外圆不同轴。产生这种现象主要是因冲片套进套出使定位柱磨损。因此，在冲片冲制时应经常注意各种定位装置的磨损情况。

3. 大小齿

在定子与转子冲片相对中心四个部位，用卡尺测量每个齿宽，每个部位连续测量四个齿。按技术条件规定，齿宽差允许值为0.12mm，个别齿允许差为0.20mm（不超过四个齿）。

在复冲时产生大小齿主要是冲模制造的质量问题，因此，此项检查只针对新制造模具或修复后的模具。在单冲时产生大小齿的原因比较复杂，主要有以下几种情况：

1）由于分度盘每个齿的位置、尺寸、磨损不等而使冲片上槽的分布发生误差。

2）由于传动件之间有间隙存在，润滑和磨损情况不断改变，传动角度也发生改变，故使冲片上槽的分布产生误差。

3）定位心轴上的键由于因磨损而减小，则在心轴键和工件定位键槽之间有间隙，冲片可能角位移而使槽的分布产生误差。

4. 槽形

槽形检查有两个内容，一是检查槽形是否歪斜，检查方法是采用两片冲片反向相叠，即可量出歪斜程度；另一是检查槽形是否整齐，一般是将冲片叠在假轴上，用槽样棒塞在槽内，如通不过，则槽形不整齐。槽歪斜主要是单冲槽时由于冲槽模安装得不正。槽形不整齐主要是槽与轴孔中心距离有误差。在单冲槽时，产生这个误差的原因是：

1）定位心轴的位置装得比下模高得多，冲槽时将冲片弯曲，致使槽与轴孔中心距离增大。

2）冲槽模与定位心轴间的距离不准确。

3）冲片本身呈波浪形，故铁心压装时冲片压平，致使槽与轴孔中心的距离发生变化。

八、冲模的类型与结构

冲模的类型与结构直接影响铁心冲片的生产率和质量。按照冲模上刃口分布情况的不同，可将冲模分为单冲模、复冲模和级进冲模三种。现将这些冲模的结构、优缺点和应用范围分述如下。

1. 单冲模

只有一个独立的闭合刃口。在冲床的一次冲程内，冲出一个孔或落下一个工件，这种冲模称为单冲模。例如单孔冲槽模、轴孔冲模等都是单冲模，图2-14所示一种单孔冲槽模的结构。单冲模的优点是结构简单，生产周期短，成本低；其缺点是生产率低，工件精度较差，只适合于新产品试制或小批量生产。

2. 复冲模

具有两个以上的闭合刃口，在一次冲程内可完成工件的全部或大部分几何尺寸，这种冲模称为复冲模。例如三圈落料模、定子槽复冲模等都是复冲模。复冲模的优点是工件精度和生产率都较高，其缺点是结构复杂。图2-15、图2-16、图2-17为三种常见的复冲模。

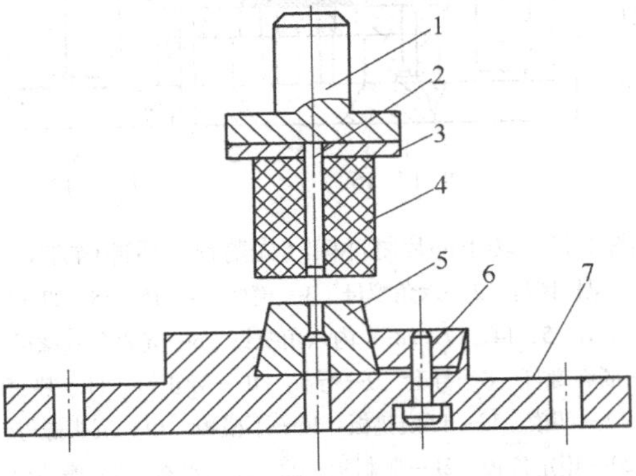

图2-14 单孔冲槽模的结构

1—模柄 2—冲头 3—冲头固定板 4—橡胶垫 5—下模 6—楔铁 7—下模座

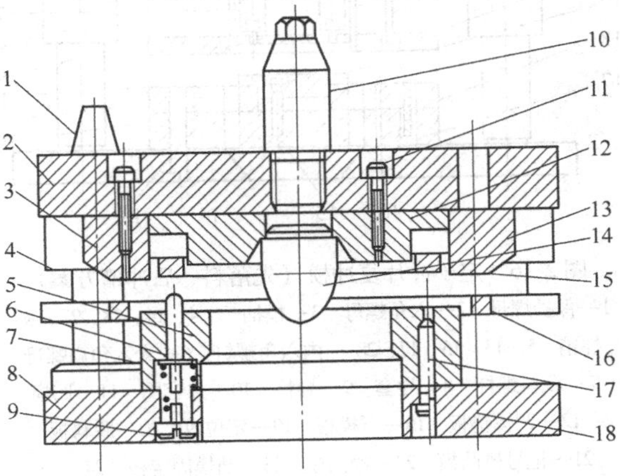

图2-15 定子与转子冲片分离落料模（先冲槽、后落料方案）

1—导柱 2—上模座 3、11、18—螺钉 4—导套 5—下模 6—顶料轴 7—弹簧 8—下模座 9—螺钉塞 10—模柄 12—上内模 13—上外模 14—定位心轴 15—上脱料板 16—下脱料板 17—圆柱销

3. 级进冲模

按照一定的距离把两副以上的复冲模或单冲模组装起来，在每次冲程下，各闭合刃口同时冲裁，在连续冲程下，能使工件逐级经过模具的各工位进行冲裁，这样的冲模称为级进冲模。一般级进冲模无需从上模与下模之间取出冲片，每分钟的冲制次数较高。采用成卷带料冲制时，生产率较高。级进冲模的优点是生产率很高，工件尺寸精确。其缺点是冲模体积大，模具制造费用高及需要压力大的冲床。因此，级进冲模只适用于大量生产的小型电机冲片的冲制。

一般情况下，冲模由冲裁、定位、导向、卸料和支承紧固五部分组成。冲裁部分用以冲出工件的形状和尺寸，如凸模和凹模，这是冲模的核心部分，在冲裁过程中要承受很大的冲击力，除要求具有较高的淬火硬度（58～60HRC外，还应有足够的韧性。凸模和凹模冲模制造中最困难和成本最高的部分。冲模的使用寿命主要取决于凸模和凹模，凸模和凹模必须用模具钢经机械加工和热处理制成。

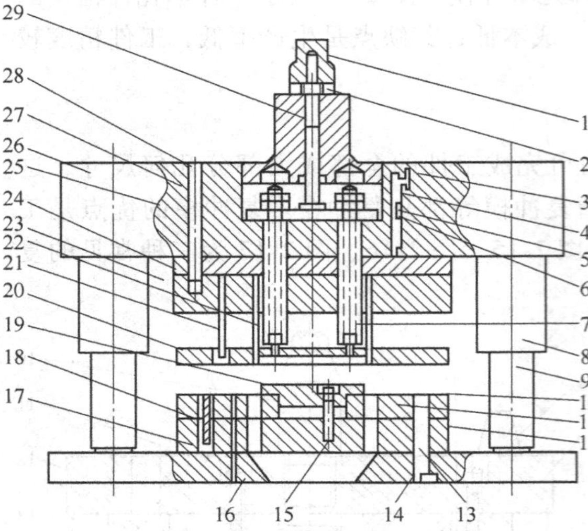

图 2-16　定子冲片复冲模（先落料、后冲槽方案）

1—保护螺母　2—六角螺母　3—模柄　4、14、18、27—圆柱销　5、13、15、17、28—内六角螺钉　6—光六角扁螺母　7—脱料螺杆　8—导套　9—导柱　10—热套圈　11—凹模　12—凹模垫板　16—下模板　19—定位盘　20—脱料板　21—记号槽凸模　22—槽凸模　23—凸模固定板　24—凸模垫板　25—上打板　26—上模板　29—打棒

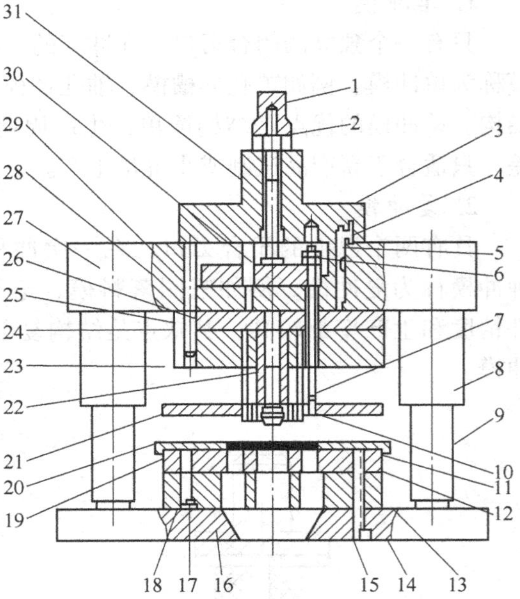

图 2-17　转子冲片复冲模（先落料、后冲槽方案）

1—保护螺母　2—六角螺母　3—模柄　4、15、18、29—圆柱销　5、14、17、28—内六角螺钉　6—光六角扁螺母　7—脱料螺杆　8—导套　9—导柱　10—导正钉　11—热套圈　12—凹模　13—凹模垫板　16—下模板　19—沉头螺母　20—粗定位板　21—脱料板　22—轴孔凸模　23-槽凸模　24—上打板　25—凸模固定　26—凸模垫板　27—上模座　30—顶柱　31—打棒

4. 凸模

凸模是冲模中起直接形成工件作用的凸形工作零件，即以外形为工作表面的零件。凸模又称为冲头，其工作端的截面形状根据槽形确定。刃口通常为平的，优点是便于修磨，为了减轻冲床负荷，也可以把刃口磨成图 2-18 所示形状。凸模工件表面的表面粗糙度要求在 $Ra0.4 \sim Ra0.8\mu m$ 范围内。凸槽的固定方式如图 2-19 所示。

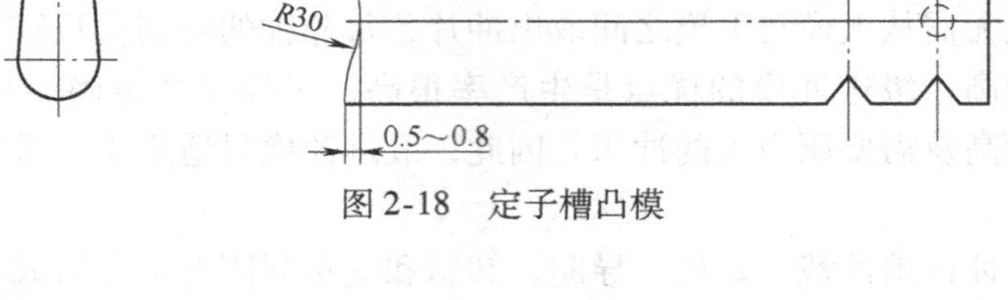

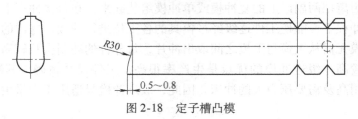

图 2-18　定子槽凸模

5. 凹模

凹模是冲模中起直接形成冲件作用的凹形工作零件，即以内形为工作表面的零件。凹模刃口的周边形状和凸模相同。凹模刃口形式如图 2-20 所示。

6. 导柱和导套

导柱和导套是决定冲模质量和使用寿命的重要零件，形式和尺寸可按《冲模导向装置》

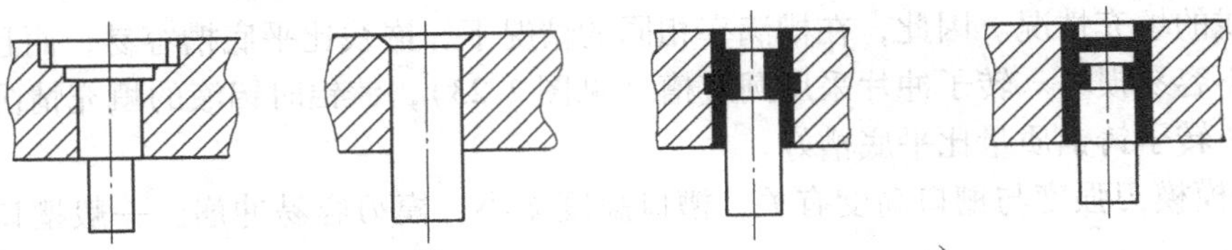

图 2-19 凸模的固定方式

a）铆接固定法 b）台肩固定法 c）浇注固定法

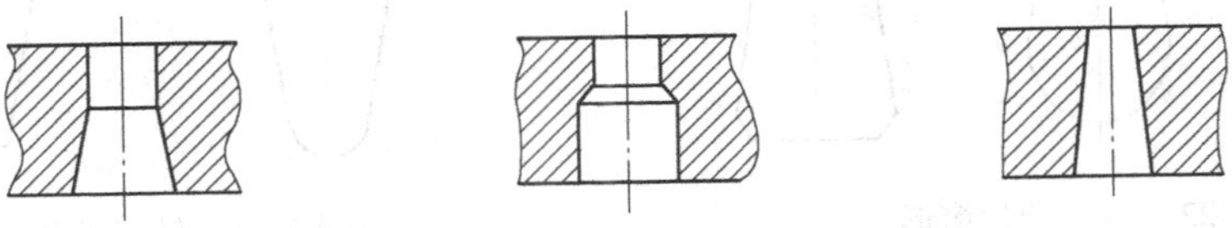

图 2-20 凹模刃口形式

（GB/T 2861—2008）选用。如图 2-21 所示，它们在模座上常见的布置方式有对称布置和对角布置两种。对于较小的冲模，有时也可以采用后导柱布置。

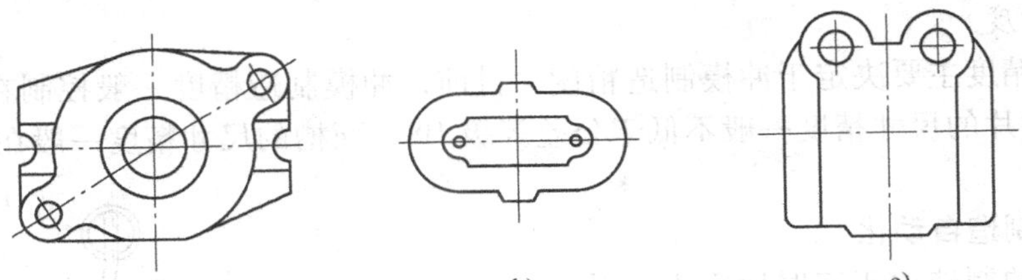

图 2-21 导柱导套布置方式

a）对角布置 b）对称布置 c）后导柱布置

九、冲片的结构工艺性

1. 材料的利用率

在选择定子冲片外径时，除了满足电机电磁性能的要求外，还应考虑材料的利用率；同时，应该选用合理的冲片直径，来提高硅钢片的利用率。

2. 冲模的通用性

在考虑各种不同电机定子与转子冲片的内径和外径时，尽可能采用工厂标准直径，这样可以提高冲模的通用性，减少冲模制造的数量。

3. 槽形的选择

1）便于制造冲模。冲模在制造时，由于要进行淬火处理，凹模尖角处于应力集中而容易产生裂纹，所以在制造时，应尽可能采用圆角。圆口圆底梨形槽比平口平底槽好。但是，如果凹模采用拼模结构，则因为拼块是在热处理后采用机械成形磨削处理的，为便于加工，以采用平口圆底梨形槽或平口平底槽为好。采用机械成形磨削时，除了避免大量的手工劳动和节省大量工时以外，还可以提高冲模的质量和使用寿命。

2）从嵌线和铸铝角度考虑，圆底槽比平底槽好。定子冲片采用圆底槽（见图 2-22），能改善导线的填充情况。因此，在槽满率相同的情况下，嵌线比平底槽容易，而且采用圆底槽槽绝缘不容易损坏。转子冲片采用圆底槽（见图2-23），铸铝时铝液的填充情况比平底槽好，因此，转子铸铝质量比平底槽好。

3）冲模模刃强度与槽口高度有关，槽口高度太小，模刃容易冲崩。一般槽口高度应不小于0.8mm。

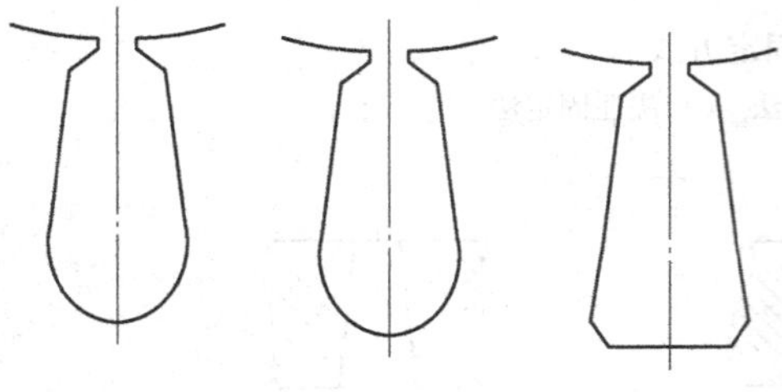

图2-22 定子冲片槽形

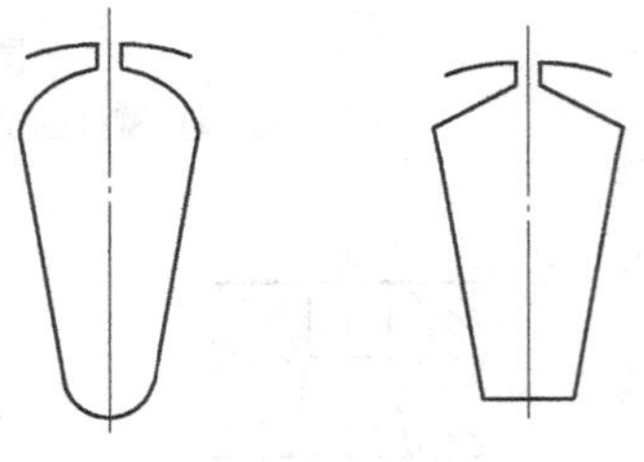

图2-23 转子冲片槽形

4. 记号槽的位置

为了保证铁心压装质量，在叠片时避免冲片叠反。因此，冲片上记号槽的中心线位置不能与两相邻扣片槽的中心线重合。对于无扣片槽的冲片，则记号槽中心线不能与槽或齿的中心线重合。

5. 尺寸精度

冲片尺寸精度主要决定于冲模制造精度。目前，冲模制造精度一般控制在公差等级为H6～H7，故冲片的尺寸精度一般不低于公差等级H8，而槽的尺寸精度一般在H9～H10范围内。

十、冲片制造自动化

电机冲片的制造由于工时比重大（铁心制造的工时约占总工时的20%），手工操作多，所以提高冲片制造的自动化程度对提高劳动生产率，降低成本，提高质量，改善劳动条件，确保安全生产有着重大的意义。按自动化程度的高低，冲床自动化有三种基本形式，即单机自动化、冲片加工自动流水线和高效率级进冲床。

1. 单机自动化

单机自动化的基本形式是自动进料机和自动取出工件的机构。图2-24为小型异步电动机转子冲片自动送料与出料结构示意图，其自动化程度各不相同，可提高生产效率。

2. 冲片加工自动流水线

由三台冲床组成的自动流水线，在我国已经普遍采用。先将整张的硅钢片在剪床（或滚剪机）上裁剪成一定宽度的条料，由送料机构自动进入第一台冲床，复冲轴孔

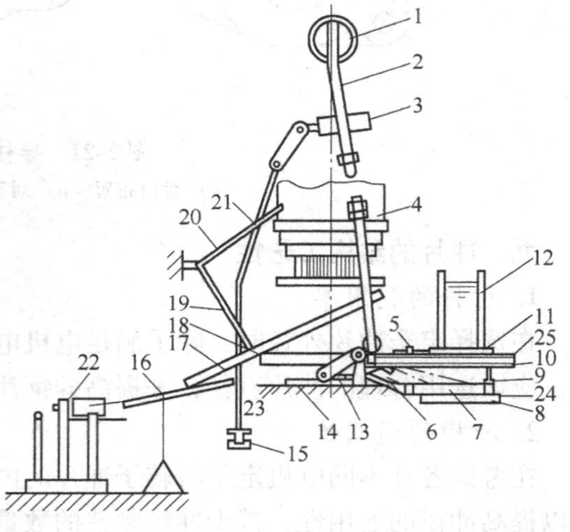

图2-24 电机转子冲片自动送、料与出料结构示意图
1—偏心轮 2—连杆 3—操纵部分 4—冲床滑块 5—挡料销 6—拉簧 7—滑块 8—滑道 9—送料体 10—前板 11—放料卷 12—送料导柱 13—圆连杆装配 14—转子复模 15—电磁铁 16—滑板 17—接料器 18—短连杆 19、20—连接杆 21—吸铁连杆 22—理片器 23—冲床台面 24—行程开关 25—横连杆

（包括轴孔上的键槽和平衡槽）和全部转子槽；然后由传料装置送入第二台冲床，以轴孔定位复冲鸠尾槽、记号槽和全部定子槽；最后，由送料机构送入大角度后倾安装的第三台冲床，以轴孔定位，复冲定子冲片的内圆和外圆。此时，转子冲片由台面孔落在集料器上，定子冲片落入冲床后面的传送带或集料器上。

这种方法适用于大批生产的定型产品，生产效率较高，冲片质量较好，节省工时。但是，要求机床及传动机构要可靠，如果某一台冲床或一个传动机构发生故障，整个自动线将停止工作。

3. 级进式冲模

如果把上述三台冲床的冲裁工作集中在一台冲床上来实现，就可以用步进的方法来代替一整套传送装置。即用一台大吨位的冲床代替三台冲床，减少设备事故停工时间，进一步提高生产效率，减小作业面积。

级进式冲模就是把上述三副冲模集中在一个大的模底板上，如图 2-9 所示顺序安排冲制工序，使条料每冲完一次按一定的步进节距送进，采用卷料自动送料，功效很高。这种新工艺是目前发展的方向。

对于大批量生产的小型电机，多采用多工位级进式冲制方式，冲床采用高速自动冲床。日本会田公司生产的 200t 和 300t 高速自动冲床，每分钟冲制次数可达 800 次。模具使用硬质合金级进式冲模，使用寿命不低于 7000 万次，最多可达 1 亿次，一次刃磨使用寿命可达 50 ~ 100 万次。

对于小批量生产和特殊规格产品，中型电机冲片普遍采用高速冲槽机。德国舒勒公司生产的 N_4 型冲槽机的最高行程次数已达到每分钟 1400 次。电机尺寸较大而批量又较大时，采用两台高速自动冲床串联，用两副级进式冲模同步进行冲制。这种串联自动冲床生产线，可使冲床吨位降低，便于冲模的制造及运输安装。瑞典 ASEA 公司采用这种方案生产 H250 ~ 355mm 的电机冲片。第一台冲床为 250t，冲出转子孔及转子槽；第二台冲床为 400t，冲出气隙环及落转子片，冲出定子槽并落出定子冲片。这样便可将级进式冲裁工艺方案扩大到较大的电机。

十一、冲片的绝缘处理

冲片进行绝缘处理的目的是为了减少铁心的涡流损耗，以提高电机的效率，降低电机的温升，增强电机的抗腐蚀、耐油和防锈性能。异步电动机冲片绝缘处理只限于定子冲片，因为在正常运行时，转子电流频率很低（一般为 1 ~ 3Hz），铁耗很小，所以转子冲片不需进行绝缘处理。

冲片表面进行绝缘处理，主要技术要求是绝缘层应具有良好的介电性能、耐油性、防潮性、附着力强和足够的机械强度和硬度，而且绝缘层要薄，以提高铁心的叠压系数，增加铁心有效长度。

目前，冲片绝缘处理有两种方式，即涂漆处理和氧化处理。

1. 冲片的涂漆处理

对硅钢片绝缘漆的要求是快干、附着力强、漆膜绝缘性能好。常用的硅钢片绝缘漆的型号为 1611，溶剂为二甲苯。1611 油性硅钢片漆在高温 450 ~ 550℃ 下烘干，在硅钢片表面形成牢固、坚硬、耐油、耐水、绝缘电阻高、加热后绝缘电阻稳定和略有弹性的漆膜。

涂漆工艺主要由涂漆和烘干两部分组成，在涂漆机上同时完成。涂漆机由涂漆机构、传送装置、烘炉和温度控制以及通风装置等几部分组成。应用最广泛的三段式涂漆机，如图2-25所示。

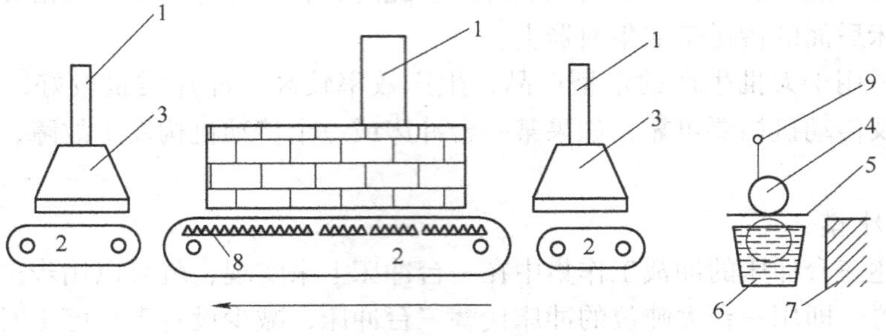

图2-25 三段式涂漆机

1—烟窗 2—传送带 3—风罩 4—滚筒 5—硅钢片 6—储漆槽 7—工作台 8—电热丝 9—滴漆管

涂漆机由两个滚筒、储漆槽和滴漆装置等组成。滚筒一般长1～1.5m，直径200mm左右。滚筒应具有弹性、有足够的摩擦力和耐腐蚀等特点，一般采用人造耐油橡胶滚筒和用白布卷在滚筒轴上的滚筒两种。后者用得较多，因为它吸漆量大，成本低。上下滚筒采用齿轮传动，转速相同而转向相反。间隙可调整，以便得到不同厚度的漆膜。在上滚筒的上面装有滴漆装置，漆流入滴漆管，管上开有许多小孔，使漆流到上滚筒上。在下滚筒下面放一储漆槽，以储存滴下来的余漆和使下滚筒能沾上漆，进行冲片两面涂漆。

对涂漆机的传送装置要求轻便，能承受500℃以上的高温和有足够大的面积。一般分为三段，第一段长2～3m，不进入炉中，使漆槽和炉隔开，以免引起火灾。同时避免刚涂好漆的冲片落到很热的传送带上，使接触处的漆膜灼焦，留下痕迹。它的上面装有抽风斗，将挥发的一部分溶剂抽掉，以免过多地进入炉内引起火灾。第二段完全在炉内，长8m左右。第三段长约5m，上面也装有抽风装置，抽去挥发的溶剂和冷却已烘干的硅钢片。传送带的传送速度，应与涂漆筒的周速相同，使冲片和传送带不产生位移，以保证漆膜光滑而无痕迹。

炉内温度的分布分为三个区域。炉前区温度为400～500℃，不宜过高，以免溶剂挥发过快，在漆膜上形成许多小孔，不光滑；炉中区温度为450～500℃，是漆膜氧化的主要阶段：炉后区温度为300～350℃，是漆膜的固化阶段。在炉内装有热电偶，以便控制温度。在上述炉温分布下，冲片在炉内的时间需要1.5min左右。烘炉的热源可采用电热、煤气和柴油，在我国用电热法的较多，其优点是温度容易控制，缺点是耗电量大、成本高。

2. *冲片的氧化处理*

冲片的氧化处理是人工地使冲片表面形成一层很薄而又均匀牢固的由四氧化三铁（Fe_3O_4）和三氧化二铁（Fe_2O_3）组成的氧化膜，代替表面涂漆处理，使冲片之间绝缘，以减少涡流损耗。

冲片氧化处理的主要设备是用炉车做底的电阻炉，将冲片叠成一定高度（约250mm），放在炉车上，然后盖上封闭用的防护罩，使炉车内形成一个氧化腔。炉车推进炉内关闭炉门后，开始供电加热，炉温升至350～400℃时，通入水蒸气作为氧化剂。然后，控制炉温为500～550℃，恒温3h，停止供给水蒸气，并让大量的新鲜空气进入氧化腔20～30min。然后，断电停止加热，待氧化腔温度降至400℃后打开防护罩，卸车，即完成了氧化处理。

冲片氧化处理的优点是：节省价格较贵的绝缘漆；改善工人的劳动条件；氧化膜表面均匀，而且很薄（双面平均厚度为 0.02 ~0.03mm），提高了铁心的叠压系数；氧化膜的导热性比漆膜好，有利于铁心轴向传热，使电机轴向温度分布较均匀，从而降低电机最热点的温度和电机的温升；氧化膜耐高温，不会产生炭化等绝缘老化问题；氧化处理时的高温可烧去一部分毛刺，并兼有退火作用，能改善硅钢片的电磁性能。但是，氧化膜的附着力和绝缘电阻值不及漆膜，而且质量不容易控制，尤其是大型的铁心冲片更是如此。因此，目前只适用于小型电机铁心冲片的绝缘处理。

十二、冲片绝缘处理质量检查

为了检查冲片表面绝缘处理的质量，其检查项目如下：

1. 外观检查

经氧化膜处理后的冲片表面应附有一层红棕色的氧化膜，表面涂 1611 漆，涂一次漆的冲片，表面呈淡褐色并有光泽，涂两次漆的冲片表面呈褐色并有光泽。涂膜应该是干燥、不粘手、坚固、光滑而均匀，不能有明显的气孔、漆渣和皱纹，颜色应为褐色。表面颜色如果深浅不一，是滚筒表面不光滑使漆膜厚度不均匀和炉中火焰不均匀（用煤气和柴油加热时）造成的。如果颜色发蓝、发黑、发焦，则说明炉温太高，应该降低炉温或加快传送速度（条件是传送速度是可以调节的）。如果颜色发青、太淡、呈黄绿色，则说明炉温过低，应提高炉温或降低传送速度。

2. 测量漆膜厚度

取 10cm × 10cm 的样片 20 张，未涂漆前用 5.88×10^5Pa 的压力压住，测量其厚度为 H_1，涂漆后在同样压力下量出厚度为 H_2，则漆膜平均厚度 H_0 为

$$H_0 = \frac{H_2 - H_1}{20} \tag{2-1}$$

漆膜厚度也可以用千分尺检查。在未涂漆时，先在冲片的表面上选取四点并做好记号，用千分尺测量这四点的厚度，涂漆后再测量这四点的厚度，这四点厚度差的平均值，即为漆膜的厚度。漆膜双面厚度应为 0.024 ~0.030mm。

3. 测量绝缘电阻

将 10cm × 10cm 的硅钢样片 20 张涂漆，经外观检查和漆膜厚度测定合格叠齐后，以铜板作为上下电极，在小压力机上用 5.88×10^5Pa 的压力压紧，如图 2-26 所示。调节电阻 R 至电流为 0.1A，然后按式（2-2）计算绝缘电阻的数值中小型异步电动机定子冲片的绝缘电阻为 400Ω · cm²/片；转子冲片的绝缘电阻为 20Ω · cm²/片

$$R_i = \frac{U}{I}\,\frac{试片面积}{片数} \tag{2-2}$$

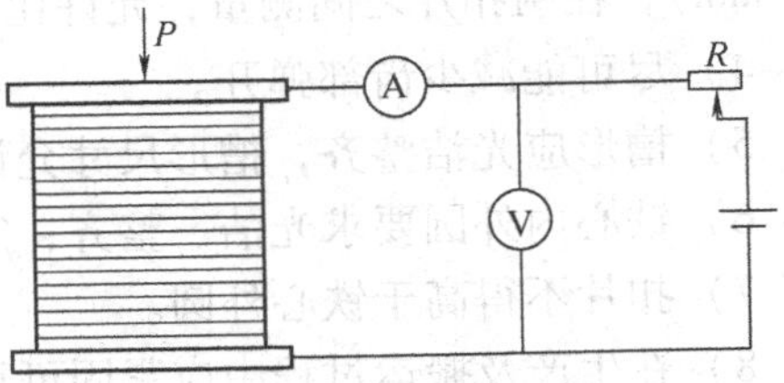

图 2-26　测量绝缘电阻

对于中小型异步电动机定子冲片的漆膜，耐压应不低于 40V（二次涂漆）；五昼夜吸湿性试验［置于温度（25 ±5)℃、湿度 100% 的环境中］后，绝缘电阻的降低应不大于 10%；48h 吸水性试验［浸入（25 ±5)℃的蒸馏水中］后，绝缘电阻的降低应不大于 20%；耐热性试验规定在 130℃的温度下，漆膜性能（主要是绝缘电阻）不得有改变。这些试验平时做得较少，只有对大电机和在特殊环境中使用的电

机冲片才进行。

第三节　铁心的压装工艺

一、铁心的类型

按照冲片形状的不同，可将铁心分为整形冲片铁心、扇形冲片铁心和磁极铁心三类，如图2-27所示。整形冲片铁心又分为圆形冲片铁心和多边形冲片铁心两种。在中小型电机中大多数都采用圆形冲片铁心，在个别情况下，采用多边形冲片铁心。扇形冲片铁心主要用于大型电机。磁极铁心则用于直流电机和凸极式同步电机。

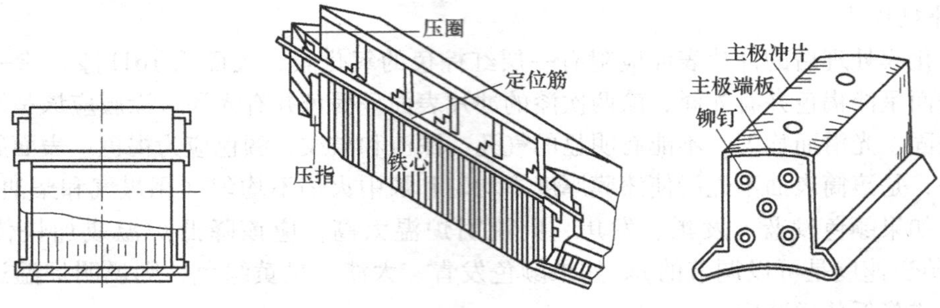

整形冲片铁心　　扇形冲片铁心　　磁极铁心

图2-27　铁心结构类型

二、铁心技术要求

电机铁心是由很多冲制好的冲片叠压而成的。它的形状复杂，叠好后的铁心要求其尺寸准确、形状规则，叠压后不再进行锉槽、磨内圆等补充加工。要求叠好后的铁心紧密成一整体，经运行不会松动。铁心还要具有良好的电磁性能，片间绝缘好，铁损耗小等。对于中小型异步电动机定子铁心压装应符合下列技术要求：

1）冲片间保持一定的压力，一般为（6.69～9.8）$\times 10^5$Pa。

2）重量要符合图样要求。

3）应保证铁心长度，在外圆靠近扣片处测量，允许为 $l_1 \pm 1$mm（光外圆方案允许为 $l_{1\,-1}^{\;+3}$mm），在两扣片之间测量，允许比扣片处长1mm。

4）尽可能减少齿部弹开。

5）槽形应光洁整齐，槽形尺寸允许比单张冲片槽形尺寸小0.2mm。

6）铁心内外圆要求光洁、整齐；定子冲片外圆的标记孔必须对齐。

7）扣片不得高于铁心外圆。

8）在生产及搬运过程中应紧固可靠，并能承受可能发生的撞击。

9）在电机运行条件下也应紧固可靠。

三、保证铁心紧密度的工艺措施

铁心压装有三个工艺参数：压力、铁心长度和铁心重量。为了使铁心压装后的长度、重量和片间紧密度均达到要求，在压装时要正确处理三者的关系。在保证图样要求的铁心长度下，压力越大，压装的冲片数就越多；铁心压得越紧，重量就越大。这样，在铁心总长度中硅钢片所占的长度（铁长）就会增加，因而电机工作时铁心中磁通密度低、励磁电流小、铁心损耗小。电机的功率因数和效率高，温升低。但压力过大会破坏冲片的绝缘，使铁心损耗反而增加。所以，压力过大也是不适宜的。压力过小铁心压不紧，不仅使励磁电流和铁心损耗增加，甚至在运行中会发生冲片松动。

单纯为了防止冲片在运行中可能松动，对于涂漆的冲片，采用（0.8～1.0）$\times 10^6$Pa 的片间压力即可。但是考虑到压装时冲片与胀胎等夹具之间的摩擦力和液压机压力解除后冲片回弹引起的实际压力降低等原因，实际中用的压力比上述大得多。对小型异步电动机，一般要求压力为（2.45～2.94）$\times 10^6$Pa。这样，当冲片面积已知时，就可以估计出压装时液压机的压力，即

$$F = pA \tag{2-3}$$

式中 F——液压机的压力（N）；

p——压装时的压力（MPa）；

A——冲片的净面积（m^2）。

为了使铁心压装后的长度、重量和片间压力均达到一定的要求，通常有两种压装方法。

一种是定量压装，在压装时，先按设计要求称好每台铁心冲片的重量，然后加压，将铁心压到规定尺寸。这种压装方法以控制重量为主，压力大小可以变动。另一种是定压压装，在压装时保持压力不变。调整冲片重量（片数）使铁心压到规定尺寸。这种压装方法是以控制压力为主，而重量大小可以变动。一般工厂是结合两种方法进行的，即以重量为主控制尺寸，而压力允许在一定范围内变动。如压力超过允许范围，可适当增减冲片数。这样既能保证质量，又能保证铁心紧密度。每台铁心重量可按下式计算，即

$$G_{ti} = K_{ti} l S \rho_{ti} \tag{2-4}$$

式中 K_{ti}——叠压系数；

l——铁心长度（m）；

S——冲片的净面积（m^2）；

ρ_{ti}——硅钢片密度（g/cm^3）。

叠压系数 K_{ti} 是在规定压力作用下，净铁心长度 l_{Fe} 和铁心长度 l（在有通风槽时应扣除通风槽长度）的比值，或者等于铁心净重 G_{Fe} 和相当于铁心长度 l 的同体积的电工钢片重量 G 的比值，即

$$K_{ti} = \frac{l_{Fe}}{l} = \frac{G_{Fe}}{G} \tag{2-5}$$

对于 0.5mm 厚的不涂漆的电机冲片，$K_{ti} = 0.95$；对于 0.5mm 厚的涂漆的电机冲片，$K_{ti} = 0.92 \sim 0.93$。

如果冲片厚度不匀，冲裁质量差，毛刺大，压得不紧或片间压力不够，则压装系数降低。其结果是使铁心重量比所设计的轻，铁心净长减小，引起电机磁通密度增大，铁心损耗大，性能达不到设计要求。

图 2-28 铁心的叠压效果

一般铁心长度在 500mm 以下时，可一次加压。当铁心长度超过 500mm 时，考虑到压装时摩擦力增

大。采用两次加压，即铁心叠装1/2后便加压一次，松压后叠装完另一部分冲片，再加压压紧。图2-28所示为铁心的叠压效果。

四、保证铁心准确性的工艺措施

1. 槽形尺寸的准确度

槽形尺寸的准确度主要靠槽样棒来保证。压装时在铁心槽中插入2~4根槽样棒（见图2-29）作为定位，以保证尺寸精度和槽壁整齐。

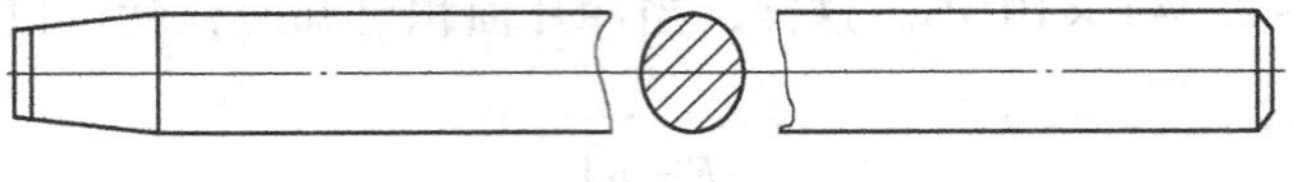

图2-29　定子槽样棒

无论采用单式冲模还是复式冲模冲制的冲片，叠装后不可避免地会有参差不齐现象，这样叠压后的槽形尺寸（透光尺寸）总比冲片的槽形尺寸要小一些。中小型异步电动机技术条件规定，在采用复冲时叠压后槽形尺寸可较冲片槽形尺寸小0.20mm。

槽样棒根据槽形按一定的公差来制造，一般比冲片的槽形尺寸小0.10mm，公差为±0.02mm。铁心压装后，用通槽棒（槽形塞规）进行检查。通槽棒的尺寸比冲片槽形尺寸小0.20mm，公差为±0.025mm。

槽样棒和通槽棒均用T10A钢制造，为了保证精度和耐磨，经淬火后使其硬度达到58~62HRC。槽样棒的长度比铁心长度长60~80mm，距两端大约10mm处，必须有3°~5°的斜度，便于叠片。通槽棒较短，接有手柄，便于使用。

2. 铁心内外圆的准确度

铁心内外圆的准确度一方面取决于冲片的尺寸精度和同轴度，另一方面取决于铁心压装的工艺和工装。首先要采用合理的压装基准，即压装时的基准必须与冲制基准一致。对于以外圆定位冲槽的冲片，应以外圆为基准来进行压装（以机座内圆定位进行内压装）。反之，对于以内圆定位冲槽的冲片，就应以内圆定位来进行压装（以胀胎外圆定位来进行外压装）。

3. 铁心长度及两端面的平行度

铁心长度及两端面的平行度在压装过程中也必须加以保证。消除铁心两端不平行、端面与轴线不垂直的主要措施是：

1）压装时压力要在铁心的中心，压床台面要平，压装工具也要平。

2）铁心两端要有强有力的压板。

3）整张的硅钢片一般中间厚、两边薄，所以在下料时，同一张硅钢片所下条料，应该顺次叠放在一起，如不注意则容易产生两端面不平行。

在压装铁心时，切不可以片数为标准来压装。不然，由于片厚的误差将会使铁心长度发生很大的偏差。采用定量压装，当冲剪和压装质量稳定时，铁心长度方向的偏差一般为2~3片。

五、保证铁心牢固性的工艺措施

小型异步电动机外压装时，为保证铁心的牢固性，在结构上有如下两种型式：

第一种如图2-30a所示，在冲片上有鸠尾槽，铁心两端采用碗形压板，扣片放在鸠尾槽里。扣片的截面是弓形的（见图2-31），放入铁心鸠尾槽后，将它压平，使之将鸠尾槽撑紧，然后将扣片两端扣紧在铁心两端的碗形压板上。对于 H180 及以上机座需在两端将扣片与压板焊牢。第二种如图 2-30b 所示，同样采用弓形扣片和鸠尾槽，所不同的是采用环形的平压板，其优点是这种压板用料少，制造容易，可以实现套裁，生产率高，还可以采用条料制造（扁绕、焊接）。这种结构的牢固性不如第一种好，但生产实际证明对不加工外圆的两不光和光止口方案，是足够牢固可靠的。但对光外圆方案，则强度不足，不如碗形压板牢固。故对光外圆方案应采用碗形压板。

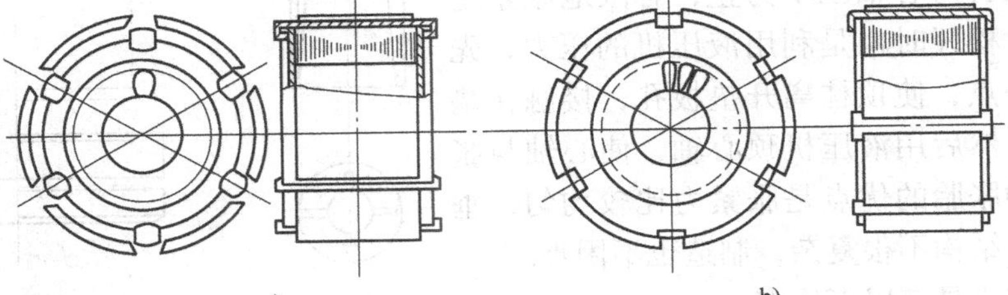

图 2-30　外压装定子铁心的结构

a）采用碗形压板　b）采用环形压板

六、内压装与外压装

1. 内压装的工艺与工装

内压装是将定子冲片对准记号槽，一片一片地放在机座中后进行压装。压装的基准面是定子冲片外圆。由于冲片是一片一片直接放入的，冲片外圆与机座内圆配合要松一些，通常采用 E8、E9/h6。压装后的铁心内圆表面不够光滑，与机座止口的同轴度不易保证，往往需要磨削内圆，这不但增加工时，而且还增加铁耗。

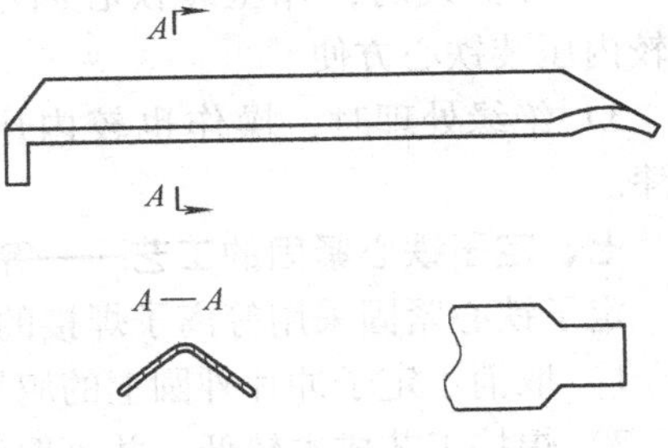

图 2-31　弓形扣片

为了保证同轴度而又不用磨削内圆，可采用以机座止口定位的同心式压装胀胎（见图 2-32）。先把机座套在胀胎止口上，冲片在机座内叠好后，压下胀圈，把铁心撑紧，使铁心内圆变得较整齐，然后压紧铁心，以弧键紧固。由于胀胎是以机座止口定位，只要保证胀胎的同轴度，即可保证铁心内圆和机座止口的同轴度。关于槽形的整齐问题，主要靠槽样棒保证。铁心压装完毕，还要用通槽棒检查槽形尺寸。

内压装的优点是冲片直接叠在机座中，各种尺寸的电机均可采用，它和外压装相比，节省了定子铁心叠压后再压入机座的工序，所以这种方法在电机中心高较大时是比较方便的。

其缺点是在叠压铁心以前，机座必须全部加工完，这样就会使生产组织上发生一定矛盾。同时，搬运、嵌线、浸漆时带着机座较为笨重，浪费绝缘漆，而且烘房面积的利用也不够充分。

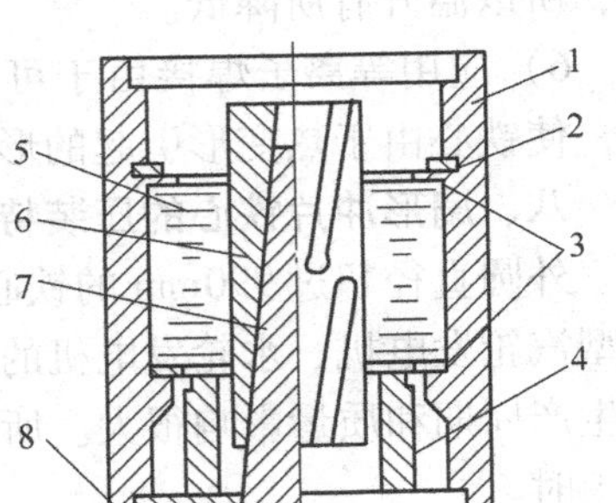

图 2-32　内压装用的同心式胀胎

1—机座　2—弧键　3—端板　4—压筒　5—铁心　6—胀圈　7—胀胎心　8—底盘

2. 外压装的工艺与工装

外压装工艺是：以冲片内圆为基准面，把冲片叠装在胀胎上，压装时，先加压使胀胎胀开，将铁心内圆胀紧，然后再压铁心，铁心压好后，以扣片扣住压板，将铁心紧固。

典型的外压装胀胎如图2-33所示。这种胀胎称为整圆直槽锥面胀胎（锥度一般为3°~5°）。胀套是整圆的，开有一个直槽，使用时靠液压机向下压，将胀套与心轴压平为止，有限地胀紧定子铁心内径。松开时也是利用液压机的压力，先将胀胎提起一点，使顶柱离开垫板孔，接触在垫板的平面上，然后用液压机顶心轴，使心轴与胀套分离。这种胀胎的优点是胀紧力比较均匀，垂直度比较好，结构不很复杂，制造也不困难。

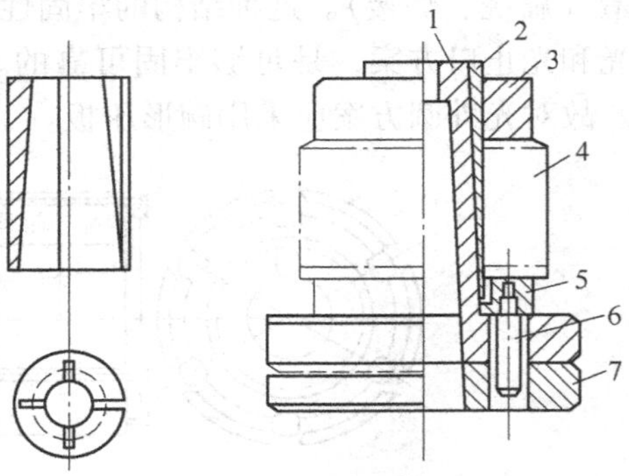

图2-33 整圆直槽单锥面胀胎

1—心轴 2—胀套 3—上压板 4—定子冲片 5—下压板 6—顶柱 7—垫板

外压装铁心具有以下优点：

1）机座加工与铁心压装、嵌线、浸烘等工序可以平行作业，故可缩短生产周期。

2）在嵌线时，外压装铁心因不带机座，操作较内压装铁心方便。

3）绝缘处理时，操作也较内压装铁心方便，并可提高浸烘设备的利用率和节约绝缘漆。

七、定子铁心紧固的工艺——等离子焊接

定子铁心紧固采用等离子焊接的优点是：

1）取消了定子冲片外圆上的鸠尾槽，使定子冲模的制造得到简化。

2）焊接工艺成本较低，并可取消扣片，可节约大量扣片用钢材。

3）焊缝的数目与扣片数目相同。

4）焊接工艺简单，生产效率高，便于实现自动化，因此对于电机生产自动化非常有利。

5）由于取消了定子冲片外圆上的鸠尾槽，使定子铁心外圆与机壳内圆接触面积增大了，所以温升有所降低。

6）应用等离子焊接由于可一次完成对称的四条焊缝，因此可有效避免铁心的形位变形，使铁心由于热变形引起的形状误差很小，不超过规定的技术要求。

八、扇形冲片铁心的压装特点

外圆直径超过990mm的铁心由扇形冲片叠成。采用扇形冲片的大型电机均采用内压装。大型汽轮发电机、水轮发电机的定子铁心扇形片数多达几十万，叠片、压装工艺对整个电机的生产周期和质量影响很大。所以，必须一方面考虑如何保质量，另一方面考虑如何缩短叠装工时。

扇形冲片定子铁心叠压时，可以采用扇形片外圆、内圆以及槽为基准三种方法进行叠压。以外圆为基准的压装方案，叠片方便、工作效率和质量较高，但机座的内圆加工需要大型立式车床。只要设备条件允许应尽量采用这种方案。以内圆为基准的压装方案，机座内圆不必加工，可以省去大型立式车床加工工序。但因叠装与焊接定位筋交叉进行，工作效率较

低，保证质量也较困难。这种方法对于大型电机，特别是直径在3m以上的水轮发电机，是一种主要的叠压方法。以槽为基准的压装方案，主要用于大中型水轮发电机，叠压精度高，操作容易。

对于扇形转子和电枢铁心，是以扇形片内圆为基准叠装在已加工好的支架定位筋上。

下面介绍以扇形片内圆为叠压基准的叠压过程：

扇形片铁心叠压时，铁心的周向固定通常是用装在机座筋条上的截面为鸠尾形的定位筋(也叫作支持筋）来固定。支持筋可以做成整体的和组合的两种形式（见图2-34b）。在一张扇形片上通常开有两个鸠尾槽，当扇形片套在定位筋上时，它们之间有1～1.5mm间隙，这样既能根据槽样棒来保证槽形整齐，又能较好地适应铁心热膨胀引起的径向尺寸变化。

定位筋的数目是根据定位筋允许拉力计算的定位筋总面积和定子槽数以及铁心沿圆周分布的扇形片片数来决定的。有时也可以选择任意的定位筋数，但为了得到合理的结构，必须考虑两点：一是定子槽数应是定位筋的倍数；另一个是定位筋数应该是拼成整圆的扇形片数的倍数。一般对于中型汽轮发电机，定位筋数在12～20范围内。

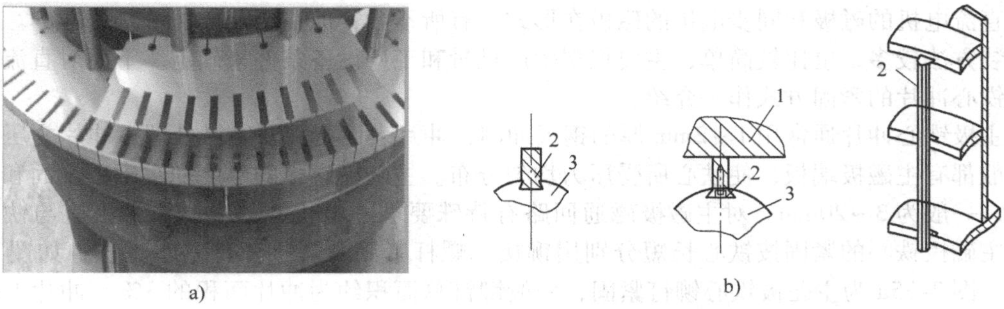

图2-34　定位筋的固定
a）图片　b）结构
1—机座筋　2—定位筋　3—扇形片

叠压时，以中心柱定位，大体找准机座位置后，即以中心柱为基准叠装部分扇形片，然后再以扇形片为基准，配焊定位筋。实际制造时用特制的精确样板进行检查。定位筋在机座内圆的配置顺序应该是每隔一根定位筋点焊一根。开始配置时点焊（未最后焊牢）定位筋是为了在最后固定前还可以进行调整。为保证定位筋在内圆上均匀分布，当半数定位筋点焊完毕后，要用特制的节距检查样板检查定位筋间的距离，如误差超过1.5mm时应进行调整。另一半定位筋的配置比较容易，一般不会产生很大的偏差。配置定位筋时除保证定位筋条间尺寸准确外，尚需测量径向尺寸，以保证各定位筋的尺寸相同。测量方法也是以装设在定子中心的专用磨制中心柱为基准测量点，在与中心柱垂直的方向安装可微调尺寸的千分棒，以便能够精确地测量定位筋至中心的半径尺寸。测量时应沿定位筋条长度方向上下测量几处，以防止定位筋配置时的歪斜。

叠装扇形片时，为使磁路对称，充分利用铁心材料及铁心具有较高的机械强度，应根据扇形片的结构（扇形片为偶数槽还是奇数槽以及鸠尾槽数）严格按照工艺规程进行叠装。

铁心压装需有足够的紧密度。对于大型电机，特别是巨型水轮发电机和汽轮发电机，如果铁心压装不紧，可能引起冲片松动，造成局部片间绝缘损坏，磨损槽部绝缘及绕组绝缘。

汽轮发电机可以在液压机上加压，而大直径的水轮发电机的电枢和转子铁心，通常采用拧紧螺杆的方法，或用千斤顶加压的方法来压紧铁心。

铁心间压力，汽轮发电机为1.5～2MPa；水轮发电机为1.0～1.5MPa。一般采取分段加压和加热加压方法。大约每叠500mm厚即加压一次。汽轮发电机铁心较长，采取分段加热加压的方法。例如一台12.5×10^4kW的汽轮发电机定子铁心长度约3.5m，除端部很少一段预压核实叠压系数及铁心长度、重量等以校验计算之准确之外，中间共加压6次，以达到压紧压足的目的。长铁心的片间绝缘总厚度是很可观的，这些绝缘材料在受热和受压之下的收缩，将会造成铁心松动。因此，汽轮发电机及其他铁心较长的电机，在压装过程中采取加热、加压的方式，使绝缘收缩并补足长度，以保证铁心的紧密度。

分段分压时，先加热到110℃，保温12h，然后冷却到约40℃，再提高压力压紧，或在加压过程中反复加热和冷却1～2次，使压力的分布与传递更为均匀。

铁心加热可以采用工频感应法，即在铁心上绕以线圈，再通入交流电，依靠交变磁通产生铁耗将铁心加热。

九、磁极铁心的制造

直流电机的磁极和同步电机的磁极在形式上有所不同，但在压装方法上是一样的。磁极的压装方法较多，也比较简单，主要根据生产批量和工厂设备条件来确定。下面对直流电机主极铁心冲片的紧固方式作一介绍。

主极铁心冲片通常用1～2mm厚的钢板冲制，冲片表面不需要绝缘处理，冲片叠压时两侧一般都有主磁极端板，使铁心所受压力均匀分布。主磁极端板的厚度随主磁极截面和长度而定，一般为3～20mm。对主磁极磁通回路有特殊要求的电机，其主磁极端板应与铁心绝缘。主磁极铁心的紧固按铁心长短分别用铆接、螺杆紧固及焊接三种基本方法，如图2-35所示。图2-35a为主磁极铁心铆钉紧固，一般铆钉总面积约为冲片面积的3%，冲片上铆钉数不应少于4个，用于长500mm以下的主磁极铁心。图2-35b为主磁极铁心采用螺杆轴向紧固，用于长500mm以上的主磁极铁心。图2-35 c为主磁极铁心在压紧状态下，靠两侧的轴向焊缝紧固，这种紧固形式结构简单，便于实现机械化、自动化生产，主要用于小型直流电机的主磁极铁心。

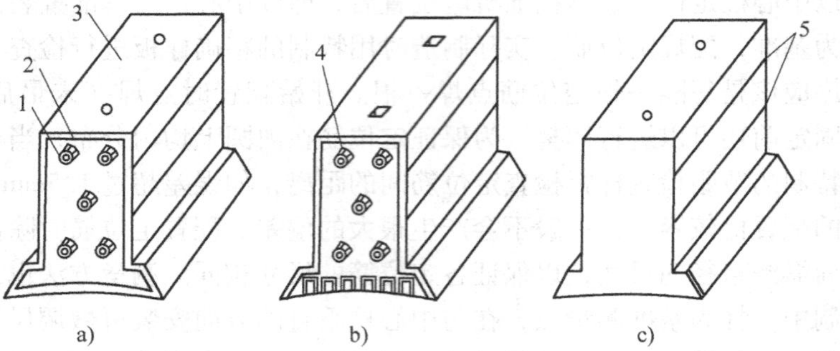

图2-35　磁极铁心紧固形式

a）铆接　b）螺杆紧固　c）焊接

1—铆钉　2—主磁极端板　3—主磁极冲片　4—螺钉　5—焊缝

磁极的叠压方法很多，主要是根据工厂设备条件及磁极的紧固形式来选择的。最简单的方法是借助台虎钳和螺杆或铆钉铆紧，这种方法生产效率低，冲片受力不均匀，压力大小无法控制，质量难以保证。成批生产的铆接磁极是在液压机上通过专门工具把叠装在铆钉上的冲片压紧，然后借助工具压力挤开铆钉两端的孔，使铁心成为一整体。磁极铁心第一次加压可按下式计算，即

$$F = pS_1 \tag{2-6}$$

式中 p——磁极铁心单位面积压力，一般取 10～15MPa；

S_1——磁极冲片面积（m^2）。

在压紧状态下，测量磁极的高度和紧密状态，根据压紧程度增减冲片，做到尺寸符合图样要求，最后加压并铆好铁心。压力可按下式计算；即

$$Q = F + p_2S_2 \tag{2-7}$$

式中 F——压紧压力；

p_2——张开铆钉头所需单位面积压力，一般可取 40MPa；

S_2——铆钉杆总面积，$S_2 = 0.785d^2n$，其中 d 为铆钉直径（m），n 为铆钉个数。

螺杆紧固磁极铁心和焊接磁极铁心压紧时，压力也要按式（2-7）计算。铆接后。铆钉应无裂缝，铆钉头不得高出端面 1.5mm。

螺杆紧固的磁极也是先在液压机上通过专用模具将磁极冲片叠压压紧、整齐，然后旋紧螺母，使铁心成为一整体，最后将螺母与螺杆搭焊或将螺纹打毛，以防止螺母松动。

焊接磁极铁心是在专用叠片焊机上进行叠压与焊接的。专用的直流电机主磁极铁心叠片焊机，采用二氧化碳气体保护焊，选用 ϕ0.8mm 和 ϕ1mm MoSMn2SiA 镀铜焊丝。焊接时，焊距固定，工件自下而上运动。主磁极铁心叠焊工艺比铆接工艺简单，生产效率高，产品使用寿命长。

大型磁极较长，压装后容易变形，故较长的大型磁极均在卧式油压机上叠压。叠压时，必须考虑冲片薄厚不匀问题，通常每叠 100～200mm 将冲片记号缺口周转 180°，即翻过来叠放。整个磁极正、反间隔应均匀一致，压装时应在弧长最大的两个槽或阻尼片孔中穿入定位销（即槽样棒）。第一次加压压力按公式约为计算结果的 2.5 倍，调整冲片数后，再按公式计算压力压紧铁心，旋紧螺母。加压对应使卧式液压机中心对准冲片中心。

十、铁心压装质量的检查

铁心压装后尺寸精度和形位公差的检查用普通量具进行。槽形尺寸用通槽棒检查；铁心重量用磅秤检查；槽与端面的垂直度用直角尺检查；片间压力的大小，通常用特制的检查刀片（见图 2-36）测定。测定时，用力将刀片插进铁轭，当弹簧力为 100～200N 时，刀片伸入铁轭不得超过 3mm，否则说明片间压力不够。

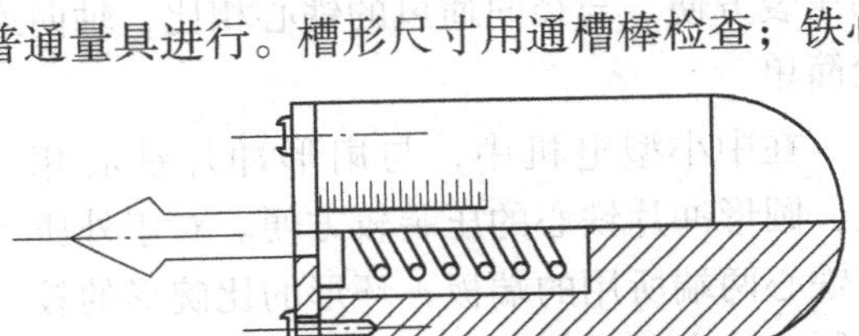

图 2-36 检查刀片

较大型电机铁心压装后要进行铁耗试验。铁损试验的接线原理如图 2-37 所示，试验在不安装转子的情况下进行。励磁线圈的匝数，可按下式计算：

$$W_a = \frac{\pi(D_a - h_{ja}) \times 1.05H}{\sqrt{2}I} \tag{2-8}$$

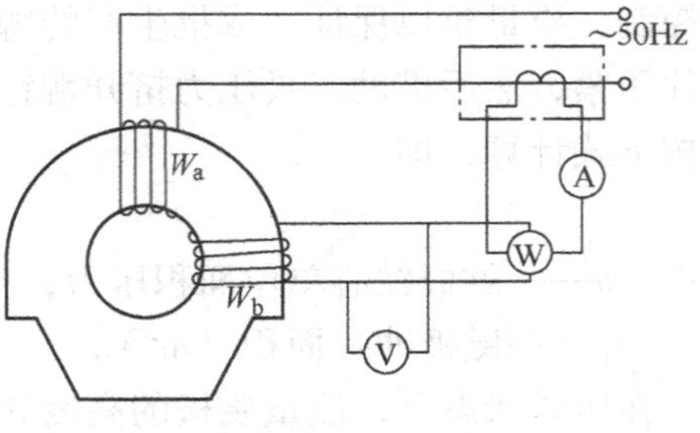

图 2-37　铁损试验的接线原理

式中　D_a——铁心外径（m）；

h_{ja}——轭高（m）；

H——硅钢片磁通密度为 1T 时的磋场强度（A/m）；

I——励磁电流有效值（A）。

W_a 计算结果取整数，但不应小于 3 匝。选励磁电流 I 小于 500A，W_a 与 W_b（测量线圈的匝数）在空间互成 90°位置。

试验时，轭部磁通密度的幅值为

$$B_m = \frac{U \times 10^3}{4.44 f h_{ja} l_{Fe} \omega_b} \tag{2-9}$$

式中　U——电压表读数，一般取 20～70V；

f——频率（Hz）；

l_{Fe}——净铁心长度（m）；

ω_b——测量线圈的匝数。

当磁通密度为 1T 时，每 1kg 铁心的损耗为

$$P_{10} = P'\frac{\omega_a}{\omega_b}\left[\frac{1}{B_m}\right]^2 \frac{1}{G_{Fe}} \times 10^8 \tag{2-10}$$

式中　P'——功率表读数（W）；

G_{Fe}——定子铁心轭重（kg）。

测定的比损耗 P_{10} 值不应大于所用电工钢片在 50Hz、磁通密度为 1T 时的比损耗的 1.2 倍。铁心温度稳定后，一般其最高温升 θ_{max} 应低于 45℃，不同部位的温升差值 $\Delta\theta$ 应小于 30℃。对于采用冷轧硅钢片的铁心，通常还规定在较高的磁通密度（例如 1.2～1.4T）下进行试验。

十一、铁心结构工艺性

铁心结构的工艺性主要包括冲片的结构工艺性。此外，还应考虑有关零件的结构工艺性和压装方便。与径向通风的铁心相比，轴向通风的铁心不需要制作通风板及风沟片，故制造较简单。

在中小型电机中，与扇形冲片铁心相比，圆形冲片铁心的压装较方便。对于外压装铁心两端所用的端板，环形的比碗形的较易制造。中心高在 100mm 以下的小型电机铁心，采用压合紧固比用焊接或扣片的紧固方法简单。

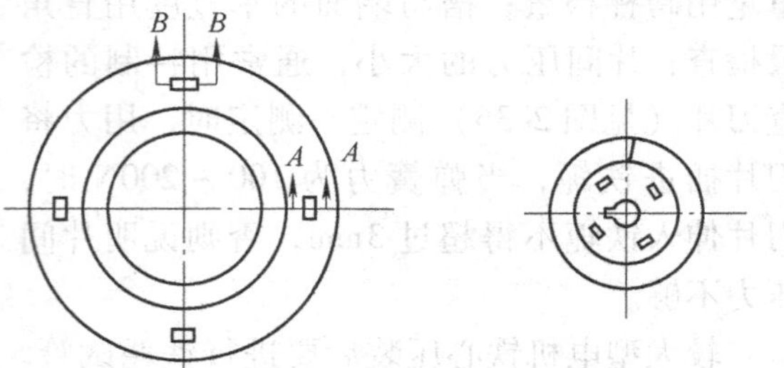

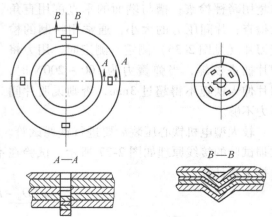

图 2-38　压合铁心结构示意图

国内外一些厂家采用在电机定子与转子冲片级进模中增加叠铆搭扣的结构，在定子与转子冲片上冲出 V 形凹槽，使定子与转子铁心压合成型，图 2-38 为压合铁心结构示意图。这种工艺可使冲裁与迭压在一套设

备上完成，省去了定子铁心焊接或装扣片，转子铁心穿假轴等工序。日本某公司在小型电动机上，采用对定子与转子冲片冲出V形凹槽新工艺。冲压生产线为：卷料硅钢片由开卷机送到高速自动冲床，用精密级进冲模冲出定子与转子冲片；同时在冲片上冲出V形凹槽。将定子与转子冲片分别送入铁心取出机，取出必要的厚度用传送带送至铁心加压机，进行计量检查后加压，成形的铁心由取出装置将合格品和不合格品进行分类。此工艺使生产率有较大的提高。

十二、铁心的质量分析

电机铁心是由很多冲片叠压起来的一个整体。冲片冲制的质量直接影响铁心压装的质量，而铁心质量对电机产品质量将产生很大影响。如槽形不整齐将影响嵌线质量；毛刺过大、大小齿超差及铁心的尺寸准确性、紧密度等将影响导磁性能及损耗。因此，保证冲片和铁心的制造质量是提高电机产品质量的重要一环。

1. 冲片的质量问题

冲片质量与冲模质量、结构、冲制设备的精度、冲制工艺、冲片材料的力学性能以及冲片的形状和尺寸等因素有关。

（1）冲片尺寸的准确性　冲片的尺寸精度、同轴度、槽位置的准确度等可以从硅钢片、冲模、冲制方案及冲床等几方面来保证。从冲模方面来看，合理的间隙及冲模制造精度是保证冲片尺寸准确性的必要条件。

当采用复式冲模时，工作部分的尺寸精度主要取决于冲模制造精度，而与冲床的工作状况基本无关。当采用单槽冲模在半自动冲槽机上冲槽时，槽位的准确性和冲床的关系很大，主要有以下几点：

1）分度盘不准，盘上各齿的位置和尺寸因磨损而不一致，这样冲片上的槽距就不一致，出现大小齿距现象。因此在加工分度盘时，各齿的位置应尽可能做得准确，操作中应保证分度盘齿间不应有污垢、杂物积存，尽量避免齿的磨损等。

2）半自动冲槽机的旋转机构不能正常工作，例如间隙、润滑、摩擦等情况的变化，都会引起旋转角度太小的变化，影响冲片槽位置的均匀性。

3）安装冲片的定位心轴磨损，尺寸变小，将引起槽位置的径向偏移，除了在叠压铁心时槽形不整齐外，对转子冲片还会引起机械上的不平衡。

4）心轴上键的磨损也会引起槽位的偏移。这是因为心轴上键的磨损使键和冲片键槽间的间隙增大，导致槽位的偏移。偏移量随着冲片直径的增大而相应增大。如果采用外圆定位，就不会产生这种偏移，冲片质量比用轴孔定位要好。

5）心轴与下模平面高度不一致，或硅钢片厚度不均匀、波纹度较大时也会引起冲片弯曲窜动而产生槽位偏移。

冲片大小齿超差、导致定子与转子齿磁密不均匀，结果使励磁电流增大，铁耗增大，效率低，功率因数低。

按技术条件规定，定子齿宽精度相差不大于0.12mm，个别齿允许差0.2mm。

（2）毛刺　冲模间隙过大，冲模安装不正确或冲模刃口磨钝，都会使冲片产生毛刺。要想从根本上减小毛刺，就必须在模具制造时严格控制冲头与凹模间的间隙；在冲模安装时要保证各边间隙均匀；在冲制时还要保证冲模的正常工作，经常检查毛刺的大小，及时修磨刃口。

毛刺会引起铁心的片间短路，增大铁耗和温升。当严格控制铁心压装尺寸时，由于毛刺的存在，会使冲片数目减少，引起励磁电流增加和效率降低，槽内的毛刺会刺伤绕组绝缘，还会引起齿部外胀。转子轴孔处毛刺过大，可能引起孔尺寸的缩小或椭圆度，致使铁心在轴上的压装产生困难。当毛刺超过规定限值时，应及时检修模具。

（3）冲片不完整、不清洁　当有波纹、有锈、有油污或尘土时，会使压装系数降低。此外，压装时要控制长度，减片太多会使铁心重量不够，磁路截面减小，励磁电流增大。冲片绝缘处理不好或管理不善，压装后绝缘层被破坏，使铁心短路，涡流损耗增大。

2. 铁心压装的质量问题

（1）定子铁心长度大于允许值　定子铁心长度大于转子铁心长度太多，相当于气隙有效长度增大，使空气气隙磁通势增大（励磁电流增大），同时使定子电流增大（定子铜损增大）。此外，铁心的有效长度增大，使漏抗系数增大，电机的漏抗增大。

（2）定子铁心齿部弹开大于允许值　这主要是因为定子冲片毛刺过大所致，其影响同上。

（3）定子铁心重量不够　它使定子铁心净长减小，定子齿和定子轭的截面积减小，磁通密度增大。铁心重量不够的原因是：定子冲片毛刺过大；硅钢片厚薄不匀；冲片有锈或沾有污物；压装时由于液压机漏油或其他原因使得压力不够。

（4）缺边的定子冲片掺用太多　它使定子轭部的磁通密度增大。为了节约材料，缺边的定子冲片可以适当掺用，但不宜超过1%。

（5）定子铁心不齐

1）外圆不齐。对于封闭式电机，定子铁心外圆与机座的内圆接触不好，影响热的传导，电机温度升高。因为空气导热能力很差，仅为铁心的0.04%，所以，即使有很小的间隙存在也使导热受到很大的影响。

2）内圆不齐。如果不磨内圆，有可能发生定子与转子铁心相擦；如果磨内圆，既增加工时，又会使铁耗增大。

3）槽壁不齐。如果不锉槽，嵌线困难，而且容易破坏槽绝缘；如果锉槽，铁损耗增大。

4）槽口不齐。如果不锉槽口，则嵌线困难；如果锉槽口，则定子卡式系数增大，空气隙有效长度增加，使励磁电流增大，旋转铁耗（即转子表面损耗和脉动损耗）增大。

定子铁心不齐的原因大致是：冲片没有按顺序顺向压装；冲片大小齿过多，毛刺过大；槽样棒因制造不良或磨损而变小；叠压工具外圆因磨损而不能将定子铁心内圆胀紧；定子冲片槽不整齐等。

定子铁心不齐而需要锉槽或磨内圆是不得已的，因为它使电机质量下降，成本增高。为使定子铁心不磨不锉，需采取以下措施：提高冲模制造精度；单冲时严格控制大小齿的产生；实现单机自动化，使冲片顺序顺向叠放，顺序顺向压装；保证定子铁心压装时所用的胎具、槽样棒等工艺装备应用的精度；加强在冲剪与压装过程中各道工序的质量检查。

十三、典型的定子铁心外观质量样板图

典型的定子铁心外观质量样板图如图2-39所示。

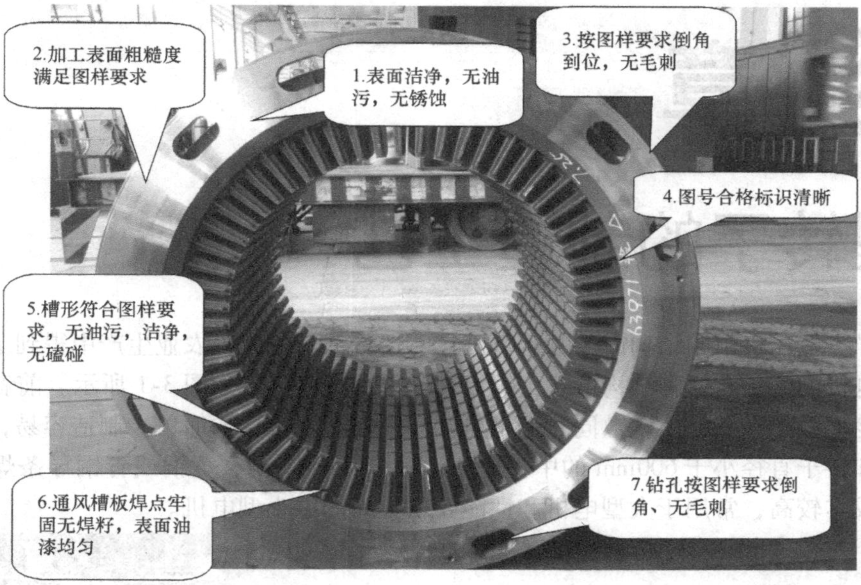

a)

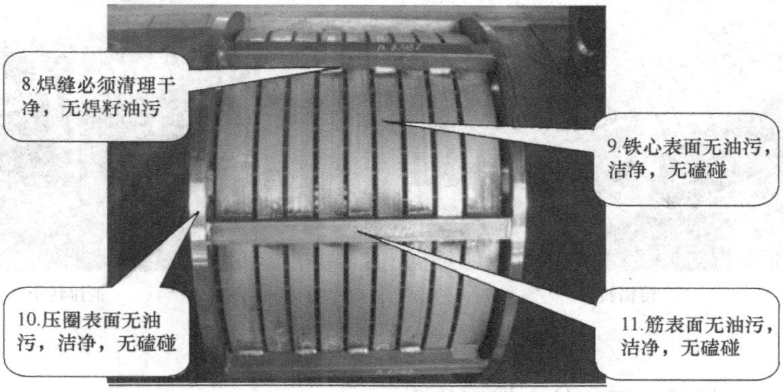

b)

图 2-39　定子铁心外观质量样板图

a）经向检查　b）轴向检查

第三章 笼型转子的制造工艺

笼型异步电动机由于结构简单、运行可靠、造价低廉，在工农业生产中得到了广泛的应用。这种电机的转子有两种结构形式：铸铝转子和铜排转子，如图 3-1 所示。前者由铝或铝合金铸成笼型绕组，并且大多数同时铸出风叶和平衡柱。其结构简单，制造容易，广泛用于小型电机和转子直径小于 600mm 的中型电机。后者则由纯铜、黄铜或青铜导条焊接成为笼型绕组，成本较高，常用于大型电机和性能要求较高的中小型电机。

铸铝转子　　　　铜排转子

图 3-1　典型的转子

铸铝转子和铜排转子比较有以下优点：

1）转子槽形不受铜条形状的限制，可任意选择最佳槽形，改善电机的起动性能。

2）转子铜排约占整个电机用铜量的 40%，采用铸铝转子能节省大量纯铜。

3）铸铝导体填充整个转子槽中，槽满率接近 100%，有利于热量的导散。

4）转子风叶和端环铸在一起，增加散热能力，不需另装风扇，省去了一些工序。

5）铸铝转子结构对称紧凑；平衡柱与端环铸在一起，机械上容易取得平衡。

6）生产周期短，工时少，成本低，适于大批生产。

第一节　离心铸铝转子的制造工艺

一、铸铝转子所用的材料

铸铝转子用铝通常选用含铝量（w_{Al}）在 99.5% 以上的工业纯铝，杂质含量越高，铝的强度越高，伸长率越低，电阻率增加。工业纯铝中的主要杂质是铁和硅。为了保证铸铝转子质量，含硅量 w_{Si} 不应超过 0.25%，含铁量（w_{Fe}）不超过 0.3%，硅与铁含量总和不应超过

0.5%，而且铁硅比不应大于2.5:1。铝的化学性质活泼，与氧的亲和力大，极易被氧化，生成氧化膜。Y系列电机转子一般采用特二级铝，Y2系列电机转子通常采用一级重熔铝。对于高起动转矩或高转差率的电机转子，则用高电阻铝合金铸造。常用的高电阻铝合金有319合金，Al-Mn-Si合金、Al-Mg合金以及Al-Mn稀土合金。由于Al-Mg合金有较强的耐蚀性，塑性好，电阻率较高，如在20℃时，其值为（5～12）$\times 10^{-8}\Omega\cdot m$，因此应用较广。

二、转子铸铝方法

转子铸铝的方法有五种：振动铸铝、重力铸铝、离心铸铝、压力铸铝和低压铸铝。振动铸铝是将铸铝模安装在振动台上，浇注铝液后，靠振动台的振动产生压力，使铝液充满型腔和转子槽。振动铸铝目前只有个别工厂采用（如浇注细而长的转子）。重力铸铝是利用铝液本身的重量使铝液充满型腔和转子槽。因铸铝质量不好，现已淘汰不用。因此，本章着重介绍目前广泛应用的离心铸铝、压力铸铝和低压铸铝。

三、笼型转子的技术要求

对铸铝笼型转子的技术要求是：转子无断条、裂纹和明显的缩孔、气孔等缺陷；铁心片间无明显的渗铝现象；端环内外圆的径向偏摆小；对有径向通风沟的转子，通风沟无漏铝，且铁心无严重的波浪度；铁心长度与斜槽角度应符合规定。

对焊接笼型转子的技术要求是：导条与端环应焊接牢靠，接触电阻要小；导条在槽内无松动；端环与铁心端面之间的距离应符合图样规定；端环与铁心的同轴度偏差和端环对轴线的端面跳动量都应较小，以利于转子平衡，铁心长度应符合图样规定。

四、离心铸铝

离心铸铝是在转子铁心旋转的情况下，把熔化好的铝液浇入铸铝模中，利用离心力作用，使铝液充满转子槽、铸铝模两端的端环、平衡柱和风叶型腔。所得到的铸件金属组织比较紧密，质量比较好。所用的设备不太复杂，且操作技术比较简单。离心铸铝的转子和压力铸铝相比，杂散损耗比较小，生产率不高，劳动条件较差，劳动强度较大。目前多用于中大型（$H>315mm$）电机的转子制造。离心铸铝的工艺流程如下：

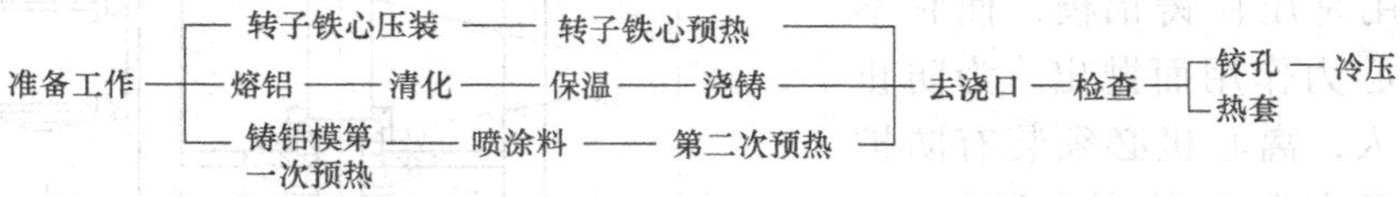

1. 转子铁心压装

转子铁心在压装前，可以采用手工理片，也可以采用理片机（见图3-2）理片，使转子冲片顺毛刺方向按键槽（起记号槽作用）对齐。然后，将理好的转子冲片按台称好重量，一叠一叠地套在假轴（即铸铝轴）上。根据转子斜槽的需要，在假轴上装有斜键，斜度由设计确定。从铁心外圆看，斜槽宽一般为2/3～1个定子齿距。一台冲片叠好后，用压圈和螺母（或开口垫圈）将冲片初步压紧。

转子铁心的压装，一般在油压机上进行。为了使槽壁整齐，在接近180°的位置插入两根槽样棒，加以整理。转子铁心一般采用定量压装，控制长度，压力作为参考数值。适当增减片数，在基本上以重量为主要依据的情况下，保证压力也在合理的范围以内。因为压力太小，压装系数低，影响电磁性能；压力过大，铸完铝卸模后，会有很大的拉力加在铝条上，可能造成铝条被拉断。铁心压紧后，用垫圈和螺母（或开口垫圈）将铁心紧固。压装好的转子铁心如图3-3所示。假轴的型式有多种，图3-3所示的为其中一种。为了退假轴方便，假轴中间做成通孔，以便在退假轴时通水冷却。在铸铝前，必须放上塞子，以免铸铝时进入铝液。

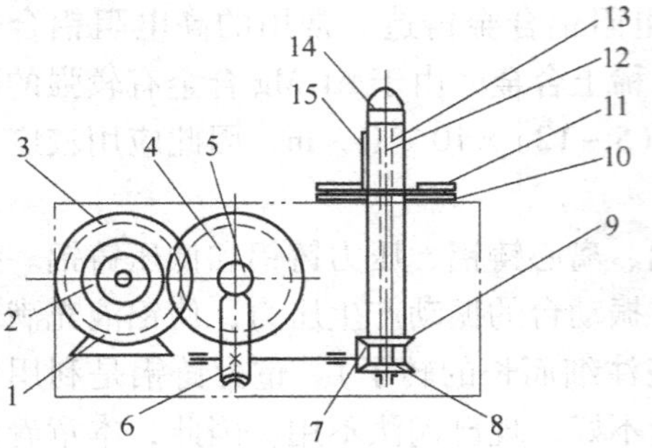

图 3-2　转子冲片理片机

1—电动机　2—机体　3、4—直齿轮　5—蜗杆

6—蜗轮　7、8、9—锥齿轮　10—转盘　11—垫块

12—主轴　13、14—套筒　15—定位键

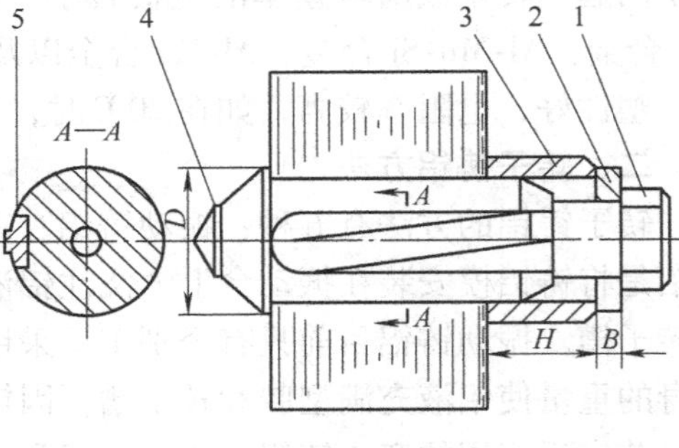

图 3-3　装压好的转子铁心

1—假轴　2—开口垫圈　3—压圈

4—塞子　5—子母键

2. 离心铸铝的主要设备

离心铸铝的主要设备有离心铸铝机、熔铝炉和预热炉等。

（1）离心铸铝机　离心铸铝机的结构如图 3-4 所示。电动机及其传动结构安装在地坑内，法兰盘以上部分在地面以上。电动机 21 通过传动带 20 带动主轴 17 旋转，法兰盘 8 和主轴连在一起也同时旋转。法兰盘上装有 3 根长螺杆，作用是压住铸铝模，使它不致因受到离心力作用而抛出。为防止铝液飞溅伤人，离心机必须装有防护罩。此外，还有漏斗及刹车装置等。如果同一台离心铸铝机用来铸不同直径的转子，为适应不同转速的需要，应在传动部分增设变速机构。

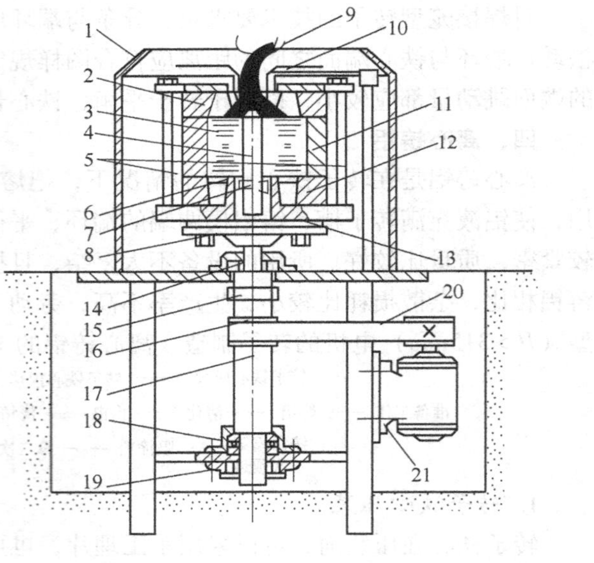

图 3-4　离心铸铝机的结构

1—防护罩　2—上模　3—转子铁心　4—假轴　5—长螺杆

6—垫圈　7—销子　8—法兰盘　9—勺子　10—漏斗

11—中模　12—下模　13—石棉纸　14、18、19—轴承

15—刹车　16—带轮　17—主轴　20—传动带　21—电动机

（2）熔铝炉　熔铝炉的要求是：温度上升快；火焰不直接接触铝液表面，以防止铝在熔化时吸收由于煤或油燃烧不完全而挥发出来的氢和碳氢气体；温度容易控制。目前一般都在采用带鼓风机的焦炉或煤炉。有的工厂还采用电炉，采用电炉的优点是可以实现温度自动控制，铝液比较干净，缺点是耗电量大。电炉分为两种，一种是电阻电炉，另一种是工频感应加热电炉，前者已逐渐被后者替代。

（3）预热炉　离心铸铝的转子铁心和铸铝模必须预热，温度分别为500℃和400℃左右。预热炉通常用反射炉，但也可以采用电阻电炉。常见预热炉及其预热温度见图3-5和表3-1。

图3-5　预热炉

3. 离心铸铝模的结构

表3-1　预热炉的预热温度

转子铁心预热	500～600℃
铸铝上模预热	400～500℃
铸铝下模预热	100～150℃

离心铸铝模（见图3-6）由上模、下模、中模、分流器和假轴组成，在小型电机中，假轴的端部起分流器作用。其结构设计是否合理，对转子的铸铝质量和模具的使用寿命有很大影响。上模和下模（见图3-7和图3-8）是转子端环、风叶和平衡柱的型腔。上、下模的结构应满足下述要求：制造容易，更换和清理方便。用得较多的是二拼结构和三拼结构。图3-7为风叶和端环型腔在外拼块上的结构，这种结构的风叶型腔可以用插床加工，也可以用刨床加工（风叶型腔的斜度由钳工加工）。图3-8为风叶和端环型腔在内拼块上的结构。这种结构的风叶型腔加工也很方便，可以铣，也可以刨。上模中间呈喇叭口形状的部分为直浇口，这种上小下大的直浇口，可以防止离心铸铝时铝液往上抛，并容易脱模。直浇口和假轴的端部组成内浇口，内浇口是铝液的进口处。

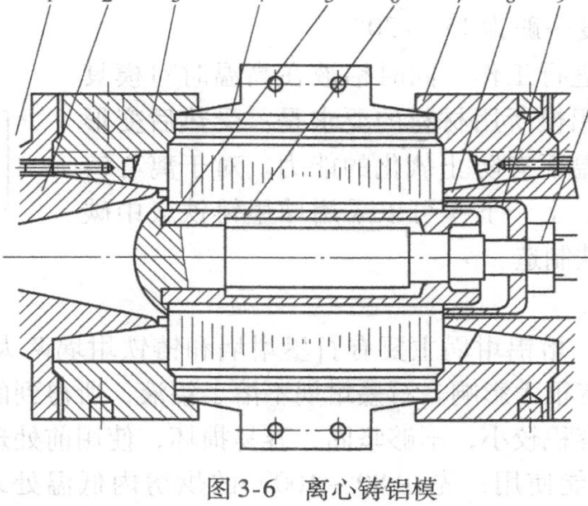

图3-6　离心铸铝模

1—沉头螺钉　2—上模内圈　3—上模外圈　4—中模　5—假轴芯子
6—假轴套筒　7—下模外圈　8—下模内圈　9—压圈　10—六角螺母

上模和下模也可以是整块的。此时风叶型腔广泛采用电火花加工（有的工厂也采用在立铣上用磨成一定锥度的钻头加工）。

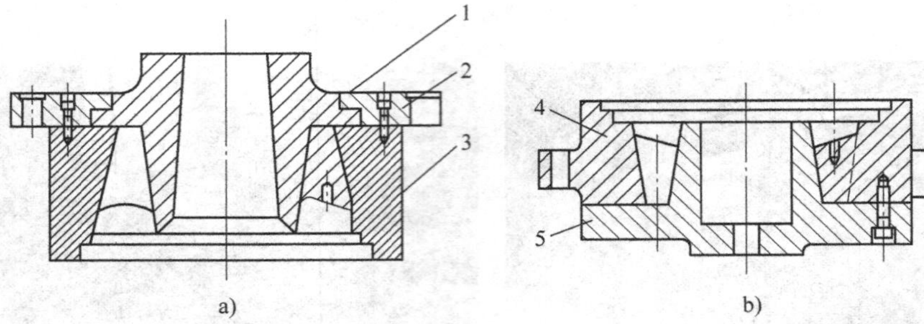

图 3-7 上、下模结构（1）

a）上模 b）下模

1—上模内圈 2—上模压板 3—上模外圈 4—下模外圈 5—下模内圈

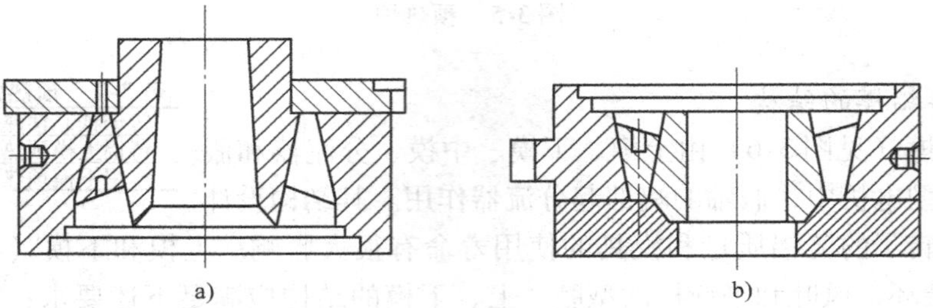

图 3-8 上、下模结构（2）

a）上模 b）下模

中模结构应能保证铸铝时不漏铝液，并保证在合模时控制转子铁心的长度，而且便于装卸，现在都做成两块或三块拼合的形式，拼合接缝处做成止口，防止漏铝（见图 3-9）。为了加强中模的强度和刚度，外围可加一些加强肋。

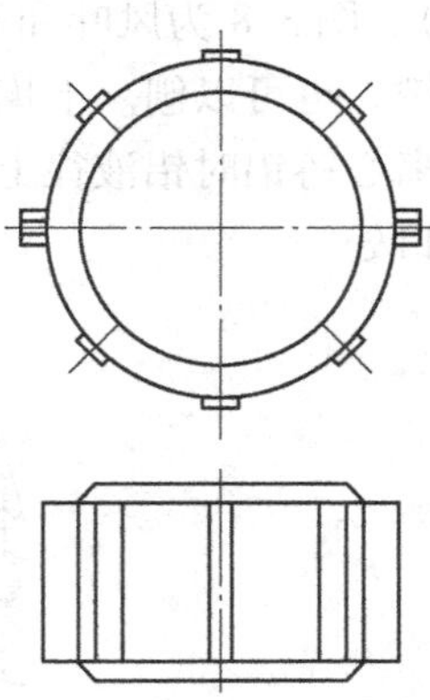

图 3-9 中模结构

中模与上、下模的配合采用锥度配合，一方面可以防止漏铝，一方面容易脱模。锥度一般为 15°～30°。

铸铝模在高温下反复进行工作，同时铝液在高温时对模具也有侵蚀作用，因此对铸铝模所用材料的要求是：受热后变形小，热膨胀系数小，在高温下有防止氧化的能力。对于离心铸铝模，因为其受压力较小，上、下模可以采用球墨铸铁或中碳钢制造，中模多采用灰铸铁制造。

4. 熔铝和清化

（1）熔铝坩埚的处理　熔铝坩埚主要有石墨坩埚和铸铁坩埚两大类。熔铝坩埚使用前处理的好坏，对铝液质量有很大影响。石墨坩埚不溶于铝液，所得到的铝液比较纯净，质量好。但石墨坩埚成本高，容积较小，不够坚固，容易损坏，使用前处理比较麻烦。对于新的石墨坩埚要做如下处理才能使用：先在 80～100℃ 的烘房内低温处理 14～20 天，然后在 500℃ 烘房内烘 6h 左右，冷却之后，再将坩埚烧红，然后放入铝块熔化。浇注后剩余的铝液要倒掉，使坩埚均匀冷却。所以逐渐被铸铁坩埚所代替。

铸铁坩埚的厚度一般约30mm。由于铁在高温下溶于铝液，所以铸铁坩埚使用前也必须进行处理。处理方法是预先用钢丝刷将铸铁刷净，然后将铸铁坩埚加热到150～200℃，刷一层涂料，厚度为0.3～0.5mm，一次刷不上时可分几次涂刷。涂料的配方是：石墨粉30%，水玻璃20%，水50%（以重量计）。刷上涂料，冷却到室温后就可以使用。以后，每熔一次铝，要刷一次涂料。

（2）铝的熔化　熔铝时，先将铝块预热，除去水分，当坩埚加热到发暗红后，分两次或三次加入预热的铝锭。铝的熔点是659℃。铝的熔化过程与周围介质（如铸铁坩埚、工具等）及空气相互作用，主要有：与O_2作用：$4Al+3O_2 \rightarrow 2Al_2O_3$；与$H_2O$作用：$2Al+3H_2O \rightarrow Al_2O_3+3H_2$；与CO作用：$6Al+3CO \rightarrow Al_2O_3+Al_4C_3$；与$CO_2$作用：$2Al+3CO_2 \rightarrow Al_2O_3+3CO$。

一方面生成氧化铝（Al_2O_3）渣滓，另一方面分解出氢气（H_2），同时氢也渗入铝液中。含有气体的铝液浇注出来的转子，质量不好。因此，在铸铝之前，铝液必须进行清化处理，即加入适量的氯化钠、氯化铵、氯化锌等氧化物清化剂除去铝液中的气体和氧化物等杂质。

（3）铝液的清化　铝液很容易氧化，在液面生成一层氧化铝（Al_2O_3）薄膜，它具有良好的保护作用，能够防止氧化作用继续进行，也能防止气体进入铝液中。但是，当用盛铝桶盛取铝液时，氧化铝很容易集结成块混到铝液中去，而铝液表面又生成一层氧化铝膜。Al_2O_3的相对密度（约3.95～4.10）大于铝的相对密度（2.3），熔点很高（2050℃），一旦混入铝液中，就不再浮出来，也不溶于铝液，而是成颗粒状存在于铝液中，它不仅降低了铝液的流动性，而且增大了铝的电阻率，影响铸铝质量。因此，在铸铝之前，铝液必须进行清化处理。在进行清化处理时，铝液的温度应该很好地控制，铝液温度太高，溶渣过于稀薄；铝液温度太低，粘度大，去气效果不好，一般控制在720～750℃。清化后的铝液，不允许用勺子搅动表面。如果搁置时间过长，还应该进行第二次清化处理。

（4）转子铁心和铸铝模预热　转子铁心的预热温度一般为：H80～160电机转子为400～500℃；H180～200电机转子为450～550℃；H225～280电机转子为550～600℃。装进加热炉预热的一批转子，其尺寸应相差不多，转子各部分预热温度要均匀，不得过热。温度太高，容易产生漏铝现象，使风叶、平衡柱、甚至端环浇不满；温度太低，铁心槽中的铝液可能先冷却，等下端环冷却时补充不下去，下端环容易出现缩孔。

铸铝模预热温度的高低，对铸件质量的影响很大。下模预热温度过高，下端环容易出现缩孔，而且下模排气槽容易跑铝。温度太低，会把转子铁心下端的热量导散，使铁心槽中的铝液先凝固，也会使下端环产生缩孔。上、下模预热时模面朝下放置，以避免型腔落上烟灰，上、下模预热温度一般为300～350℃；中模预热温度一般为150～200℃。为了脱模方便和保护铸铝模型腔不受高温铝液的腐蚀，上、下模在预热到200℃左右时，要刷一层涂料。涂料配方各厂不一样，有的用白铅油60%，机器油40%；有的用滑石粉100g，水玻璃150g，水5kg，冷却铸铝模的涂料为黑炭粉1.5kg，水8.5kg。

五、离心转速的确定

离心机转速是转子铸铝很重要的工艺参数。若转速低，则离心力不够，结晶疏散，质量不好，转速太低时还可能有浇不满的现象；如果转速太高，在内浇口截面小的情况下，铝液不易进入，同时会使排气困难，使下端环产生气孔，另外也容易使聚集端环内圈的铝液在未凝固前即被抛开，形成抛空。

根据经验，离心机的转速可近似用下式确定，即

$$n = c\sqrt{\frac{r_1}{r_1^3 - r_2^3}}$$

式中 r_1——端环外圆半径（m）；

r_2——端环内圆半径（m）；

c——转速系数，通常取 c 为 80r/min。

由上式可知，转子直径增大时，转速应相应降低，这个趋势是对的，但它只考虑了转子直径大小这个因素，而对铁心长度、槽形尺寸以及浇口大小等因素没有考虑。同时，如果完全按上式确定离心机转速，则对于每个大小不同的转子都有一个不同的转速，这在生产上是很不方便的，而实践证明也是没有必要的。许多工厂实际离心机转速远低于计算值，但同样生产出合格的转子来。这是因为自制的离心机转动时振动很大，铝液承受的压力，既来自离心力的作用，又来自振动力的作用。

根据工艺验证确定的离心机的转速如下：H80～180 电机转子为 1000～1200r/min；H200～225 电机转子为 850～900r/min；H250～280 电机转子为 650～700r/min。

六、浇注方法和浇注速度

把预热好的模具取出，吹去烟灰，并将下模安装在离心机上。然后，用压缩空气吹去转子铁心上的烟灰，打平翅齿，装于下模上，合拢中模，扣上上模，旋紧固定螺钉，并上好防护罩，准备浇注。

目前，大多数工厂采用升速浇注法和降速浇注法。

1. 升速浇注法

起动离心机，未到达满速时开始浇注。待铝液浇入 3/4 后，离心机达到满速，继续将剩余的 1/4 铝液在满速时浇入，这时离心机仍继续旋转，在离心力作用下使铝液结晶凝固，如图 3-10 所示。然后切断电源，让离心机停车，整个浇注过程为 1～2min。升速浇注法的特点是：开始浇注时转速较低，便于浇入的铝液经槽孔流到下模，保证下端环的浇注质量，待浇入 3/4 铝液后，再将剩余的 1/4 铝液在满速时浇入，铝液完全在离心力作用下将上模填满，使上、下端环的质量都能得到保证；便于操作和控制，适用于小型转子。

2. 降速浇注法

起动离心机后立即拉掉电源，约 3s 内浇完 2/3 的铝液，再合上电源继续浇完剩余的 1/3 铝液，达到满速后过 10～30s 停车。降速浇注的目的，也是更好地使下模得到填充。降速浇注法多用于大型转子。

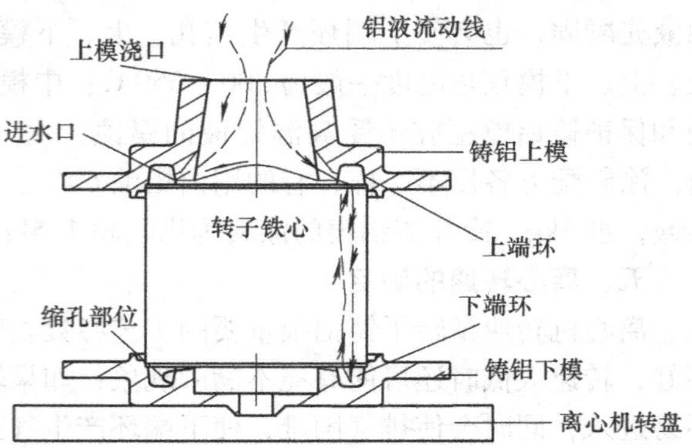

图 3-10　离心铸铝浇注示意简图

七、铸铝转子的质量检查

转子铸铝中往往产生断条、细条、裂纹、缩孔、气孔、浇不满（包括端环抛空，风叶或平衡柱残缺不全）等缺陷，使电机性能变坏。具体表现为损耗大、转差率大、效率低、温升高等，其中尤以断条、细条、裂纹，对电机性能影响

最大。因此需要对铸铝后的转子进行检查。

1. 表面质量检查

主要是用目测观察有无裂纹、缩孔、冷隔、残缺等。按零部件检验规范要求：外圆表面的斜槽线平直，无明显横折形；浇口清理干净无残留；端环缩孔 $\phi5mm\times3$ 最多三处；端环、风叶、平衡柱不得有裂纹及弯曲等；风叶冷隔不超过风叶长度的1/4；端环对轴孔的同轴度不大于3mm；平衡柱残缺不大于平衡柱高的1/4，每个转子平衡柱残缺数不多于平衡柱数目的1/4，且不得在相邻地方。

2. 尺寸检查

尺寸检查主要是检查铁心长度和外形尺寸：转子铁心长度尺寸偏差，铁心长度在15mm以下时，偏差为+2.00mm，铁心长度大于150mm时，偏差为+2.50mm；转子槽斜度偏差为±1.1mm；端环尺寸公差等级按JS14。

3. 内部质量检查

内部质量检查主要是用断条检查器检查转子有无断条、细条、内部裂纹、缩孔及气孔等缺陷。下面介绍两种断条检查器的工作原理。

第一种断条检查器的工作原理如图3-11所示。绕组通电时铁心产生磁通，穿过被试转子，如果转子不断条，也无细条、裂纹、缩孔、气孔等缺陷时，它相当于一个二次绕组短路的变压器，转子导条中有较大的电流通过，在一次绕组3和电流表1中，有较大的电流。如果有裂纹、细条、缩孔、细孔等缺陷，电流减小，如果发生断条，电流就更小。检查时将转子慢慢转动，电流相差值不超过5%时，认为质量达到要求。

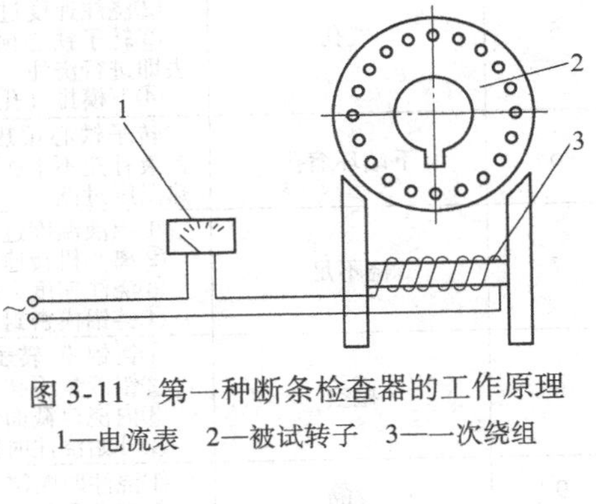

图3-11 第一种断条检查器的工作原理
1—电流表 2—被试转子 3——次绕组

第二种断条检查器的工作原理如图3-12所示。它利用两个Ⅱ形电磁铁，左边一个接到3～5Hz的低频电源上，它的开口只跨一个槽子，在转子导条内感应一个电动势，由于转子是短路的，因而有电流产生，电流的分布如图3-12所示。这时，右边的一个线圈上产生感应电动势，指示器上有所反应。如果被试导条有断条，其中无电流通过，这时指示器无任何指示；如果被试导条有细条或端环有缩孔、气孔、裂纹、抛空等缺陷，则电阻增大，电流较小，指示器上的反应也小。如果转子铸铝质量好，则电流很大。

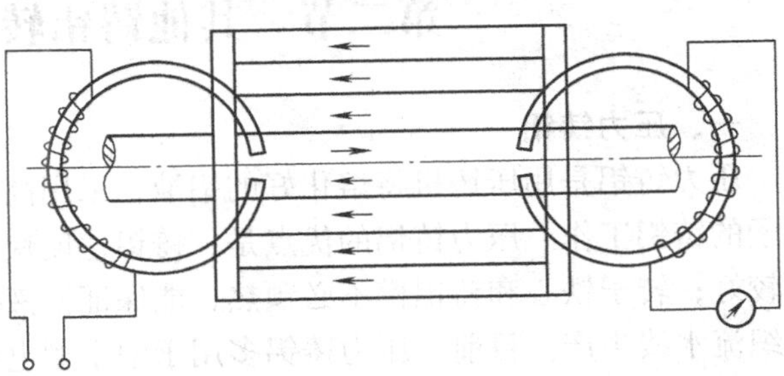
图3-12 第二种断条检查器的工作原理

八、离心铸铝常见的缺陷及防止措施

离心铸铝如果各工艺参数（离心机转速、铝液温度、转子铁心预热温度、铸铝模预热温度、浇注速度等）不适当，或铸铝模设计不合理，就容易发生质量问题。离心铸铝常见的缺陷和防止措施见表3-2。

表 3-2　离心铸铝常见的缺陷及防止措施

序　号	缺陷名称	产生原因	防止措施
1	断条	①转子铁心叠压过紧，铸铝后有过大的拉力加在铝条上，将铝条拉断 ②铸铝后脱模中，铝液未凝固好，铝条由于脱模敲打而断裂 ③转子槽内预先有夹杂物 ④转子冲片个别槽孔漏冲、铝条中有气孔 ⑤浇注时中途停顿 ⑥铁心温度太低	①控制叠压压力小于 3MPa ②铸铝后等铝液完全凝固后再脱模 ③浇注前清理槽孔 ④加强各级检查 ⑤一次浇注完毕不能停顿 ⑥适当提高铁心温度
2	细条	①离心机转速太高，离心力太大 ②转子槽孔过小，使铝液浇不足 ③转子外圆斜槽线不直，槽不齐	①控制离心机转速 ②转子槽孔过小时，应适当提高转子预热温度 ③转子铁心叠压时用合格的槽样棒
3	端环裂纹	①铝液含铁、硅等杂质多、铝液铁、硅比小 ②铝液温度过高，晶粒变粗风叶、平衡柱和端环连接处圆角小	①控制铁、硅含量 ②控制铝液温度在 740～760℃、增大圆角
4	上端环缩孔	①内浇口截面过小，补缩不良 ②上模温度低，内浇口先凝固 ③分流器过高	①适当加大内浇口 ②提高上模顶的热温度 ③适当降低分流器高度
5	气孔	①铝液中含气过重 ②浇注速度过快 ③转子铁心预热温度低，油喷没有烧去即进行浇注 ④下模排气孔小	①正确进行清化处理 ②适当控制浇注速度 ③正确控制转子铁心预热温度和时间 ④放大排气孔
6	下端环缩孔	转子铁心预热温度低，导条先凝固，铝液补充不下去，下模预热温度高或预热温度过低	正确控制转子预热温度、正确控制下模预热温度
7	浇不足	①铝液温度过低 ②离心机转速低 ③浇注速度太慢 ④铸铝模密封性不好，漏铝液	①适当提高铝液温度 ②适当提高离心机转速 ③正确控制浇注速度 ④提高铸铝模密封性
8	抛空	①铸铝模、转子铁心预热温度低 ②铝液量不够 ③内浇口截面积过小 ④开始浇注时离心机转速过高	①正确控制铸铝模和转子铁心预热温度 ②浇注量应比转子铝的用量大 10%～20% ③适当放大内浇口截面积 ④降低离心机转速
9	冷隔	①浇注时断浇 ②有杂质隔开	①一次浇完，不能中断 ②净化铝液

第二节　其他铸铝转子的制造工艺

一、压力铸铝

压力铸铝是用压铸机将熔化好的铝液，采用高压快速的方法压入压铸模中，以完成笼型转子的铸铝工作。压力铸铝的优点是：铸铝速度快，生产效率高；工人劳动强度低，劳动条件较好；转子铁心和铸铝模不必预热；能保证铝液充满铸铝模而不会有浇不满的现象；便于组织流水线生产。目前，压力铸铝多用于中小型电机 $H<315$mm 转子制造。

1. 压力铸铝设备及压铸过程

压力铸铝的主要设备是压铸机。立式压铸机的结构如图 3-13 所示。采用立式压铸时铸铝模立式安放在压铸机上。压板的主要作用是用螺钉固定动模，并借液压沿立柱上下移动。料缸装在工作台上是不动的，用来盛铝液。同时，在它上面安装定模。活塞借液压推动，可在料缸内上下移动。

整个浇注过程是：先把熔化的铝液倒入料缸内（为防止铝液温度下降过多，通常先在料缸内放入石棉纸袋，然后把铝液倒入石棉纸袋中)，再装定模、铁心和中模。当压板向下移动时，动模将转子铁心压紧。然后料缸下部的活塞上升，将铝液压入铸铝模。压铸完后压板上升，取出中模和转子，敲出假轴。图3-14为立式压铸模的结构，料缸中的铝液通过定模中的风叶型腔，压入转子铁心和压铸模中。

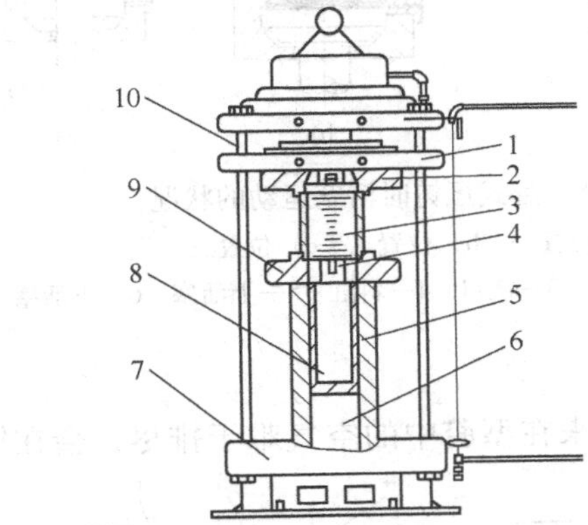

图3-13 立式压铸机的结构

1—压板 2—动模 3—转子铁心 4—假轴 5—石棉带 6—活塞 7—工作台 8—料缸 9—定模 10—立柱

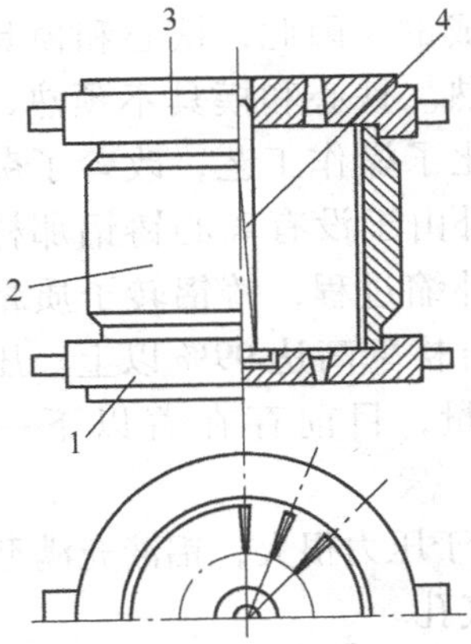

图3-14 立式压铸模的结构

1—定模 2—中模 3—动模 4—假轴

卧式压铸示意图如图3-15所示，压铸机中铸铝模是卧式安放的。它的料缸中有两个活塞，上活塞5用以产生浇注压力，下活塞6用来封闭浇口和切除余料，压板为水平移动，动模安装在压板1上。

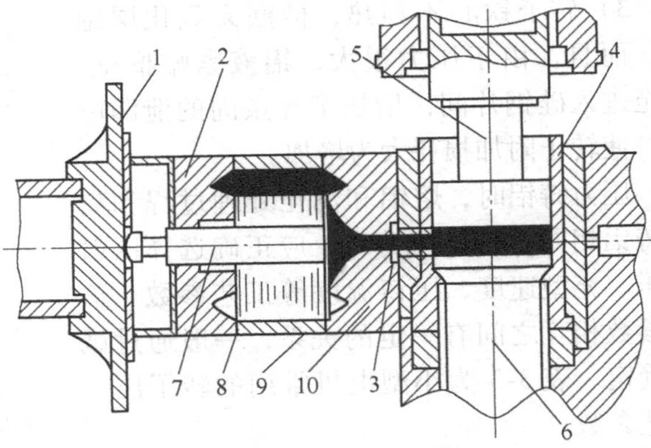

图3-15 卧式压铸示意图

1—压板 2—动模 3—浇口 4—料缸 5—上活塞 6—下活塞 7—假轴 8—转子铁心 9—中模 10—定模

浇注过程是：先把转子铁心装入中模9，压板向右移动。铸铝模合模，同时压紧铁心，铝液倒入料缸内，下活塞处于图3-16a位置，不使铝液流入浇口。上活塞下压后，下活塞下降到最低位置，铝液即由浇口射入铸铝模，如图3-16b所示。压铸完后，上活塞上升，下活塞也随之上升，自动将余料切除和顶出，如图3-16c所示。同时，压板向左移动，取出转子。

卧式压铸模的结构如图3-17所示，中模和定模固定在压铸机的固定工作台上，动模和动模座固定在活动工作台上，铝液从端环内圈射进型腔。压铸后，浇口和转子一齐退出，在机床外面打掉浇口，压出假轴。从图3-17可知，压铸模的结构和离心铸铝模基本相同，只是由于铝液压力大，压铸时可能把铝液从排气槽中压出，所以一般不开专门的排气槽，而且利用结构的接缝进行排气。此外，上模和下模应该用较好的材料，如墨球铸铁、45钢或3Cr2W8V合金工具钢。

2. 压力铸铝的工艺特点

压力铸铝时，铝液压射到转子铁心槽和型腔中去的速度极高，填充速度可达 10 ~ 25m/s。压铸时，不像离心铸铝那样铝液有一段流动时间，而是瞬间完成的。因此，铁心和模具均可不必预热。铁心和模具不预热，这就大大简化了操作工艺，改善了劳动条件。此外由于没有离心铸铝那样复杂的凝固补缩过程，铸铝转子质量稳定，一次合格率高达 99% 以上。压力铸铝的质量，目前存在着以下一些问题：

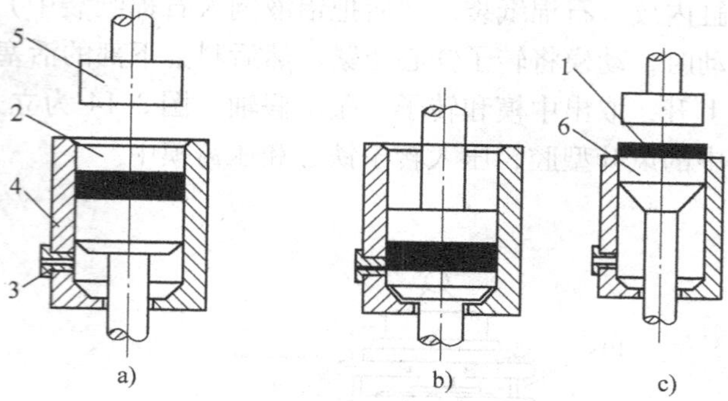

图 3-16　卧式压铸时活塞运动的状况

a）位置一　b）位置二　c）位置三

1—余料　2—铝液　3—浇口　4—料缸　5—上活塞　6—下活塞

1）由于压力很大，铝液充满型腔的速度很高，原来在型腔中的空气难于排尽，会在铸件中产生气孔。

2）由于浇口处冷却很快，实际上不能通过它补缩铸件，所以，在铸件较厚的部分（端环）易产生缩孔。

3）转子铁心不预热，槽壁无氧化层绝缘，而且，由于压力很大，铝液紧贴槽壁，甚至进入硅钢片间，增加了导条间的泄漏电流，使转子附加损耗大为增加。

压力铸铝时，熔铝和清化处理过程和离心铸铝相同。转子压铸时，应正确选择压射比压、充型速度、压铸温度等工艺参数。这些参数相互之间有一定的关系，一般通过试模确定。表 3-3 为小型电机常用的转子压铸工艺参数。

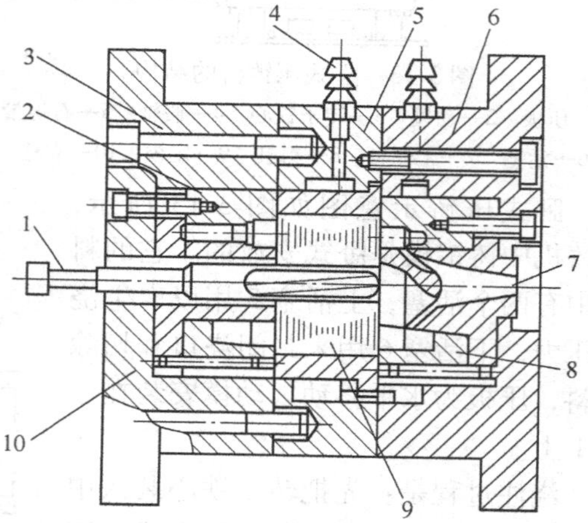

图 3-17　卧式压铸模的结构

1—假轴　2—动模　3—导柱　4—水管接头　5—中模　6—静块　7—浇口　8—定模　9—转子铁心　10—动模座

表 3-3　小型电机转子压铸工艺参数

压射比压/MPa	充型速度/(m/s)	压铸温度/℃	模具温度/℃
45 ~ 60	15 ~ 25	680 ~ 700	180 ~ 200

生产中对铝液的填充能力一般用比压表示，比压是指在型腔内单位面积上所受的静压力。压力铸铝时应注意保养设备，按工艺守则规定对压铸机进行润滑处理，对料缸进行涂料。

3. 压力铸铝的自动化问题

提高压力铸铝生产效率的途径，主要是将压铸前后各道工序尽量实现自动化。当前我国一些电机厂对压铸机在合模、压射、去浇口、退假轴等一系列工作已能自动操作，而自动定量注铝装置是压铸机自动化的关键。根据有关资料介绍，自动定量进铝装置，按其原理大致有以下几种：

1）利用容器倾斜进行注铝。

2）利用空气压力来控制进铝量。

3）利用浇口塞的动作来控制进铝量。

4）利用机械手舀铝。

5）利用电磁泵进行注铝。

其中，以利用电磁泵自动定量进铝装置较为先进，使用也较方便。

二、低压铸铝

低压铸铝的基本原理如图3-18所示。低压铸铝转子的电气性能最好。但是，由于低压铸铝转子的质量还不稳定，目前较多用于小型或微型电机制造中。

1. 主要结构

（1）气源　主要设备是：空气压缩机一台；吸尘器一只，里面充以泡沫塑料；吸潮器一只，里面充以硅胶；储气筒一个，中间隔以硅胶。

由空气压缩机出来的空气，经吸尘器和吸潮器进入储气筒，使储气筒里的压力保持最大充型压力。

（2）液面加压控制系统　主要设备是：液面加压控制台。加压、保压时气门B关闭，气门A打开；放气时气门A关闭，气门B打开；放气完毕，气门B关闭。

（3）保温浇注炉　一般采用井式电炉，三相380V、30kW。温度可自动调节。熔铝埚是30mm厚的铸铁坩埚。

（4）开合模的传动机构　开合模采用液压传动或蜗杆蜗轮传动。

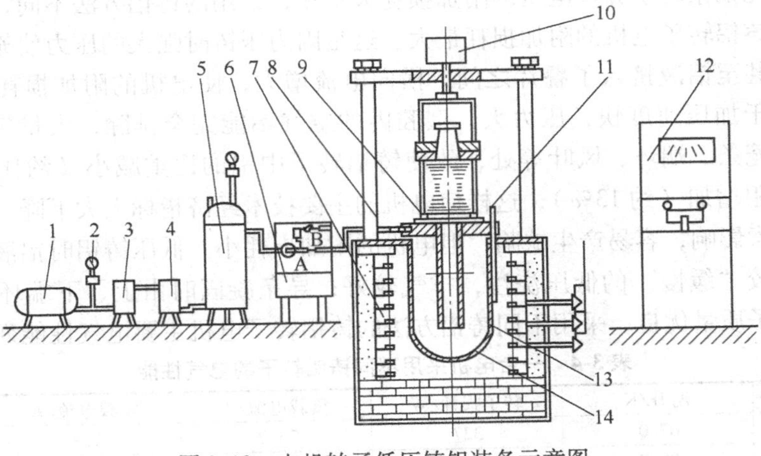

图3-18　电机转子低压铸铝装备示意图

1—空气压缩机　2—压力表　3—吸尘器　4—吸潮器　5—储气筒
6—液面加压控制台　7—电炉　8—液压缸支架　9—模具　10—液压缸
11—热电偶　12—电炉温度控制　13—升液管　14—熔铝埚

2. 低压铸铝工艺

确定低压铸铝的浇注温度、铁心温度和模具温度的原则与一般铸铝方法相同，即在保证铸铝转子成型良好的前提下，尽量采用低温浇注；在保证顺序凝固和合理补缩的前提下，转子冷却越快越好，以使铸铝转子在凝固过程中得到较细的结晶组织。

转子铁心的预热温度为350～450℃；上模的预热温度为200℃左右，中模的预热温度为150℃左右，下模的预热温度为350℃左右。模具的预热温度对首件铸铝转子的质量影响最大。在连续浇注过程中，模具不断吸热，温度升高，应采取降温措施，一般用水冷却。

铝液的熔炼温度与离心铸铝相同，但浇注温度可略低，一般控制在700～740℃。加压规范正确与否，关系着低压铸铝的成败，它与转子的长度、槽形大小、端环厚度、液面高低和模具等因素有关，目前主要采用三级加压方法。升液压力为0.018MPa，充型压力为0.02MPa。凝固压力为0.046MPa，保压1～2min，以使型腔内的铝液充分凝固和收缩。

充型速度对铸铝转子质量的影响也较大。常见的气孔和夹渣，往往是由充型不良引起的。充型速度取决于加压速度。加压速度和充型时间与转子铁心、模具结构和冷却性能等因素有关。一般加压速度为0.003～0.01MPa/s，充型时间为4～10s。铝液的流速取0.3～0.7m/s，铝液流速不能过高，以免产生湍流。

低压铸铝的优点是铝液利用率很高，可达到95%以上；铝液流动平稳，型腔排气充分，导条和端环基本上无气孔；无片间夹铝，槽壁有氧化膜，因而降低电机的杂散损耗；容易实现机械化和自动化。其缺点是在向保温炉加料时，有杂质混入；铸铁坩埚和升液管都是铁器使铝液含铁量增高；升液管使用寿命低。

三、铸铝转子的质量分析

铸铝转子质量的好坏直接影响异步电动机的技术经济指标和运行性能。在研究铸铝转子质量问题时，不仅要分析转子的铸造缺陷，而且应该了解铸铝转子质量对电机的效率、功率因数以及起动、运行性能的影响。

1. 铸铝方法与转子质量的关系

铸铝转子比铜条转子异步电机的附加损耗大得多，采用的铸铝方法不同，附加损耗也不同，其中压力铸铝转子电机的附加损耗最大。这是因为压铸时强大的压力使笼条和铁心接触得十分紧密，甚至铝液挤入了叠片之间，横向电流增大，使电机的附加损耗大为增加。此外，压铸时由于加压速度快，压力大，型腔内的空气不能完全排除，大量气体呈“针孔”状密布于转子笼条、端环、风叶等处，致使铸铝转子中铝的比重减小（约比离心铸铝减少8%），平均电阻增加（约13%），这样使电机的主要技术经济指标大大下降。离心铸铝转子虽然受各种因素影响，容易产生缺陷，但电机的附加损耗小。低压铸铝时铝液直接来自坩埚内部，并采用较“缓慢”的低压浇注，排气较好；导条凝固时由上、下端环补充铝液。因此低压铸铝转子质量优良。采用不同铸铝方法的铸铝转子电机主要电气性能列表于3-4中。

表3-4　一台电机采用不同铸铝转子的电气性能

铸铝方法	温升/K	转子损耗/W	负载电流/A	空载电流/A	转差率(%)
低压铸铝	67.0	327	24.7	7.8	2.5～2.6
离心铸铝	70.7	359	25.2	7.7	2.7～2.8
压力铸铝	73.1	380	25.3	8.4	2.8

从表3-4可见，电气性能以低压铸铝转子最好，离心铸铝次之，压力铸铝最差。

2. 转子质量对电机性能的影响

铸铝转子质量对电机的性能影响较大，下面较详细地讨论这些缺陷产生的原因及其对电机性能的影响。

（1）转子铁心重量不够　转子铁心重量不够的原因是：

1）转子冲片毛刺过大。

2）硅钢片厚度不匀。

3）转子冲片有锈或不干净。

4）压装时压力小（转子铁心的压装压力一般为2.5～3MPa）。

5）铸铝转子铁心预热温度过高，时间过长，铁心烧损严重，使铁心净长减小。

转子铁心重量不够，相当于转子铁心净长减小，使转子齿、转子轭部截面积减小，则磁通密度增大。对电机性能的影响是：励磁电流增大，功率因数降低，电机定子电流增大，转子铜损增大，效率降低，温升增高。

（2）转子错片、槽斜线不直　产生转子错片的原因是：

1）转子铁心压装时没有用槽样棒定位，槽壁不整齐。

2）假轴上的斜键和冲片上键槽间的配合间隙过大。

3）压装时的压力小，预热后冲片毛刺及油污被烧去，使转子片松动。

4）转子预热后在地上乱扔乱滚，转子冲片产生角位移。

以上缺陷将使转子槽口减小，转子槽漏抗增大，导条截面积减小，导条电阻增大，并对电机性能产生如下影响：最大转矩降低，起动转矩降低。满载时的电抗电流增大，功率因数降低；定子、转子电流增大，定子铜耗增大；转子损耗增大，效率降低，温升高，转差率大。

（3）转子斜槽宽大于或小于允许值　斜槽宽大于或小于允许值的原因，主要是转子铁心压装时没有采用假轴上的斜键定位，或假轴设计时斜键的斜度尺寸超差。对电机性能的影响是：

1）斜槽宽大于允许值时，转子斜槽漏抗增大，电机总漏抗增大；导条长度增加，导条电阻增大，对电机性能影响与转子错片、槽斜线不直相同。

2）斜槽宽小于允许值时，转子斜槽漏抗减小，电机总漏抗减小，起动电流大（因为起动电流与漏抗成反比）。此外，电机的噪声和振动大。

（4）转子断条　产生断条的原因是：

1）转子铁心压装过紧，铸铝后转子铁心胀开，有过大的拉力加在铝条上，将铝条拉断。

2）铸铝后脱模过早，铝液未凝固好，铝条由于铁心胀力而断裂。

3）铸铝前，转子铁心槽内有夹杂物。

4）单冲时转子冲片个别槽孔漏冲。

5）铝条中有气孔，或清渣不好，铝液中有夹杂物。

6）浇注时中间停顿。因为铝液极易氧化，先后浇入的铝液因氧化而结合不到一起，出现“冷隔”。

转子断条对电机性能的影响是：如果转子断条，则转子电阻很大，所以起动转矩很小；转子电阻增大，转子损耗增大，效率降低，温升高，转差率大。

（5）转子细条　产生细条的原因是：

1）离心机转速过高，离心力太大，使槽底部导条没有铸满（抛空）。

2）转子槽孔过小，铝液流动困难（遇此情况应适当提高铁心预热温度）。

3）转子错片，槽斜线不成一条直线，阻碍铝液流动。

4）铁心预热温度低，铝液浇入后流动性变差。

转子细条使转子电阻增大，效率降低，温升高，转差率大。

（6）气孔　产生气孔的主要原因是：

1）铝液清化处理不好，铝液中含气严重，浇注速度太快或排气槽过小时，模型中气体来不及排出（压力铸铝尤为严重）。

2）铁心预热温度过低油渍没有烧尽即进行铸铝，油渍挥发在工件中形成气孔。

3）在低压铸铝时，如果升液管漏气严重，则通入坩埚的压缩空气会进入升液管，与铝液一起跑入转子里去而形成气孔。

气孔对电机性能的影响与转子细条对电机性能的影响相同。

（7）浇不满　浇不满的原因主要是：

1）铝液温度过低，铝液流动性差。

2）铁心、模具预热温度过低，铝液浇入后迅速降温，流动性变差。

3）离心机转速太低，离心力过小，铝液充填不上去。

4）浇入铝液量不够。

5）铸铝模内浇口截面积过小，铝液过早凝固堵住铝液通道。

如果铸铝时出现浇不满的缺陷，也将使转子电阻增大，对电机的影响也与转子细条的影响相同。

（8）缩孔　产生缩孔的原因主要是：

1）铝液、模具、铁心的温度搭配不适当，达不到顺序凝固和合理补缩的目的。如果上模预热温度过低，铁心预热温度上，下端不均匀，使浇口处铝液先凝固，上端环铝液凝固时得不到铝液补充，造成上端环缩孔。因为缩孔总是产生在铝液最后凝固的地方。

2）模具结构不合理，如内浇口截面积过小或分流器过高，使铝液在内浇口处通道增长，内浇口处铝液先凝固，造成补缩不良，会使上端环出现缩孔。又如模具密封不好或安装不当造成漏铝，则使得浇口处铝液量过少，无法起到补缩作用也容易造成缩孔。

缩孔将使转子电阻增大，对电机性能的影响也与转子细条的影响相同。

（9）裂纹　铸铝转子裂纹主要是由于转子冷却过程中产生的铸造应力超过了铝导条当时（指产生裂纹的瞬间）的材料极限强度而产生的。铸铝转子的裂纹大多是径向。裂纹有热裂纹和冷裂纹之分。热裂纹是指结晶过程中高温下产生的；冷裂纹是指已凝固的铝在进一步冷却过程中产生的，产生裂纹的主要原因是：

1）工业纯铝中杂质含量不合理。工业纯铝中常有的杂质是铁和硅，大量实验分析证实，硅铁杂质含量比对裂纹的影响很大，即硅铁比为1.5～10时容易出现裂纹。

2）铝液温度过高（超过800℃）时铝的晶粒变粗，伸长率降低，承受不住在冷凝过程中产生的收缩力而形成裂纹。

3）转子端环尺寸设计不合理（厚度和宽度之比小于0.4）。

4）风叶、平衡柱和端环连接处圆角过小，因铸造应力集中而产生裂纹。

（10）铝的质量不好或回炉废铝用量过多　铝的纯度不够时电导率降低，使转子电阻增大，对电机性能的影响也与转子细条的影响相同。若使用过高纯度的铝锭，则转子电阻减小，电机的起动转矩低。

3. 减少附加损耗的工艺措施

笼型异步电动机的附加损耗，对于铜条转子，约为额定功率的0.5%；对于铸铝转子为额定功率的1%～3%。附加损耗的种类很多。对于铸铝转子，因导条与转子槽之间无绝缘，主要由导条间通过转子齿的泄漏电流所引起，这部分附加损耗占额定功率的1%～2%。附加损耗大，使电动机效率降低，温升高。为了降低铸铝转子的附加损耗，提高电动机的性能指标和经济指标，在工艺上可采取以下一些措施：

（1）冲片磷化处理　磷化处理是用化学或电化学方法使金属表面生成一种不溶于水、抗腐蚀的磷酸盐薄膜。这种磷化膜与金属的结合牢固，有较高的绝缘性能，能耐高温。硅钢片经过磷化处理的磷化膜单面厚度在0.004～0.008mm，在1～3MPa的压力下，绝缘电阻可达10000Ω以上，并有较高的耐压强度（240V以上）。电工钢片的磷化膜可在450℃下长期工作，可经受住铸铝时的短时高温。其缺点是磷化膜的导热性比较差，磷化处理工艺比较复杂。

（2）冲片氧化处理　目的和冲片磷化处理相同，工艺和定子冲片氧化处理相同。

（3）脱壳处理　脱壳处理是利用铝和硅钢片的膨胀系数不同的特点，将加热了的转子迅速冷却，使铁心与铝条之间形成微小的间隙，增加接触电阻，以减少附加损耗。

脱壳处理的工艺如下：将铸铝后的转子放在退火炉内加热到540℃，保持2～3h，然后取出在空气中冷却（或在水中浸7～10s），当转子尚有200℃左右的温度时取出，利用此余热使转子自行干燥。

（4）转子表面焙烧　将经精车后的铸铝转子表面用喷灯焙烧，待铝条快要熔化时，立即放入肥皂水中急剧冷却。焙烧的目的是去掉铁心表面的毛刺和粘上的铝屑，以减少附加损耗。

（5）碱洗　用强碱蚀去与转子槽相接触的铝，增加铝条与铁心的接触电阻，以减小附加损耗。碱洗的方法是把转子浸在浓度为5%、温度为70～80℃的苛性钠溶液中腐蚀1min，然后取出洗净、烘干。

（6）转子槽绝缘处理　铸铝前对转子槽进行绝缘处理，绝缘涂料必须是耐高温的。

试验证明，采取上连措施的任一项，对于降低电动机附加损耗，都有一定的作用，但目前还缺少这方面大量的定量分析资料。此外，附加措施将显著增加电动机的生产费用，因此电机生产厂在具体采用某一项措施以前，尚需进行综合的技术经济分析。

四、焊接笼型转子的制造工艺

1. 焊接笼型转子的技术要求

1）导条和端环接头处要有足够多的接触面积，以免在起动、运转时此处过热。

2）导条和端环的焊接一定要焊透、焊牢，要有较大的过渡面。

3）助焊剂不应对绕组有腐蚀作用。

4）焊接时要保证铁心绝缘不被损坏。

5）导条应平直，以便穿入铁心。

2. 焊接笼型转子的工艺过程

（1）焊料和助焊剂的选择　铜材料的笼条应采用不同焊料。纯铜导条一般采用铜磷焊料，如焊料204，这种焊料具有良好的流动性和导电性，并且磷是很好的去氧剂。钎焊纯铜时不需助焊剂，但钎焊黄铜时，因磷不能还原锌而易生成脆性的磷化锌，所以，会使接头性能变坏。在铜磷焊料中加入银，可明显地改善焊料的润湿能力，提高其强度和塑性，降低熔点，可用它代替含银较多的焊料。材质为黄铜或青铜等铜合金的起动导条一般采用银焊料钎焊，焊料牌号为303，见表3-5。银焊料是银铜锌的合金，有时也加入镉、镍、锰等，主要是为了改善它的工艺和机械性能。助焊剂一般采用缩水硼砂（$Na_2B_4O_7$）或1/3的硼砂加2/

3 的四氟硼酸钾。

（2）钎焊工艺过程

1）下料后要校直，端环可采用黄铜和纯铜，经车、钻孔和铁槽制成。

2）导条弯曲时，不能强行打入槽内，此事容易产生内应力，会在电机运动或运行中可能引起断条。

3）黄铜导条不能直接对着加热，因它从固态变到液态时间短，没有塑性过渡，容易烧坏。黄铜中的锌的沸点低，容易蒸发，锌的损坏会降低接头的机械强度和抗腐蚀性能。

表 3-5 焊料的成分和性能

牌号	主要成分（质量分数）（%）				熔点/℃		电阻率/Ω·m	抗拉强度/MPa	密度/g/cm³	用途
	Ag	Cu	Zn	P	固相线	液相线				
HL201		92		8	710	800	0.28×10^{-6}	165	8.2	钎焊不受冲击载荷的铜和黄铜件
HL204	15	80		5	640	815	0.12×10^{-6}	190	8.3	导电性能较好，钎焊铜、黄铜等受冲击、振动载荷较小的零件
HL303	45	30	余量		660	725	0.097×10^{-6}	322	9.1	钎焊受冲击载荷的铜和铜合金件
HL307	69	25	6		730	755	0.025×10^{-6}	350	9.3	导电性能好，钎焊铜和黄铜件

3. 焊接笼型转子的质量分析

（1）焊接笼型转子质量检查　焊接笼型转子主要检查外观、尺寸和内部质量。外观看是否有倒齿，导条和端环表面是否有裂纹，焊接表面是否有气孔等缺陷。尺寸应按图样要求检查铁心直径和高度、导条伸出铁心的长度，内端环和外端环的距离等。内部质量的检查包括检查转子电阻杂散损耗和焊接质量。转子电阻和杂散损耗可用损耗分析法测出。另外，也可以用转子断条检查器和微欧表测量导条有效电阻的方法，准确测出焊点的缺陷。当焊接笼型转子在结构、工艺或材料上有重大变化时，才需要进行破坏性检查，如对焊接接头的力学性能试验、转子的寿命试验等，其目的是为了检查焊接笼型转子的力学性能、电气性能和焊接质量。

（2）焊接笼型转子质量分析

1）焊缝未焊透。其主要原因是部件表面不干净，加热温度不够，焊料流动性差；助焊剂未起到作用，焊接件间隙过大或过小；焊接速度太快。

2）夹渣是夹在焊缝中的一些熔渣或氧化物夹杂。夹渣对焊缝的紧密性与均匀性起到破坏作用，同时会降低接头的机械强度，但也会使应力集中，产生裂纹。

3）气孔。主要产生原因是助焊剂或焊料潮湿，焊缝中有气体析出；钎焊时温度过高，使零件烧熔，焊缝过热。铜在液态能溶解较多的氢气，冷却和凝固太快，氢来不及逸出则形成气孔。

4）裂纹。其主要原因是焊接操作有误，使接头处存在应力。另外，气孔、夹渣等质量问题，也会导致裂纹的出现。

第四章

电机绕组的制造工艺

绕组是电机的心脏。电机的使用寿命和运行可靠性，主要取决于绕组的制造质量和运行中的电磁作用、机械振动及环境因素。而绝缘材料与结构的选择、绕组制造过程中的绝缘缺陷和绝缘处理的质量，是影响绕组制造质量的关键因素。因此，为了确保绕组的制造质量，必须正确地掌握绕组制造、绕组嵌装和绝缘处理的工艺要领、工艺参数和工艺诀窍。

第一节　电机绕组的材料

一、电机绕组的分类及其技术要求

电机的绕组具有不同的结构型式，种类很多，其分类方法也各不相同。

1. 按电压等级分类

按电压等级可分为高压绕组和低压绕组。对于交流电机，高压绕组是指电压等级在3kV及以上各种交流定子绕组，而其他小型电机的定子绕组、磁极绕组、直流电机电枢绕组等都属于低压绕组。

2. 按绕组在电机上的位置分类

按绕组在电机上的位置不同，可分为定子绕组和转子绕组。电机绕组常见结构型式分类见表4-1。但有时也有例外，如小型同步电机也有的把磁极绕组放在定子上，而把原来的定子绕组放在转子上等。

表4-1　电机绕组常见结构型式分类

<table>
<tr><td rowspan="2"></td><td colspan="3">定子绕组</td><td colspan="5">转子绕组</td></tr>
<tr><td>分类</td><td colspan="2">绕组型式</td><td colspan="3">分类</td><td colspan="2">绕组型式</td></tr>
<tr><td rowspan="8">交流电机</td><td rowspan="3">小型同步发电机
小型同步电动机
小型异步电动机</td><td colspan="2" rowspan="3">散嵌式</td><td rowspan="3">同步电机</td><td rowspan="2">凸极</td><td>磁极绕组</td><td colspan="2">等距</td></tr>
<tr><td>阻尼绕组</td><td colspan="2">导条式</td></tr>
<tr><td>隐极</td><td>磁极绕组</td><td colspan="2">不等距</td></tr>
<tr><td rowspan="5">大型同步发电机
大型同步电动机
大中型异步电动机</td><td rowspan="5">成型式</td><td rowspan="2">圈式</td><td rowspan="5">异步电机</td><td colspan="2" rowspan="3">绕线转子</td><td colspan="2">插入式</td></tr>
<tr><td rowspan="2">嵌入式</td><td>散嵌式</td></tr>
<tr><td rowspan="3">半圈式或
导条式</td><td>成型式</td></tr>
<tr><td colspan="2" rowspan="2">笼型</td><td colspan="2">铜条</td></tr>
<tr><td colspan="2">铸铝</td></tr>
<tr><td rowspan="5">直流电机</td><td rowspan="5">磁极绕组</td><td colspan="2" rowspan="2">绝缘导线绕制</td><td colspan="3" rowspan="5">电枢绕组</td><td rowspan="3">单圈</td><td>波绕组</td></tr>
<tr><td>迭绕组</td></tr>
<tr><td rowspan="3">光导线绕制</td><td rowspan="3">平绕扁绕</td><td>蛙绕组</td></tr>
<tr><td rowspan="2">多圈</td><td>波绕组</td></tr>
<tr><td>迭绕组</td></tr>
<tr><td></td><td>补偿绕组</td><td colspan="2">条式</td><td colspan="3">均压线</td><td colspan="2">单圈式</td></tr>
</table>

3. 按工艺角度分类

按工艺角度不同，可分为单圈绕组（包括半圈绕组）和多圈绕组。单圈绕组有大型交流电机定子绕组、直流电机电枢绕组、插入式转子绕组、补偿绕组、阻尼绕组及均压线等，多圈绕组有中小型交流电机散嵌绕组、成型定子绕组及磁极绕组等。

4. 按用途分类

按用途不同，可分为电枢绕组和磁极绕组。电枢绕组根据结构和制造方法的不同，又可分为软绕组（散嵌绕组）和硬绕组（成型绕组）。

软绕组按嵌装方法的不同，可分为嵌入式绕组、绕入式绕组和穿入式绕组。嵌入式绕组是最常见的类型，其下线的方式是将多匝线圈经槽口分散嵌入铁心槽内；绕入式绕组则是将绝缘圆导线直接绕入铁心槽内，当铁心为闭口槽或半闭口槽，但槽口宽度小于所嵌线径时，只能采用穿入式绕组；穿入式绕组需将导线从槽的两端逐根穿入，穿线工作量大，只用于匝数少的特种电机。

硬绕组由绝缘扁线或导条制造的成型线圈组成，根据嵌装方法的不同，可分为嵌入式和插入式。嵌入式硬绕组的铁心为开口槽或半开口槽，绕组元件为多匝或单匝成型线圈。多匝成型线圈用于开口槽时，一般已包好对地绝缘，并经过绝缘处理，如图 4-1a 所示；当用于半开口槽时，线圈由双股绝缘扁线并绕成型，称为分爿嵌绕组，嵌线时分开入槽，并在槽内拼合，如图 4-1b 所示。

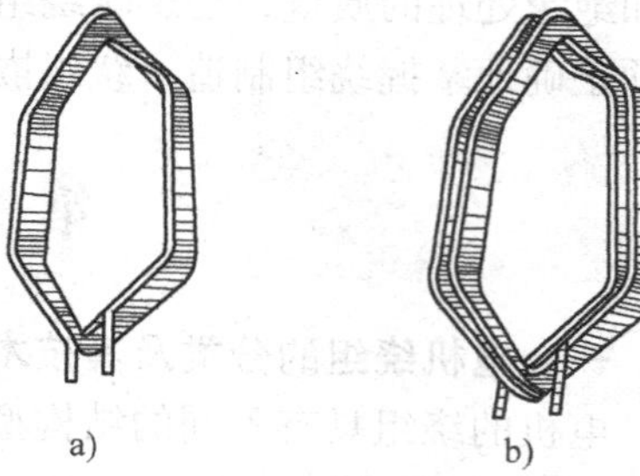

图 4-1　多匝成型线圈
a）用于开口槽　b）用于半开口槽

单匝成型线圈分为全圈式和半圈式两种。全圈式多用于中型直流电机，如图 4-2a、b 所示；半圈式多用于大型汽轮发电机和水轮发电机，如图 4-2c、d 所示。一般单匝成型线圈有大的导线截面，由多股绝缘扁导线组成，并在特制的模具或成型设备上弯制而成。3000kW 以上的大型发电机，由于导线特别粗，槽内漏磁场将引起导体内电流的分布不均，使绕组损耗增大，为了克服这一缺点，线圈常用多股绝缘扁导线换位编织而成。

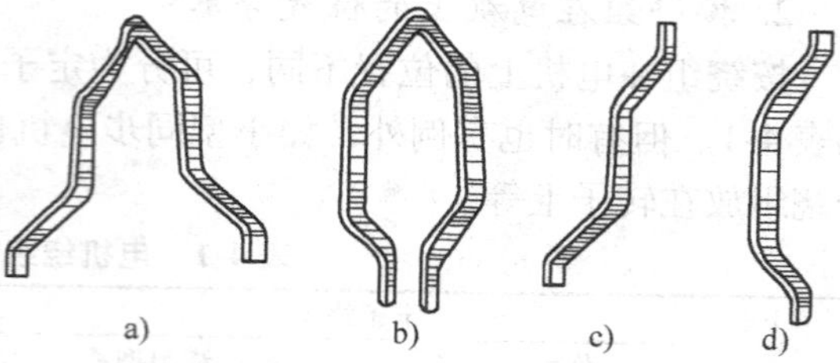

图 4-2　单匝成型线圈
a）、b）全圈式　c）、d）半圈式

插入式硬绕组的铁心为闭口槽或半闭口槽，绕组元件为半圈式线圈。用于绕线电机转子时，线圈由裸铜条弯制后敷以绝缘，如图 4-3 所示。铜条先弯好一端，另一端待插入槽后再弯曲。

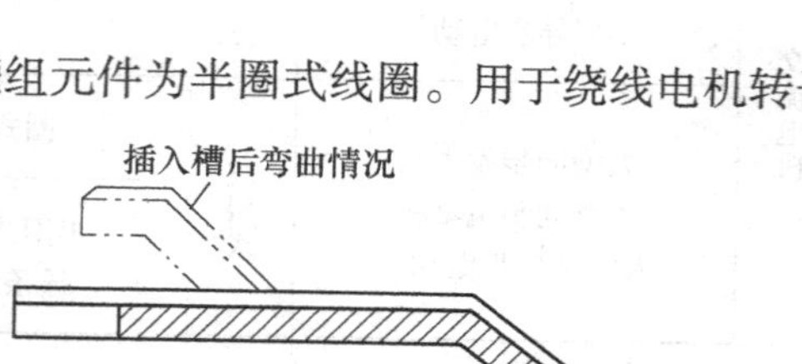

图 4-3　半圈式铜条线棒

磁极绕组安装在磁极铁心上，可分为绝缘圆导线绕制的和带状导线绕制的两种。绝缘圆导线绕制的主磁极绕组如图 4-4a 所示。带状导线绕制的主磁极绕组又可分为平绕（宽边弯绕，见图 4-4b）和扁绕（窄边弯绕，见图 4-4c、d）。

5. 绕组的技术要求

绕组的技术要求有很多，由于绕组是电机的重要部件，它的价格较高，制造工时较多，又是容易损坏的薄弱环节，尤其是高电压、大功率电机技术要求更高。根据绕组制造和运行维护的需要，绕组应满足下列基本要求：

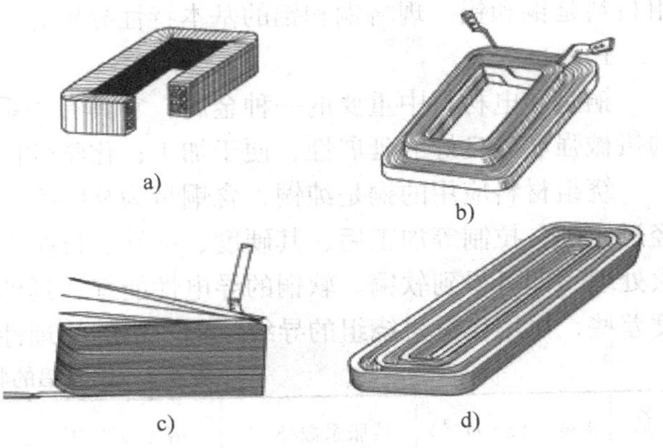

图 4-4　磁极绕组

a）绝缘圆导线绕制的主磁极绕组　b）带状导线绕制的主磁极绕组　c）凸极同步电机的磁极绕组　d）隐极同步电机的磁极绕组

（1）尺寸和形状的准确性　如绕组的轴向长度、宽度（或弦长）、鼻子高度、绕组角度及每个绕组边截面的宽度和高度等，这些尺寸应符合图样要求。

若尺寸和形状不正确，绕组将无法嵌入槽内，即使能嵌入，也很难排列整齐，有时还会在电机运行中发生事故。如果绕组的截面尺寸过小，在运行中由于电磁力的影响，绕组将在槽内发生松动，严重时还会造成绝缘磨损。同时，由于绕组与槽壁间有空隙，使热量的散出增加困难，导致电机温升增加。

（2）绝缘的可靠性　绕组在运行中要受到电场力、机械力及热的综合作用，要求其绝缘能在复杂的工作条件下长期可靠地工作，因此要求其绝缘可靠性应有较多的裕度。在电机出厂试验时应能保证经受 $2U+1000\text{V}$ 的耐压试验（U 为额定工作电压，单位为 V）。在对绕组绝缘质量进行破坏性击穿试验时，其击穿电压值更高。通常对于 6000V 级的绕组击穿电压应不低于额定值的 7 倍，对于 10000V 级的绕组应不低于额定值的 5 倍。对于新材料、新结构与新工艺试用时，应该进行这种破坏性试验；对于正常生产中的绕组也应进行抽查，当工艺比较稳定时可抽查得少一些。

为保证电机在正常工作温度下长期运行，应正确选择绝缘材料，绝缘层要紧密均匀，绝缘漆（或绝缘胶）要结实无空隙。

（3）绕组的牢固性　电机绕组能够承受在起动、突然短路等恶劣条件下电磁力及其他外力的作用而不产生变形或磨损，因此在嵌线后必须牢固地加以紧固，尤其在大功率电机中更应如此。

（4）焊接质量的可靠性　焊接后的接触电阻要小，避免造成局部发热、脱焊或断线等事故。大型电机用并头套锡焊的结构，由于焊接质量不易保证，运行中不可靠，所以逐步采用含银焊料单根对焊所代替。水冷电机中焊接质量更为重要，因为不但要保证电的方面接触良好，而且要满足长期运行中不漏水、不渗水。

（5）其他要求　绕组所用的材料要求供应方便、价格低，结构与工艺的选择力求工时省、劳动强度低，并尽量避免或减少有毒性和刺激性物质。对有特殊要求的电机，还应满足耐酸、耐碱及耐油等要求。

二、常用绕组材料

绕组是电机电路的组成部分。绕组材料应是电阻率很小的优良导体，还应具有一定的机械强度和加工性能，且资源丰富、价格低廉及供应方便。目前，电机制造工业中所采用的绕组材料是铜和铝。现将铜和铝的基本特性分别介绍如下：

1. 铜

铜是导电材料中重要的一种金属，它具有一系列的优点：电阻率小；在常温下具有足够的机械强度与良好的延展性，便于加工；化学性能稳定，不易氧化和腐蚀，容易焊接等。

绕组材料应用的铜是纯铜，含铜量为99.9% ~99.95%。铜分为硬铜和软铜，硬铜即铜经过压延、拉制等加工后，其硬度、弹性、抗拉强度及电阻率均有所增加。如将硬铜经过退火处理，即可得到软铜。软铜的导电性能好，延伸率高，可以拉成很细的导线，但其机械强度差些，可用作电机绕组的导线。铜与铝的物理性能见表4-2。

表4-2 铜与铝的物理性能

名称	密度/(kg·m^{-3})	线胀系数/K^{-1}	熔化温度/℃	电阻率/(Ω·m)(20℃)	电阻温度系数/K^{-1}(20℃)	抗拉强度极限/(MN·m^{-2})
铜	8.9×10^{3}	17×10^{-6}	1084	1.692×10^{-3}	0.00393	200 ~220
铝	2.7×10^{3}	24×10^{-6}	660	2.62×10^{-8}	0.00423	70 ~80

2. 铝

铝资源很丰富，价格比铜低，导电性能仅次于铜，但密度仅为铜的30%，故以铝代替铜时，如保证电阻不变，则所用铝的重量尚不到铜的1/2，这是有利之处。如果维持电阻不变，则铝线线径比铜线约大30%，因此槽形要适当加大，其用铝量增加，这是不利之处。铝很容易氧化，氧化膜一旦形成就可以防止铝继续氧化，铝在空气中不容易被腐蚀。由于氧化膜的存在，增加了铜-铝或铝-铝焊接的困难，必须采取特殊的焊接工艺，这种工艺在我国电机行业中已积累了一定的经验。

3. 电机绕组所用的导线

电机绕组常用的导线主要是由铜和铝制成的表面有绝缘层的电磁线。电磁线种类很多，按其截面形状可分为圆线、扁线、带状导线；按其绝缘层的特点和用途可分为漆包线、绕包线和特种电磁线。

从运行条件及工艺角度来看，要求导线的绝缘具有足够的机械强度与电气强度；具有较好的耐溶剂性，以适应浸漆过程的需要；具有较高的耐热性，以保证电机的使用寿命较长；导线的绝缘要求越薄越好，以提高铁心截面积的利用率。

现将常用的几种电磁线分别介绍如下：

（1）油性漆包圆铜线　油性漆包线是采用桐油、亚麻油等聚合制成的漆涂制而成的，型号为Q，耐热等级为A级。油性漆包线漆膜均匀，具有良好的弹性，附着力较好，介质损耗因数较小，价格便宜，但漆膜耐刮性差，耐溶剂性差。Q型油性漆包圆铜线的击穿电压应不低于表4-3的规定。

表4-3 Q型油性漆包圆铜线的击穿电压

铜线标称直径/mm	在200mm长度中的扭绞数	击穿电压(不小于)/V	铜线标称直径/mm	在200mm长度中的扭绞数	击穿电压(不小于)/V
0.02 ~0.025	70	200	0.23 ~0.51	25	800
0.03 ~0.05	70	300	0.53 ~0.80	25	900
0.06 ~0.07	60	350	0.83 ~1.35	15	1000
0.08 ~0.13	60	400	1.40 ~1.88	10	1250
0.14 ~0.21	33	550	1.95 ~2.44	5	1500

（2）高强度聚乙烯醇缩醛漆包圆铜线　它是采用1720聚乙烯醇缩醛漆涂制而成的，型

号为 QQ—1（薄绝缘）和 QQ—2（厚绝缘），耐热等级为 E 级。漆层具有良好的热冲击性、耐刮性和耐水解性，但漆膜受卷绕应力易产生裂纹。QQ、QZ、QZY 型高强度漆包圆铜线的击穿电压应不低于表 4-4 的规定。

（3）高强度聚酯漆包圆铜线　它是采用聚酯漆涂制而成的，这种聚酯漆是以对苯二甲酸二甲酯与多元醇进行酯交换并缩聚而成的树脂为基制成的，型号为 QZ—1（薄绝缘）和 QZ—2（厚绝缘），耐热等级为 B 级。漆层在干燥和潮湿条件下有良好的耐电压击穿性能和软化击穿性能。这种漆包线的击穿电压应不低于表 4-4 的规定。

表 4-4　QQ、QZ、QZY 型高强度漆包圆铜线的击穿电压

铜线标称直径/mm	在 200mm 长度中的扭绞数	击穿电压(不小于)/V		铜线标称直径/mm	在 200mm 长度中的扭绞数	击穿电压(不小于)/V	
		薄绝缘	厚绝缘			薄绝缘	厚绝缘
0.06～0.09	60	400	500	0.51～0.69	20	1200	1800
0.10～0.14	60	550	800	0.72～0.96	20	1400	2200
0.15～0.21	33	700	1000	1.00～1.40	15	1600	2600
0.23～0.33	25	900	1300	1.45～1.88	10	1800	2800
0.35～0.49	25	1000	1500	1.95～2.44	5	2000	3000

（4）高强度聚酯亚胺漆包圆铜线　它是采用亚胺改性聚酯漆涂制而成的，型号为 QZY—1（薄绝缘）和 OZY—2（厚绝缘），耐热性等级为 F 级。漆层具有良好的热冲击性能和软化击穿性能，在干燥和潮湿条件下耐电压击穿性能优良。这种漆包线的击穿电压应不低于表 4-4 的规定。

（5）高强度聚酰亚胺漆包圆铜线　它是采用均苯四甲酸二酐为基的聚酰胺羧酸漆涂制而成的，型号为 QY—1（薄绝缘）和 QY—2（厚绝缘），耐热等级为 C 级。漆层具有良好的软化击穿及热冲击性能，良好的耐低温性、耐辐射性和耐溶剂性，其耐热性是目前漆包线品种中最好的，但耐碱性较差。QY 型高强度聚酰亚胺漆包圆铜线的击穿电压应不低于表 4-5 的规定。

表 4-5　QY 型高强度聚酰亚胺漆包圆铜线的击穿电压

铜线标称直径/mm	在 200mm 长度中的扭绞数	击穿电压(不小于)/V		铜线标称直径/mm	在 200mm 长度中的扭绞数	击穿电压(不小于)/V	
		QY—1	QY—2			QY—1	QY—2
0.06～0.07	60	350	450	0.35～0.49	25	1000	1400
0.08～0.09	60	400	550	0.51～0.72	25	1200	1600
0.10～0.16	60	500	700	0.74～0.96	25	1400	2000
0.17～0.21	33	600	800	1.00～2.12	15	1700	2500
0.23～0.33	25	800	1200	2.10～2.44	8	2000	3000

（6）玻璃丝包线　玻璃丝包线是采用无碱玻璃丝缠包而成的，其型号、名称和长期使用温度见表 4-6。

表 4-6　玻璃丝包线型号、名称及长期使用温度

型号	名　称	长期使用温度/℃
QQSBC	单玻璃丝包高强度缩醛漆包圆铜线	120
QZSBC	单玻璃丝包高强度聚酯漆包圆铜线	130
SBEC	双玻璃丝包圆铜线	130
SBECB	双玻璃丝包扁铜线	130

玻璃丝包铜线在经受弯曲试验和耐热试验后，其击穿电压应不低于表 4-7 的规定。

（7）高强度聚酯漆包圆铝线　漆包圆铝线是采用以对苯二甲酸二甲酯与多元醇进行酯

交换并缩聚而得的树脂为基制成的聚酯漆涂制而成的，型号为 QZL—1（薄绝缘）和 QZL—2（厚绝缘）。其击穿电压应不低于表 4-8 的规定。

表 4-7 玻璃丝包铜线的击穿电压

型号	QQSBC	QZSBC	SBEC	SBECB
击穿电压(不小于)/V	650	650	550	550

表 4-8 QZL 型高强度聚酯漆包圆铝线的击穿电压

铝线标称直径/mm	在 200mm 长度中的扭绞数	击穿电压(不小于)/V		铝线标称直径/mm	在 200mm 长度中的扭绞数	击穿电压(不小于)/V	
		QZL—1	QZL—2			QZL—1	QZL—2
0.06～0.09	50	400	550	0.51～0.69	20	1200	1800
0.11～0.14	50	550	800	0.72～0.96	20	1400	2200
0.15～0.21	33	700	1000	1.00～1.40	15	1600	2600
0.23～0.33	25	900	1300	1.45～1.88	10	1800	2800
0.35～0.49	25	1000	1500	1.95～2.44	5	2000	3000

三、常用绝缘材料

绝缘材料是一种电阻率很高的材料，流过其中的电流小到可以忽略不计。在应用中，电阻率大于 $10^7\Omega \cdot m$ 的材料，都称为绝缘材料。

在电机中通过绝缘材料把导电部分与不导电部分隔开，或者把不同电位的导电体隔开。绝缘材料在电机制造中占有重要地位，一方面其价格较贵；另一方面其大部分是有机材料，耐热性和使用寿命比导电体、铁心要低得多，直接影响和决定了电机的质量、寿命和成本。

不同的绝缘材料具有不同的性能，是由它们的化学成分和结构决定的。绝缘材料的性能主要是指电气性能、热性能、力学性能和理化性能等。

1. 电气性能

绝缘材料的电气性能包括介电强度、绝缘电阻率、介质损耗、介电常数、耐电晕性能等。

（1）介电强度　介电强度也叫作绝缘强度或击穿强度，是指绝缘材料在电场作用下被击穿而失去绝缘性能所允许的电场强度，以 kV/mm 表示。绝缘材料的介电强度与材料种类、厚度、含水率、环境温度、外加电压的波形、频率、时间长短以及外加电场的均匀性等有关。常见的击穿有电击穿、热击穿和放电击穿三种。电击穿是指材料在强电场的作用下，内部质点剧烈运动发生碰撞电离而导致分子结构破坏的击穿；热击穿是指材料内部由于介质损耗发热，引起材料过热进而导致结构破坏而发生的击穿；放电击穿则是指绝缘材料内部含有的气泡发生电离而导致的击穿。绝缘材料的击穿往往三者兼而有之。

（2）绝缘电阻率　绝缘电阻是绝缘材料外加电压与流过绝缘材料的泄漏电流的比值，常用单位为 MΩ。与绝缘电阻相对应的是绝缘电阻率，它与材料的种类、形状尺寸、材料温度、材料的受潮程度及表面污染情况有关。同一种材料，温度升高，绝缘电阻下降；材料受潮变湿，绝缘电阻下降；表面污染后，绝缘电阻亦随之下降。绝缘电阻率又可分为体积电阻率和表面电阻率。体积电阻率表征材料内部的导电特性，单位为 $\Omega \cdot m$；表面电阻率表征材料表面的导电特性，单位为 Ω。

（3）介电常数　介电常数是绝缘材料储存静电荷能力的量度，通常用相对介电常数 ε_r 表示。绝缘材料的介电常数与材料的极性有关。弱极性材料的 ε_r 为 2，强极性材料的 ε_r 一般为 3.5～5.0，云母制品的 ε_r 值在 6.5～8.7 的范围内。

（4）介质损耗　介质损耗是绝缘材料在交变电场中所产生的能量损耗，一般用损耗因数（又称为 $\tan\delta$）衡量介质损耗的大小，它是绝缘材料的损耗功率与无功功率的比值。损耗因数对电压、频率与温度都很敏感。因此，在高频、高压下工作的绝缘材料应选用介质损耗较小的材料。

（5）耐电晕、耐电弧及抗漏电痕迹性能　高压电机绝缘中的空隙，在适当的条件下将产生局部放电而引起电晕，在某些情况下还可能引起电弧。局部放电产生离子轰击绝缘体的现象，导致机械损伤和化学侵蚀。绝缘中的氧分子被分解为臭氧，与潮气反应生成硝酸，从而腐蚀绝缘材料。局部放电的起始电压取决于绝缘厚度、介电常数、材料的尺寸形状以及空隙的位置。绝缘厚度越厚、空隙尺寸越小，局部放电的起始电压越高，即越难以形成电晕或电弧。

高压电机端部绝缘常由于表面漏电痕迹引起击穿，因而要求高压电机的绝缘材料有抗漏电痕迹性能。通常，高压电机绕组端部被尘埃覆盖后，遇上高湿环境，污染的覆盖层就成为导体，当绝缘体泄漏电流流过该覆盖层时，就在绕组端部表面形成漏电痕迹和腐蚀，甚至使端部表面炭化。采用优质绝缘材料和密封引出线或在绝缘中加填充剂，可以改善抗漏电痕迹性能。

2. 热性能

绝缘材料的热性能包括耐热定额（即允许的热点温度）、耐热冲击性能、热膨胀系数、导热性能和固化温度等。

绝缘材料都有相应的极限工作温度，这个温度称为耐热定额或温度指数。当绝缘材料工作在这个温度以下时，其正常的使用寿命为数万小时；若工作温度高于这个温度，其使用寿命将明显缩短。过热的温度对绝缘材料的影响，主要表现为热膨胀、热老化。当绝缘材料受热时，材料由于内部压力而发生膨胀。热膨胀的直接结果，导致材料的化学结构出现裂解，材料发脆，使机械强度和电气绝缘性能下降。当温度高出允许的极限工作温度时，绝缘材料出现热老化现象，这时，材料由于化学键发生断裂，表面出现裂纹，内部出现微孔和碎块，材料失重和厚度变薄，严重时引起材料发脆，抗拉强度和伸长率下降。同时，热老化也使得材料表面的亲水性能增加，耐潮性能变差，绝缘电阻下降。其次，过热还将加速绝缘材料的氧化和化学侵蚀，影响材料的使用寿命。

绝缘结构在快速加热或冷却时，内部各种材料以不同的速率发生膨胀和收缩，从而产生十分复杂的应力分布，导致漆膜开裂或分离等现象。绝缘材料这种抵抗快速冷、热循环的能力称为耐热冲击性能。耐热冲击性能与绝缘材料的热膨胀系数、应力分布状况、厚度与几何形状、加热与冷却的周期和速率、材料的柔软性等有关。增加柔软性可提高耐热冲击性能，但机械强度和极限使用温度均将下降。

绝缘材料应有良好的导热性，以便将导体所产生的热量传导出去。绝缘材料的热导率可以通过增加填料和纤维等加以改善，但更重要的是靠消除材料中的残留空气来提高导热性，因为材料中静止空气的热导率比均质材料本身的热导率要低一个数量级。

3. 力学性能

绝缘材料在电机制造和运行过程中，可能受到电磁力、机械力和热应力的作用。因此，其力学性能是很重要的。不同材料有不同的力学性能要求，例如，漆包线漆或浸渍漆要求抗剥落、耐刮、耐弯曲，因而间接要求有一定的抗拉强度、抗压强度、抗弯强度和粘结强度。

用于槽绝缘和衬垫绝缘的薄膜或复合材料，要求有一定的抗拉强度、延伸率、抗撕裂强度、耐折性和韧性。层压制品则要求有适当的抗拉强度、抗压强度、抗弯强度、抗剪强度、粘结强度、冲击韧度和硬度等。各种粘带则要求有适当的抗拉强度、粘结强度和延伸率。

4. 理化性能

绝缘材料的理化性能包括吸水性、耐酸、耐碱和溶剂性、耐霉性、耐辐射性和毒性、酸值和贮存期等。

（1）吸水性　绝缘材料在使用过程中，可能遇到淋水、溅水、流水或高湿环境。这时，绝缘材料不可避免地将吸收潮气或水分。绝缘材料吸水后，容易发生结合键断裂而发生水解，导致绝缘材料的绝缘电阻和介电强度显著下降。在绝缘材料中，耐水解稳定性最好的是有机硅，因为它具有不湿润性。缩醛树脂、聚氨酯和以酯键为主的树脂最不耐水解，因而在湿热带环境中应避免使用。

（2）耐酸、碱和溶剂性　酸和碱对绝缘材料具有较强的腐蚀作用，因而要求绝缘材料有优良的耐酸、碱性能。工业溶剂如石油溶剂、苯类溶剂、醇类溶剂、酮类溶剂、制冷剂等，对绝缘材料也会发生腐蚀作用，因而要求绝缘材料有良好的耐溶剂性能。电机的绝缘结构常用多种绝缘材料复合而成，其中一些材料（如绝缘漆）中含有工业溶剂，可能对其他绝缘材料产生腐蚀作用，因而各种绝缘材料之间就存在绝缘的相容性问题。绝缘结构的相容性，应重点考虑电磁线漆膜与浸渍漆、浸渍纤维制品与浸渍漆之间的相容性。电磁线漆膜与绝缘漆共处时，将发生化学反应，产生分解物相互侵蚀。一方面，浸渍漆中的溶剂、稀释剂、催化剂或固化剂对导线漆膜产生侵蚀作用；另一方面，导线漆膜的分解物对浸渍漆也产生侵蚀作用。如果导线漆膜与浸渍漆组合不当，就会发生不相容问题而导致绝缘失效。例如，QQ 型漆包线就不能采用含有大量二甲苯溶剂的 1032 浸渍漆。浸渍纤维制品如各种漆布与浸渍漆的选配也存在相容性问题。如果选择不当，在浸渍过程中就会发生漆膜膨胀或脱落现象。

（3）常用绝缘材料的种类、牌号和耐热等级　电机中使用的绝缘材料种类很多，按其形态可分为固体、液体和气体，按其化学成分可分为碳氢化合物组成的有机材料和由各种氧化物组成的无机材料（玻璃、陶瓷、云母及石棉等）。

绝缘材料的耐热水平可分为 Y、A、E、B、F、H、C 等七个等级，每一耐热等级对应一定的最高工作温度（见表 4-9），在这个温度以下能保证绝缘材料长期使用而不影响其性能。

表 4-9　绝缘材料的耐热等级和极限温度

耐热等级	最高工作温度/℃	耐热等级	最高工作温度/℃
Y	90	F	155
A	105	H	180
E	120	C	>180
B	130		

绝缘材料的编号方法，规定以四位数表示，例如 1032、4330、5151-1 等。

第一位数字表示绝缘材料的分类。例如 1～6 分别表示：漆、树脂和胶类；浸渍纤维制品类；层压制品类；塑料类；云母制品类；薄膜、粘带和复合制品类。

第二位数字表示同类材料的不同品种。例如，在第一类材料中，0 和 1 表示浸渍漆；2 表示覆盖漆；3 表示瓷漆；4 表示胶粘漆和树脂；6 表示硅钢片漆；7 表示漆包线漆；8 表示胶类。在第二类材料中，0、1、2 表示棉纤维布；4、5 表示玻璃纤维布；6 表示半导体纤维布和粘带；7 表示漆管；8 表示薄膜。

第三位数字表示材料的耐热等级，例如，1～6 分别表示：A、E、B、F、H 及 C 级。

第四位数字表示材料序号，即表示同类绝缘材料在配方、成分及性能上的差异。

云母制品除白云母制品外，其他制品均在四位数字附加一位数字（1、2、3）分别表示粉云母制品、金云母制品和鳞片云母制品。含有杀菌剂或防霉剂的产品，在型号后附加字母“T”。绝缘材料发展很快，新产品不断涌现，因而出现了绝缘材料厂自定的牌号，如 EIU 环氧聚酯无溶剂漆、PAI—Z 聚酰胺酰亚胺浸渍漆等。

1）纤维制品（见图 4-5）

主要指的是布、绸、纸等，在电机上主要用于包扎线圈或作衬垫绝缘，这类材料很少单独使用，而是将它浸渍处理后制成漆布（绸）等使用。

用醇酸漆或油性漆浸渍的布（绸）呈黄色，称为黄漆布、黄漆绸，它的耐油性好。用沥青漆浸渍的布（绸）呈黑色，称为黑漆布、黑漆绸，耐油性较差，电性能较好。目前这些漆布（绸）由于绝缘等级和材料来源的限制，已逐渐被玻璃布所代替。

绝缘纸在电机绝缘中最常用的是青壳纸。青壳纸也称为薄钢纸，是由纸类经氯化锌溶液处理而成的，广泛用于电机槽绝缘。青壳纸具有良好的抗张强度（例如厚度为 0.4mm 以下的青壳纸，纵向 90～140MPa，横向 35～40MPa），电击穿强度可达 11～15kV/mm，但抗吸水性较差。随着石油化学工业的发展，青壳纸已被聚酯纤维纸、芳香族酰胺纤维纸等代替，它们质地柔软、不怕弯折及强度高，电性能很理想。

图 4-5　常用的纤维制品

2）玻璃纤维制品（见图 4-6）。玻璃纤维是由熔融的玻璃块快速拉成的极细（5～7μm）的丝，在电工中用的都是含碱量在 2% 以下的无碱玻璃纤维。这样细的丝使玻璃固有的脆性变柔软，抗张强度大大提高（远比天然纤维要高）。

玻璃纤维是无机材料，具有不燃性和相当高的耐热性，根据采用不同的粘合剂，可用于E、B甚至H级绝缘的电机。玻璃纤维材料来源广泛，并代替天然纤维而大量节省棉、麻、丝、绸的用量，对发展国民经济具有重大意义。

在小型电机绝缘中，应用最广泛的有玻璃漆布（用作槽绝缘和相间绝缘）及玻璃漆管（用作导线连接的保护绝缘）两种。玻璃漆布（管）是由电工用无碱玻璃布（管）浸以绝缘漆经烘干而成，当浸以油性清漆时当作E级材料，当浸以醇酸清漆时可当作B级材料。

图4-6　常用的玻璃纤维制品

3）薄膜与复合薄膜制品（见图4-7）。目前我国大量生产和应用的薄膜是聚酯薄膜，聚酯薄膜的原料是由对苯二甲酸乙二醇酯缩聚而成的聚酯树脂，它是由两种有机化合物——酸类和醇类进行缩聚反应而形成的。聚酯薄膜一般作为E级绝缘材料。

另一种薄膜称为聚酰亚胺薄膜，它具有特别优良的耐高温和耐深冷性能，能耐所有的有机溶剂和酸，但不耐碱，也不宜在油中使用。

图4-7　常用的薄膜与复合薄膜制品

4）云母制品（见图4-8）。云母制品将天然云母制成薄片后，用胶粘剂粘制而成的。常用的云母制品有以下品种：硬质云母板、耐热硬质云母板、塑性云母板、柔软云母板以及粉云母制品。

① 硬质云母板是将云母薄片用虫胶或甘油树脂粘贴，经过热压与厚度校正制成的，含胶量应小于6%，而且在高温、高压作用下厚度收缩率要小，常用作耐热等级为B级的换向器片间绝缘。

② 耐热硬质云母板是将云母薄片用磷酸胺或硅有机树脂粘贴而成的，含胶量应小于10%，用作耐热等级为F、H级的换向器片间绝缘等。

③ 塑性云母板含胶量为10%～25%，室温时硬脆，但是加热到一定温度以后，变得很柔软。可以用模具热压成形，冷后又变硬。胶粘剂用虫胶、甘油树脂或硅有机树脂等。

④ 柔软云母板是用油改性甘油树脂漆或沥青混合物与油等配制的胶粘剂胶粘白云母薄片而成的，有时用薄纸或玻璃丝布、带作底料。这种云母制品在室温下就是柔软的，主要用于电机的槽绝缘及成型线圈、磁极线圈的绝缘。

⑤ 粉云母制品（粉云母带、粉云母纸等）是用粉云母加胶粘剂及底料制成的。用于电机成型线圈的绝缘。

5）塑料制品（见图 4-9）。常用的有酚醛树脂玻璃纤维压塑料和聚酰亚胺玻璃纤维压塑料。酚醛树脂玻璃纤维压塑料是将酚醛树脂经苯胺、聚乙烯、醇缩丁醛、油酸等改性，然后浸渍玻璃纤维而成的，属于 B 级绝缘材料。玻璃纤维有两种形式：一种是乱丝状态，一种是直丝状态。后者用于塑料换向器中，因为这种塑料不但顺纤维方向的拉力特别高，而且材料容积小，加料方便，操作时玻璃丝飞扬小。

图 4-8　常用的云母制品

聚酰亚胺玻璃纤维压塑料是用玻璃丝纤维和聚酰亚胺树脂配制的，适用于 H 级绝缘的换向器。

6）绝缘漆（见图 4-10）。绝缘漆的种类很多，电机绝缘用漆通常是指浸渍漆，仅在“三防”电机中才需在端部另喷覆盖漆。

所有绝缘漆都由两部分主要材料组成，即漆基和溶剂。漆基是组成漆的基本成分，它使工件能形成一牢固的漆膜。利用石油分馏的产品——沥青作漆基即为沥青漆（或称为黑烘漆），它属于 A 级材料。目前较多的浸渍漆都采用合成树脂作为漆基，如环氧、酚醛、聚酯等。

图 4-9　常用的塑料制品

用以溶解漆基的材料称为溶剂，大多数也是树脂类物质，如松节油、甲苯、二甲苯等。溶剂都是一些密度小的、易挥发的液体，大多数是易燃的，而且有些对人体有刺激甚至有毒，因此在使用时必须采取一定的安全保护措施。

溶剂使漆的黏度降低、流动性和渗透性提高，通过烘焙处理又被挥发掉，并不成为漆膜的成分，也不影响漆的性能。

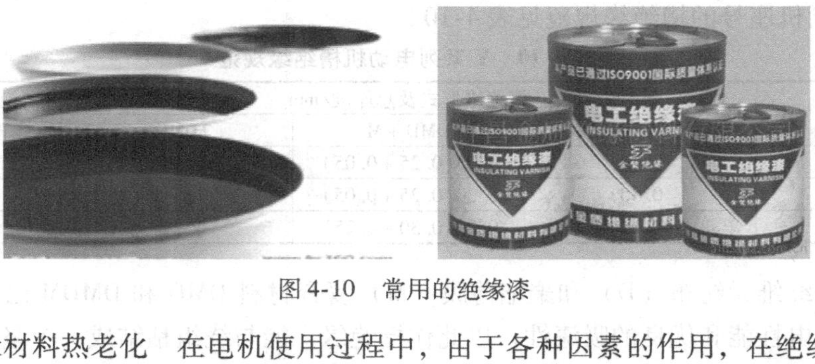

图 4-10　常用的绝缘漆

（4）绝缘材料热老化　在电机使用过程中，由于各种因素的作用，在绝缘材料中发生较缓慢的、不可逆的变化，使材料的电气和力学等性能逐渐恶化，称为绝缘材料的老化。促使材料老化的因素很多，如热、氧化、湿度、电压、机械力、风、光、微生物及放射线等。在低电压的正常环境下，促使材料老化的主要因素通常是热和氧化，但其他因素也同时起作用，而且是互相联系与影响的。

绝缘材料老化有一定的时间，即为绝缘材料的使用寿命。对电机来说也就是电机的使用寿命，正常运行的电机使用寿命一般需保持20年。绝缘材料的使用寿命与工作温度的高低有极大的关系，绝缘材料的使用寿命可按10℃规划估算（即工作温度每增加约10℃，绝缘材料的使用寿命将减少1/2；一般，A级绝缘为8℃，B级绝缘为8～10℃，H级绝缘为12℃，即统称为绝缘材料老化的10℃规则），也可按经验公式估算，即

$$H = Ae^{-mt}$$

式中　H——使用寿命（h），即使用的总时间；

t——工作温度（℃）；

m、A——常数。

这样，就可为各种绝缘材料能保证长期使用而规定不同的极限温度。根据前述的耐热等级规定，就可容易地确定该材料应属于何种绝缘等级。

第二节　散嵌绕组的制造工艺

一、散嵌绕组绝缘结构

电机的绝缘等级决定了电机运行时的温升限度，例如在Y、Y—L型系列电机中采用B级绝缘，其定子绕组的温升限度为85℃。允许温升限度较高，用一定数量的有效材料就可设计和制造成较大功率的电机，即可以提高有效材料的利用率。因此，采用较高耐热等级的绝缘材料，提高电机的绝缘等级，如设计和制造F级和H级绝缘的电机，不断提高电机的综合技术经济指标，将是电机生产的发展趋势。

Y、Y—L及Y2系列中，对不同功率的电机，考虑其可靠性及保证使用寿命，采用了不同的绝缘结构。

1. Y、Y—L系列

（1）电磁线　Y系列采用QZ—2型高强度聚酯漆包圆铜线，Y—L系列采用QZL—2型高强度聚酯漆包圆铝线。电磁线本身的绝缘作为匝间绝缘。

（2）槽绝缘　槽绝缘是在嵌线之前插入槽内的，一般采用复合绝缘材料“DMDM”或“DMD”，不同机座号的槽绝缘规范见表4-10。

表4-10　Y系列电动机槽绝缘规范

机座号	槽绝缘形式及总厚度/mm			槽绝缘均匀伸出铁心两端长度/mm
	DMDM	DMD + M	DMD	
80～112	0.25	0.25(0.25 + 0.05)	0.25	6～7
132～160	0.30	0.30(0.25 + 0.05)	—	7～10
180～280	0.35	0.35(0.30 + 0.25)	—	12～15

国产聚酯纤维无纺布（D）和聚酯薄膜（M）复合材料DMD和DMDM已试制成功，它具有良好的机电性能和优良的吸漆性，以此作槽绝缘，能与绕组粘结成一个坚实的整体。这种材料的耐热性能属于B级，DMDM和DMD两种方案并列，采用DMD时按绝缘规范规定另加一层0.05mm的M作为加强绝缘。

目前国内嵌线工艺有两种方式：一种是槽绝缘不伸出槽口；一种是伸出槽口折转交叠。

本规范推荐不伸出槽口方案，因为伸出槽口折转交叠方案浪费了被剪去的材料。

（3）相间绝缘　绕组端部相间垫入与槽绝缘相同的复合材料（DMDM或DMD）。

（4）层间绝缘　当采用双层绕组时，同槽上、下两层线圈之间垫入与槽绝缘相同的复合材料（DMDM或DMD）作为层间绝缘。

（5）槽楔　槽楔的作用是固定槽内线圈。采用冲压成型的“MDB”（M、D和玻璃布B的复合物）复合槽楔或3240环氧酚醛层压玻璃布板。机座号80～160的电动机用厚度为0.5～0.6mm复合槽楔材料；机座号180～280的电动机用厚度为0.6～0.8mm复合槽楔材料。冲压成型的复合槽楔的长度和相应槽绝缘相同。层压板槽楔厚度为2mm，长度比相应槽绝缘短4～6mm，槽楔下垫入长度与槽绝缘相同的盖槽绝缘。由于MDB槽楔是新材料，虽有不少优点，但工艺上还不成熟，价格也比较贵，所以应用尚不普遍，故MDB与3240板槽楔两方案并列。

（6）引接线绝缘　引接线采用JBQ型丁腈橡胶电缆。引接线接头处用厚0.15mm的醇酸玻璃漆布带或聚酯薄膜带将电缆和线圈连接处半迭包一层，外面再套醇酸玻璃漆管一层。如无大规格醇酸玻璃漆管，线圈连接处可用醇酸玻璃漆布带半叠包两层，外面再用0.1mm无碱玻璃纤维带半叠包一层。

（7）端部绑扎　机座号为80～132的电动机定子端部每两槽绑扎一道，机座号为160～280的电动机定子端部每一槽绑扎一道，机座号为180的二极及机座号为200～280的二极、四极电动机定子绕组鼻端用无碱玻璃纤维带半迭包一层。在有引线的一端应把电缆和接头处同时绑扎牢，必要时应在此端增加绑扎道数。

（8）绝缘浸烘处理　采用1032漆二次沉浸，或采用ETU、319—2等环氧聚酯类无溶剂漆沉浸一次。除了推荐1032漆以外，滴浸应是优先采用的工艺，此外真空压力浸漆亦为优先采用的工艺，ETU和319无溶剂漆均有较好的性能，但成本较高。

2. Y2系列

（1）电磁线　采用QZY—2/180聚酯亚胺漆包圆铜线，机座号63～280的电动机允许采用QZ（G）—2/155改性聚酯漆包圆铜线。电磁线本身的绝缘作为匝间绝缘。

（2）槽绝缘　采用以F级粘合剂和优质薄膜复合的6641聚酯薄膜聚酯纤维非织布柔软复合材料，亦可采用聚芳酰胺、聚芳砜及聚芳噁二唑耐热纤维与聚酯薄膜复合的柔软复合材料，其型号分别为6642、6643和6644。复合材料中聚酯薄膜厚度不小于0.075mm。不同机座号的槽绝缘规范见表4-11。

表4-11　不同机座的槽绝缘规范

机座号	槽绝缘厚度/mm	槽绝缘伸出铁心每端最小长度/mm
63～71	0.20	5
80～112	0.25	7
132～160	0.30	10
180～280	0.35	12
315～355	0.40	15

（3）相间绝缘　绕组端部相间与槽绝缘相同的柔软复合材料。

（4）层间绝缘　当采用双层绕组时，同槽上、下两层线圈之间垫入与槽绝缘相同的柔软复合材料。

（5）槽楔　槽楔采用3240环氧酚醛层压环璃布板或3830—U型聚酯玻璃纤维引拔槽

楔，也可采用3830—E型环氧玻璃纤维引拔槽楔。槽楔厚度：机座号63～71为1mm，机座号80～280为2mm，机座号315～355为3mm，其长度比相应槽绝缘短4～6mm。槽楔下垫入盖槽绝缘长度和槽绝缘长度相同，也可用槽绝缘在槽口折包的形式替代盖槽绝缘。

（6）引接线　引接线采用JYJ型交联聚烯烃绝缘电缆。引接线与绕组线连接处采用6230聚酯薄膜粘带，宽度为8mm、10mm、12mm，厚度为0.06mm，外面再套2741聚氨酯玻璃纤维漆管。

（7）端部绑扎　机座号63～160端部绑扎材料采用R型柔软夹纱聚酯绑扎带，宽度为15mm，厚度为0.15mm；机座号180～355端部绑扎材料采用BE型聚酯纤维绑扎带，宽度为15mm，厚度为0.17mm；机座号63～132电动机定子端部每两槽绑扎一道，机座号160～355电动机定子端部每一槽绑扎一道，机座号180二极和机座号200～355二极、四极电动机定子绕组鼻端用绑扎带半叠包一层，其叠包长度不少于端部周长的1/3。

（8）绝缘浸烘处理　采用1140—U型不饱和聚酯无溶剂浸渍树脂或1140—E型环氧无溶剂浸渍树脂，也可采用F级有溶剂浸渍漆。机座号63～280采用无溶剂浸渍树脂一次浸烘工艺，机座号315～355采用无溶剂浸渍树脂二次浸烘工艺。对真空浸渍可采用一次浸烘工艺，F级有溶剂漆均采用二次浸烘工艺。

二、散嵌绕组的绕制

散嵌绕组都是在专用绕线机上利用绕线模绕制的，对于单层绕组，过去都以极相组为单元绕制，这样嵌线工作比较方便，但增加一次接线工序。比较先进的工艺是把属于一相的所有线圈一次连续绕成，中间不剪断，把极相组之间的连线放长一点，并套上套管。这就省去了一次接线工序，提高了工效，也节省了材料。在绕制绕组时应注意以下几点：

1. 绕制绕组时必须使导线排列整齐，避免交叉混乱

因为交叉混乱将会增大导线在槽中占有的面积，使嵌线困难，并容易造成匝间短路。

2. 绕组的匝数必须符合要求

因为匝数多了，浪费铜线，嵌线困难，并使漏抗增大，最大转矩和起动转矩降低；匝数少了，电机空载电流增大，功率因数降低。若三相绕组匝数不相等，则三相电流不平衡，也使电机性能变坏。

3. 导线直径必须符合设计要求

因为导线粗了，造成嵌线困难，同时也浪费铜；导线细了（或绕线时拉力过大将导线拉细），绕组电阻增大，影响电机性能。

4. 绕线时必须保护导线的绝缘

不允许有点滴破损，否则将造成绕组匝间短路。在完成绕线工序以后，每相绕组都要进行直流电阻的测定和匝数检查。在测量直流电阻时，如电阻小于1Ω，用开尔文电桥测量；大于1Ω，用惠斯顿电桥测量。测得的直流电阻，考虑绕组松紧、接头质量，允许误差范围为设计值的±4%。

散嵌绕组的几何尺寸是由绕线模来保证的。绕线模的尺寸需经试绕试嵌，在符合工艺要求和绕组尺寸情况下加以确定。绕线模一般采用干燥硬木、铝合金、塑料等制造。绕线模可分为固定式、张缩式和绕线槽。对于生产量大的小型电机，可采用自动计匝、跳槽和停车的专用绕线机。图4-11所示是为固定式菱形连绕绕线模，由模心、压板等组成。图4-12所示为铰链联动结构张缩式绕线模，其特点是可以快速装拆线圈。工作时，张缩式绕线模的上下

左右四块模心，模心依靠链板张紧。线圈绕成后，用手柄转动转轴使链板发生偏转，模心同时收缩，即可取出线圈。用手柄将转轴转回原位，模心张开，又可重新绕线。

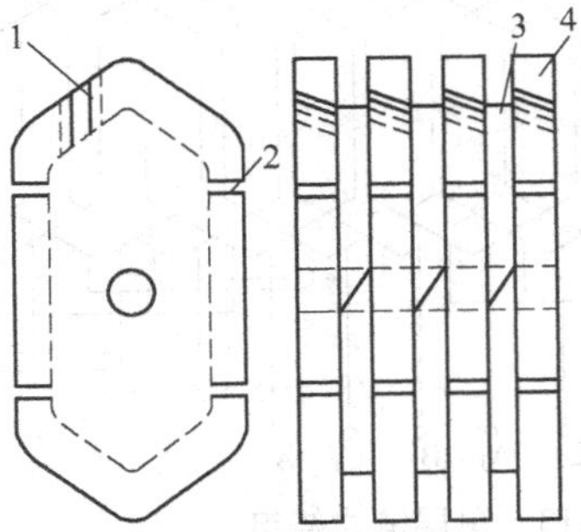

图 4-11 菱形连绕绕线模（$q=3$）

1—过线槽 2—扎线槽 3—模心 4—压板

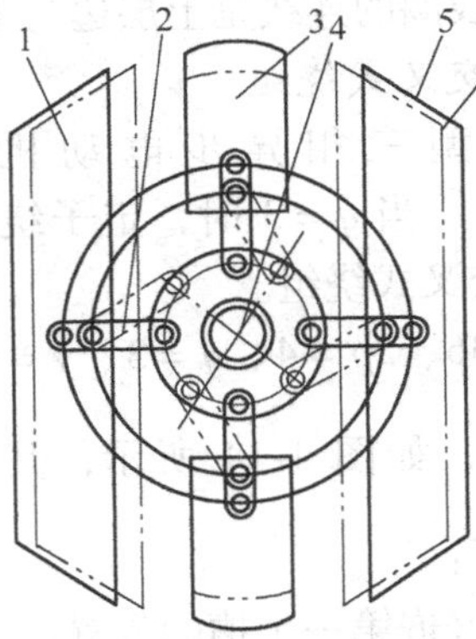

图 4-12 铰链联动结构张缩式绕线模

1—左右模心 2—链板 3—上下模心 4—转轴 5—工作状态 6—卸线圈状态

三、散嵌绕组的嵌线

绕组展开图是嵌线工艺的依据，在考虑嵌线工艺之前应该清楚绕组展开图，从而找出嵌线工艺的规律。一般的嵌线工艺过程为：嵌线准备→嵌线过程→接线并钎焊→检查试验。下面分别介绍几种散嵌绕组嵌线工艺。

1. 单层链式绕组

对于小型三相异步电动机（11kW 以下），当每级每相槽数 $q=2$ 时，定子绕组采用单层链式绕组。

以定子槽数 $Q_1=24$、磁极对数 $2p=4$、$q=2$、节距 $y=1\sim6$ 为例，如图 4-13 所示，其嵌线工艺如下：

1）因嵌完线后引出线的位置最好在机座出线口的两边，所以嵌第一个槽时，应考虑槽的位置。通常，定子铁心有四个扣片的应在两扣片之间，有六个扣片的应在扣片的前一个槽。

2）先嵌第一相第一个线圈的下层边（因为它的端边压在下层，故称为下层边），封好槽（整理槽内导线，插入槽楔），上层边暂不嵌（这种线圈称为起把线圈或吊把线圈）。

3）空一个槽，嵌第二相第一个线圈的下层边，封好槽，上层边也暂不嵌（因为 $q=2$，所以起把线圈有 2 个）。

4）再空一个槽，嵌入第三相的第一个线圈下层边，封好槽；上层边按 $y=1\sim6$ 的规定嵌入槽内，封好槽，垫好相间绝缘。

5）再空一个槽，嵌第一相的第二个线圈下层边，封好槽；上层边按 $y=1\sim6$ 的规定嵌入槽内，封好槽，垫好相间绝缘。这时应注意与本相的第一个线圈的连线，即上层边与上层边相连或下层边与下层边相连。

6）以后第二相、第三相按空一槽嵌一槽的方法，轮流将第一、二、三相的线圈嵌完，最后把第一相和第二相的上层边（起把）嵌入，整个绕组就全部嵌完了。

因此，单层链式绕组嵌线时有以下特点：

① 起把线圈数等于 q。

② 嵌完一个槽后，空一个槽再嵌另一相的下层边。

③ 同相线圈的连线是上层边与上层边相连，下层边与下层边相连。

2. 单层交叉式绕组

对于小型三相异步电动机（11kW 以下），当 $q=3$ 时，定子绕组采用单层交叉式绕组。

以 $Q_1=36$、$2p=4$、$q=3$、$y=\begin{cases}1\sim8/1\\1\sim9/2\end{cases}$为例，如图 4-14 所示，其嵌线工艺如下：

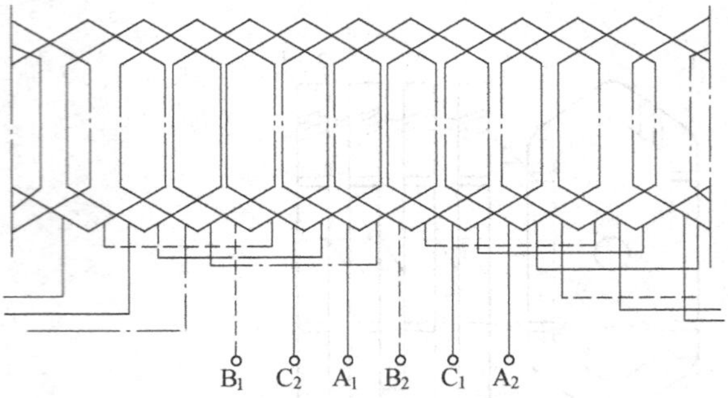

图 4-13 单层链式绕组

1）考虑好嵌第一个槽的位置。

2）先嵌第一相的两个大圈中带有引出线的下层边及另一下层边，封好槽。两个上层边暂不嵌（起把）。

3）空一个槽，嵌第二相小圈（单圈）的下层边，上层边也暂不嵌。

4）再空两个槽，嵌第三相两个大圈中带有引出线的下层边，并按大圈的节距 $y=1\sim9$ 把上层边嵌入，紧接着嵌另一个大圈的下层边和上层边。

5）再空一个槽，嵌第一相小圈下层边，这时应注意大圈与小圈的连接线，即上层边与上层边相连，下层边与下层边相连。然后按小圈的节距，$y=1\sim8$ 把上层边嵌入槽内。

6）再空两个槽，嵌第二相的大圈，按上层边与上层边相连，下层边与下层边相连的原则，把一个大圈的下层边嵌入槽内，紧接嵌另一大圈。

7）再空一个槽，嵌第三相的小圈，嵌线时注意本相连线。再按上述方法，把第一、二、三相线圈嵌入槽内，最后把第一、二相起把线圈的上层边嵌入槽内。

因此，单层交叉式绕组嵌线的特点是：

① 起把线圈数为 $q=3$。

② 一、二、三相轮流嵌，先嵌双圈，空一个槽嵌单圈，空两个槽嵌双圈，再空一个槽嵌单圈，再空两个槽嵌双圈……一直嵌完，最后落把。

③ 同相线圈之间的连线是上层边与上层边相连，下层边与下层边相连。

3. 单层同心式绕组

对于小型三相异步电动机（11kW 以下）当 $q=4$ 时，定子绕组采用单层同心式绕组。以 $Q_1=24$、$2p=2$、$q=4$、$y=\begin{cases}1\sim12\\2\sim11\end{cases}$为例，如图 4-15 所示，其嵌线工艺如下：

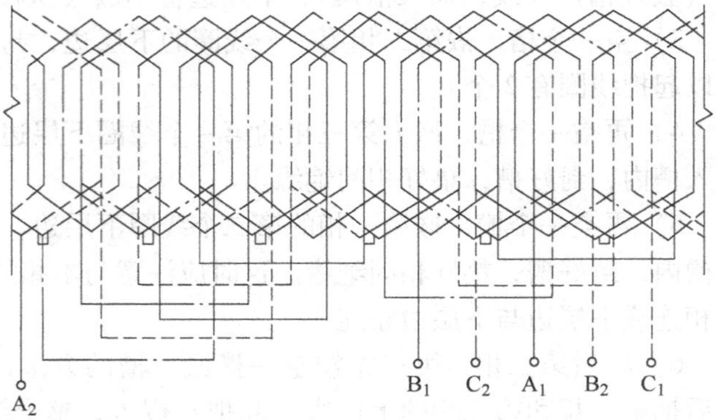

图 4-14 单层交叉式绕组

1）选择好第一个槽的位置后，先嵌第一相小圈带引出线的下层边，再嵌大圈下层边，两个上层边不嵌。

2）空两个槽，嵌第二相线圈

的小圈和大圈的下层边，上层边也暂不嵌。

3）再空两个槽，嵌第三相线圈的小圈和大圈下层边，并按节距 $y=2\sim11$ 和 $y=1\sim12$ 把两上层边嵌入槽内。

4）按空两个槽嵌两个槽的方法，按顺序把其余的线圈嵌完，最后把第一、二相起把线圈的上层边嵌入槽内。

单层同心式绕组嵌线的特点是：

① 起把线圈数为 $q=4$。

② 在同一组线圈中嵌线顺序是先嵌小圈再嵌大圈。

③ 嵌线时的顺序是嵌两个槽空两个槽。

④ 同相线圈间的连线是上层边与上层边相连，下层边与下层边相连。

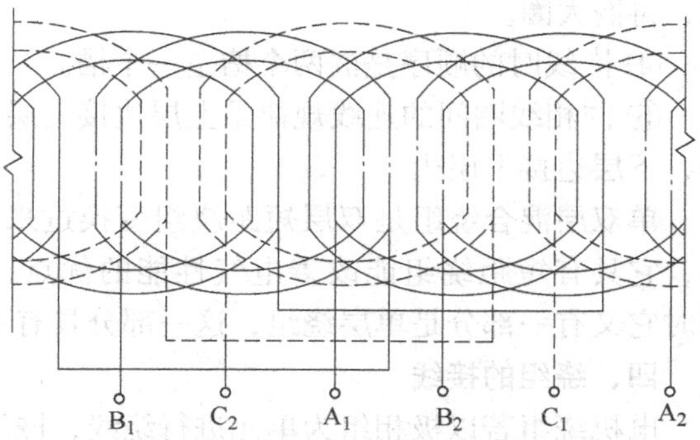

图 4-15　单层同心式绕组

单层绕组上述三种嵌线方法，连线时都要先套好套管，而且较长。连线之间还会出现交叉现象。因此，目前我国许多电机制造厂采用了单层绕组穿线工艺。在嵌线之前，先把三相绕组按一定的规律穿好，然后根据以上方法把穿好的线圈按次序嵌入槽内。采用穿线工艺时，连线不需要套套管，也不需要加长，因此节省套管和铜线，而且端部也很整齐。

4. 双层迭绕组

功率在 11kW 及以上的中小型异步电动机定子绕组采用双层迭绕组。以 $Q_1=24$、$2p=4$、$q=2$、$y=1\sim6$ 为例，如图 4-16 所示。

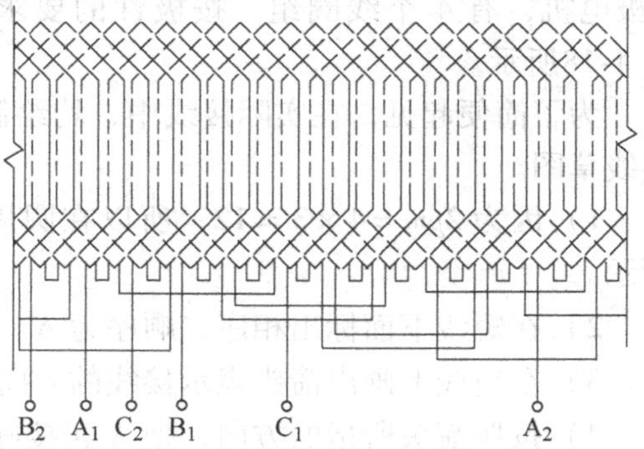

图 4-16　双层迭绕组

从双层绕组展开图可以看出，嵌线工艺比较简单。但应注意的是，在开始嵌线时有 y 个线圈上层边不嵌，其余线圈嵌完下层边后即按 y 嵌上层边。在嵌上层边之前，应先放入层间绝缘。直到全部线圈嵌完后，再把起把线圈的上层边嵌入槽内。

5. 单双层混合绕组

以 $Q_1=36$、$2p=2$、$y=\begin{cases}1\sim9\\2\sim8\end{cases}$ 为例，如图 4-17 所示，其嵌线工艺如下：

1）选择好第一个槽的位置后，把第一相第一组的小圈带有引出线的一边嵌入槽内，另一边不嵌，紧接着把大圈的下层边嵌入，上层边也不嵌。

2）空一个槽，嵌第二相第一组的两个下层边，上层边也不嵌。

3）再空一个槽，嵌第三相第一组的两个下层边，并按 $y=2\sim8$ 和 $y=1\sim9$ 把两个上层边嵌入槽内。

4）按空一个槽嵌两个槽的方法，顺序把其余的线圈嵌完，最后把第一、二相的起把线圈的上层边嵌入槽内。

单双层混合绕组嵌线的特点是：

① 大圈每圈匝数等于每槽导体数，小圈每圈匝数等于1/2每槽导体数。

② 大圈节距是8，是单层；小圈节距是6，是双层。

③ 再同一组线圈中，嵌线的顺序是先嵌小圈，再嵌大圈。

④ 嵌线时的顺序是嵌两个槽空一个槽。

⑤ 同相线圈间的连线规律是上层边接上层边，下层边接下层边。

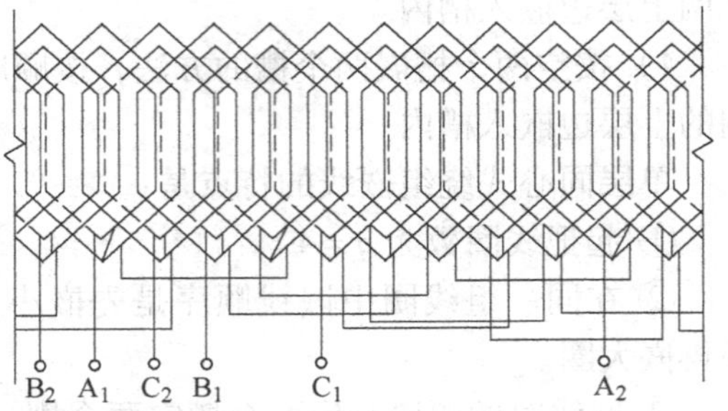

图4-17 单双层混合绕组

单双层混合绕组是双层短距绕组变换过来的，它具有短距绕组能改善电气性能的优点，同时它又有一部分是单层绕组，这一部分具有不要层间绝缘、嵌线较快的优点。

四、绕组的接线

电机绕组若以极相组为单元进行绕线，嵌线后就要进行一次接线。从我国主要电机厂的生产工艺来看，单层绕组一般采用一相连绕的工艺，故一次接线仅用于双层绕组和维修中的单层绕组。

所谓一次接线就是将一相中的所有线圈按一定原则连接起来成为一相绕组。例如，一台4极电机，有4个线圈组。按极性的要求接线时，应该是头与头连接，尾与尾连接，如图4-18所示。

为了简便起见，在实际接线中，均绘制接线草图指导接线。下面以图4-18为例，绘制接线草图。

1）因为$2pm=4\times3=12$，所以在圆周上画12条短线，表示12个线圈组，如图4-19所示。

2）在短线下面标出相序，顺序为A、C、B、A、C、B……

3）在短线上画出箭头表示接线的方向。顺序为一正一反，一正一反……

4）按照箭头所指的方向，把A相接好。

5）根据A、B、C三相绕组应互差120°电角度的原则，在此例中，$2p=4$，总的电角度为$2\times360°=720°$，线圈组数为12，故两相邻线圈组间电角度为$720°/12=60°$，则B相相头滞后A相相头两个线圈组；C相相头滞后B相相头两个线圈组。然后，按照A相连接方式，分别将B相和C相接好。

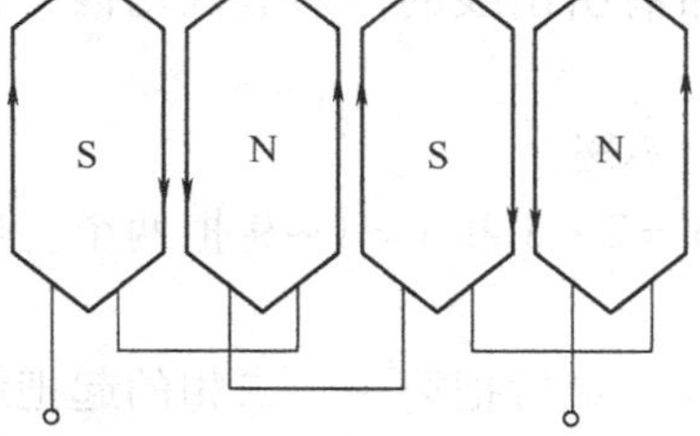

图4-18 4极电机接线方式

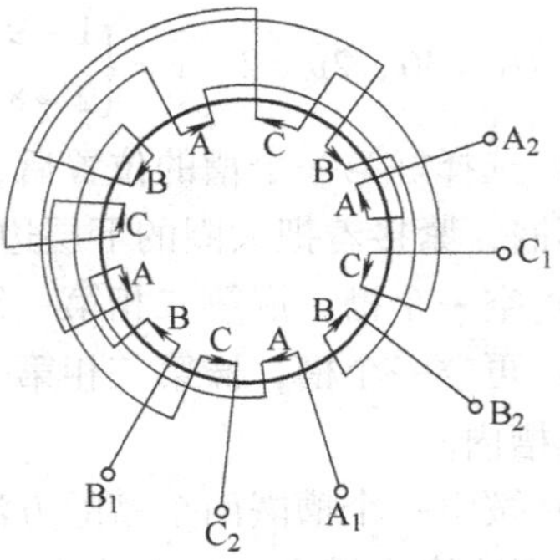

图4-19 $Q_1=24$、$2p=4$、$m=3$接线草图

为了得出三相绕组相头互差120°电角度，可以有各种引出线的位置。如图4-20所示按顺时针方向，B相相头比A相相头滞后120°电角度，C相相头比A相相头超前120°电角度。这样三相相头仍互差120°电角度，同样可以产生三相旋转磁场。这种接线方式，六根引出线靠近，引线较短，可以节省引出线，也便于包扎，故较多工厂采用。

双层短距绕组主要用于Y180及以上较大功率的电机中，因为每相绕组通过的电流较大，这样就必须选用较粗的铜线，但是铜线直径过大，会造成嵌线困难，故在双层绕组中大多采用每相绕组有两个或两个以上的支路进行并联，以减小导线直径。几个支路并联连接的原则是：

1）各支路均顺着接线箭头方向连接，并联时使各支路箭头均是由相头到相尾。

2）并联后各支路线圈组数相等。

这里仍以三相四极电机为例，按照上面所说的原则接成两个支路并联。首先将每相线圈组数分别串联为两个支路，再加两个支路并联，其方法有两种：一种是邻极相组并联，如图4-20a所示；另一种是隔极相组并联，如图4-20b所示。这两种接法效果是相同的，均符合以上原则。这样，A相绕组电流分两个支路流过，每个支路电流仅为相电流的1/2，导线截面积也可减少1/2。

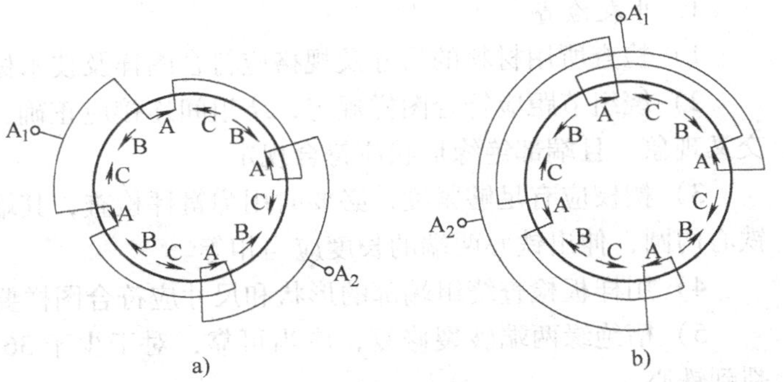

图4-20 并联接线草图

以上介绍的是一次接线的原则和连接方法。无论是一次接线还是二次接线（即接引出线），都要进行焊接。对于绕组接线中的焊接要求如下：

1）焊接要牢固。要有一定的机械强度，在电磁力和机械力的作用下不致脱焊、断线造成运行事故。

2）接触电阻要小。与同样截面积的导线相比，电阻值应相等或更小，这样在运行中不致产生局部过热。电阻值还应稳定，运行中无大变化。

3）焊接容易操作，不影响周围的绝缘，成本应尽可能低。

焊接方法主要有两种，即熔焊和钎焊。熔焊是指被焊接的金属本体在焊接处熔化成液体，然后再冷却把金属焊接在一起，一般都采用焊接变压器的炭极短路电流的加热方式进行焊接；钎焊就是利用熔点低于接头材料的特种金属材料，流入已加热接头的缝隙中，加热温度只要高于钎料熔点即可吸入缝隙。因所用钎料熔点温度的不同又可分为软焊和硬焊两种。软焊的焊接温度一般在500℃以下。锡焊是软焊中的一种，利用锡铅合金作焊料。这种焊接的优点是熔点低，焊接温度低于400℃，容易操作，焊接时的局部过热对周围绝缘影响小；它的缺点是机械强度差。锡焊的助焊剂一般采用酒精加松香或焊油，其加热方法是用烙铁焊或专用工具如焊锡槽等。硬焊所用焊料熔点在500℃以上，常用的为磷铜焊或银铜焊。磷铜焊料含磷6%～8%，熔点为710～840℃，磷本身是很好的还原剂，因此焊接时不再需要助焊剂；银铜焊的助焊剂采用硼砂或特配焊药（031焊药）。加热方法一般采用焊接变压器的炭极短路电流的加热方式，也可采用气焊，即以乙炔火焰加热工件，熔化焊料，然后达到焊接的目的。

近年来，小型异步电动机引接线的焊接采用冷压接新工艺。冷压接是采用对接的压钳将接头钳合在一起，然后施加较大的压力，使接头在冷状态下加压接合的方法。冷压接可以对接 ϕ0.8mm 以上的圆线或扁线，也可以搭接绕组引接线。冷压接的优点是不需加热，无焊料焊剂，接头强度不低于基本金属，因而有效地避免了焊接过程中绝缘受损和接头腐蚀等问题，是当前较为理想的接头对接工艺。

五、质量检查

定子绕组嵌线后的质量检查包括外表检查、直流电阻测定和耐压试验。

1. 外表检查

1）检查所用材料的尺寸及规格应符合图样及技术标准的规定。

2）绕组节距应符合图样规定，绕组间连接应正确，直线部分平直整齐，端部没有严重交叉现象，且端部绝缘形状应符合规定。

3）槽楔应有足够紧度，必要时用弹簧秤检查，其端部不应有破裂现象，槽楔不得高于铁心内圆，伸出铁心两端的长度应当相等。

4）用样板检查绕组端部的形状和尺寸应符合图样要求，端部绑扎应当牢固。

5）槽绝缘两端破裂修复，应当可靠，对于少于 36 槽的电机，不能超过三处且不准破裂到铁心。

2. 直流电阻测定

在正常情况下，三相绕组的直流电阻应该是相同的。但因为电磁线制造时有制造公差，绕线时的拉力有时不一样，另外每个焊接头的接触电阻不一定相同。所以三相绕组的直流电阻允许有一些差异，一般要求三相电阻不平衡度在 ±4% 之内，即

$$\frac{\text{最大值}-\text{平均值}}{\text{平均值}}\times 100\% \leqslant 4\%$$

$$\frac{\text{平均值}-\text{最小值}}{\text{平均值}}\times 100\% \leqslant 4\%$$

3. 耐压试验

耐压试验的目的，是检查绕组对地及绕组相互间的绝缘强度是否合格。耐压试验共进行两次，一次在嵌线后进行，一次在电机出厂试验时进行。试验电压为交流、频率为 50Hz 及实际正弦波形。在出厂试验时，试验电压的有效值为 1260V（$P_2<1$kW 时）或 1760V（$P_2\geqslant 1$kW）；在嵌线后进行试验时，试验电压的有效值为 1760V（$P_2<1$kW）或 2260V（$P_2\geqslant 1$kW）。定子绕组应能承受上述电压 1min 而不发生击穿。

耐压试验一般按下述方法进行：

1）A、B 相接相线，C 相和铁心接地，进行一次耐压试验。

2）A、C 相接相线，B 相和铁心接地，进行一次耐压试验。

在两次试验中，都没有发生击穿，则认为合格。

第三节　高压定子绕组的制造工艺

一、高压定子绕组的绝缘结构

高压异步电动机一般是指额定电压为 3 ~ 10kV 的异步电动机，这类电动机绝缘的耐热

等级通常为 B 级。

异步电动机的绕组绝缘包括匝间、排间、相间、对地和端部等各个部位的绝缘。

定子绕组采用扁导线绕成的框式绕组。对地绝缘绕包在绕组上，对地绝缘由粉云母、玻璃制品和合成树脂等绝缘材料组成。匝间绝缘除导线本身的绝缘层外，一般用云母制品加强，最好采用耐压强度较高的薄膜绕包导线直接作为匝间绝缘。常用绝缘结构型式见表 4-12。

表 4-12　高压定子绕组常用绝缘结构型式

结构型式			连续式		复合式	套筒式
材料	多胶粉云母带 少胶粉云母带	槽部	2	1	1	4
	玻璃漆布带或片云母带 玻璃粉云母带	端部	2	1	3	1 或 3

1. 匝间绝缘

在制造和运行过程中，匝间绝缘易因机械力和热应力作用而受损伤。此外，匝间绝缘的总面积大于对地绝缘的总面积，因此出现薄弱环节的可能性随之增加，所以要求具有较高的机械强度和韧性。

匝间绝缘承受的电压除了按额定电压计算的匝间工作电压外，还会遇到比它大得多的电源电网瞬间过电压——大气过电压和操作过电压。其中电动机本身的操作过电压是频繁发生而且直接施加在绕组的匝间绝缘上，故应着重考虑。

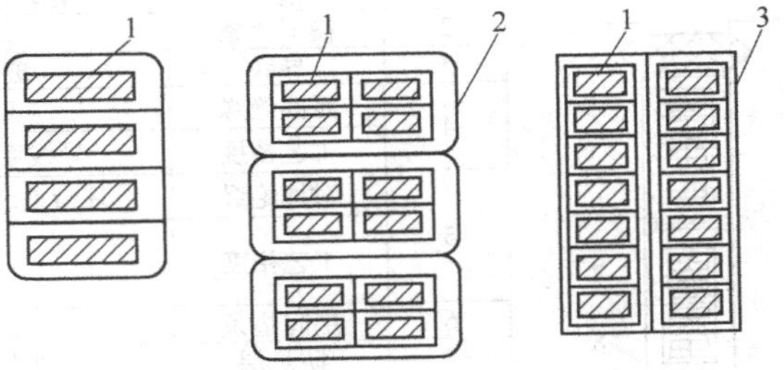

图 4-21　匝间绝缘典型结构

1—导线本身绝缘　2—匝间绝缘　3—排间绝缘

单排绕组只有匝间绝缘。功率较小的高压电动机常采用双排绕组，此时应有排间绝缘。排间最大电压等于一个绕组的工作电压，但同样也受到操作过电压的作用，通常采用云母带半叠绕加强。匝间和排间绝缘的强度与电动机功率、工作电压、起动频繁程度、使用时承受机电应力等因素有关。可根据匝间冲击电压 U_S 的大小来选择匝间绝缘，U_S 一般大于每匝工作电压 20 倍。绕组匝间绝缘结构见表 4-13。

表 4-13　绕组匝间绝缘结构

匝间冲击电压 U_S/V	结构形式	试验电压工频有效值/V
<500	双玻璃聚酯漆包线或双玻璃丝包线垫云母条	500
500 ~ 1000	双玻璃单层薄膜绕包线或双玻璃丝包线每匝半叠包 1 层粉云母带	1000
>1000	双玻璃二层薄膜绕包线或双玻璃丝包线每匝半叠包 2 层粉云母带	1500

2. 槽部绝缘

槽部绝缘是绝缘结构中的主要部分，它对地承受相电压，故又称为对地绝缘。槽部绝缘也受到各种过电压的作用。

（1）槽部绝缘厚度　在选择对地绝缘厚度时，除考虑电气方面裕度外，还必须考虑绕组在制造和嵌线时的工艺损伤、绝缘性能的分散性以及正常运行条件下的使用寿命等因素。由于上述原因比较复杂，绝缘结构型式、绝缘材料和绝缘工艺又各不相同，绕组槽部绝缘厚度实际上很难进行系统地计算，所以一般可根据电机额定电压和该绝缘结构的瞬时击穿电场强度求得，并留有 7 ~ 9 倍的裕度。对于运行条件较差的电机，其对地绝缘厚度还应适当增加。对地绝缘材料的选用见表 4-14。由这类材料组成的槽部绝缘厚度及原始击穿电压可参考表 4-15。

表 4-14　对地绝缘材料的选用

绝缘结构		绝缘工艺	绝缘材料	
			槽　部	端　部
连续式		真空压力无溶剂浸渍	901(594)环氧玻璃粉云母少胶带	同左
		热模(液)压	桐油酸酐(TOA)环氧或钛环氧玻璃粉云母多胶带	同左
复合式	全带式	热模(液)压		黑玻璃漆布或三合一带或胶化时间较长的环氧玻璃粉云母乳胶带
	烘卷式	直线部分烘卷热压	环氧玻璃粉云母(多胶)箔	

表 4-15　绕组槽部绝缘厚度及原始击穿电压

额定电压 U_N/kV	3.0	6.0	10.0
绝缘厚度/mm	1.3～1.5	1.8～2.2	2.8～3.2
原始击穿电压/kV	35～40	48～60	75～85
工作电场强度/(kV/mm)	1.15～1.33	1.57～1.92	1.81～2.06

(2) 绕组槽内装配尺寸　绕组的槽内装配尺寸，除按所需导线截面积和绝缘厚度考虑外，还需考虑线芯松散、绕组公差、嵌线间隙和其他绝缘件。高压定子绕组槽内装配尺寸见表 4-16。

表 4-16　高压定子绕组槽内装配尺寸　　(单位：mm)

槽形断面图	序号	名称	材　料	槽部尺寸		端部尺寸	
				高度	宽度	高度	宽度
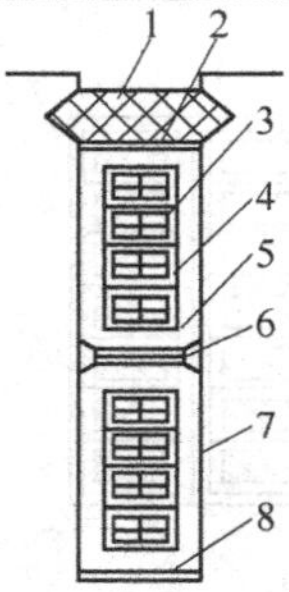	1	槽楔	玻璃布板或压塑料	3.0～5.0	—	—	—
	2	楔下垫条	玻璃布板	>0.5	—	—	—
	3	导线	玻璃丝包线	ma	nb	ma	nb
	4	匝间绝缘	见表 4-13	—	—	—	—
		工艺裕度	导线束公差、松胀量	0.03	0.2	0.03	0.3
	5	对地绝缘	环氧玻璃粉云母多胶带	—	—	—	—
		工艺裕度	—	+0.3 -0.5	+0.2 -0.3	<1.3	<1.3
	6	层间垫条	玻璃布板	0.5～1.0	—	—	—
	7	防晕层	半导体漆或带	—	—	—	—
	8	槽垫条	玻璃布板	0.5～1.0	—	—	—

3. 端部绝缘

(1) 端部绝缘厚度及材料　因绕组端部承受较低的电场强度，故端部绝缘厚度可较槽部绝缘厚度减薄 20%～30%。根据工艺及绝缘结构的不同，可采用片云母或粉云母带、玻璃漆布带或其他绝缘带作为端部绝缘材料。

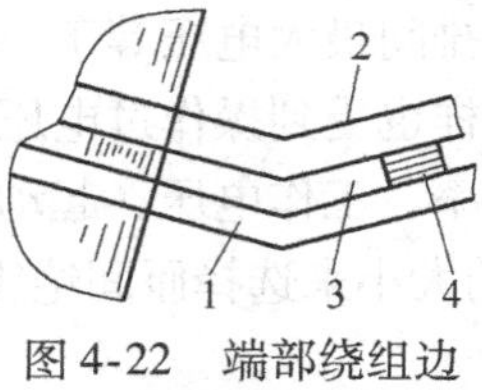

图 4-22　端部绕组边之间的绝缘结构
1—绕组直线部分　2—绕组端面　3—空气隙　4—衬垫物

(2) 端部间隙　绕组端部间隙，除保证通风散热和嵌线工艺需要外，还必须保证在额定电压下两相邻绕组边之间无电晕，并保证电机在耐压试验时无闪络效应。

端部绕组边之间可分为空气隙和有衬垫物（层压板或涤纶护套玻璃丝绳）两种情况，如图 4-22 所示。

(3) 端部绝缘搭接　为了避免耐压试验时复合式绝缘端部搭接处对铁心产生闪络放电，必须保证直线部分和端部的搭接位置和长度，如图 4-23 所示及表 4-17。

表 4-17　复合式绝缘端部搭接尺寸

结构型式	额定电压 U_N/kV	尺寸/mm		
		A	B	C
烘卷复合式	3	45	15	10
	6	65	25	15
	10	100	30	20
包带复合式	3～10	$2/3l_e$	15～30	—

（4）防晕结构 如前所述，电晕产生臭氧及氧化氮，对绝缘中的有机物有腐蚀和破坏作用，时间长了会使绝缘变脆，加速老化，缩短绝缘的使用寿命。在6kV级电机中已有电晕现象，随着额定工作电压的提高，电晕现象将更加严重，因此需要进行防晕处理。

电机中产生电晕现象的部位分为两类。一类是由于空气隙的存在，空气发生游离，属于这一类的如槽部绕组与铁心槽之间、端部绕组与绑环之间以及由于工艺处理不当存在于绝缘层之间的空气隙；另一类是有尖角存在使电场极端不均匀，致使空气游离而产生电晕，属于这一类的如绕组出槽口处及铁心通风道处的绕组表面。

防止电晕发生的办法，就是设法消除绕组表面这一层介电常数小而耐压强度又低的空气层以及设法使电场分布比较均匀。现在采用的办法一种是表面涂半导体漆；另一种是绝缘层内部及外部加导体或半导体屏蔽层。这里只介绍表面涂半导体漆的防晕处理工艺。

10000V及10500V高压定子绕组防晕处理工艺（见图4-24）如下：

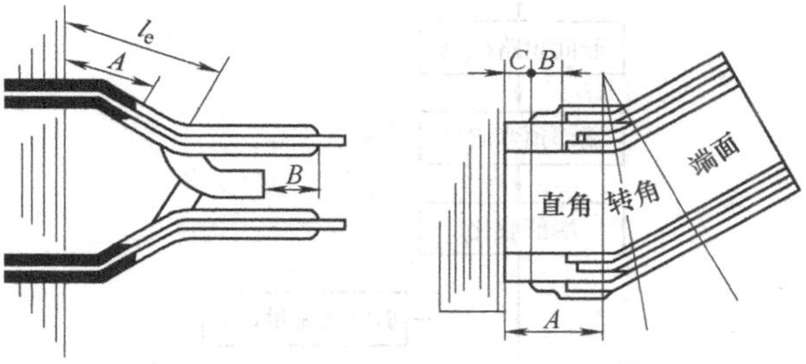

图4-23 复合式绝缘端部搭接方式

a）框式线圈包带复合式 b）框式线圈烘卷复合式

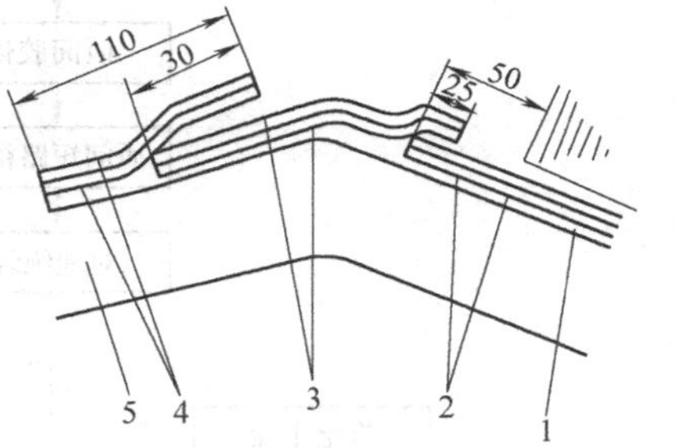

图4-24 防晕处理示意图

1—玻璃丝带 2—低电阻半导体漆 3—中电阻半导体漆 4—高电阻半导体漆 5—导线

直线部分长度比铁心长100mm，两端各伸长50mm，先刷低电阻半导体漆一次（表面电阻率$\rho_S = 10^3 \sim 10^4 \Omega \cdot m$），再半叠包一层0.1mm玻璃丝带，然后再刷低电阻半导体漆一次。直线部分也可采用半叠包一层0.15mm半导体低阻带一次模压成型。直线部分防晕层双边厚度设计时按0.6mm计算。

端部第一段刷中电阻半导体漆A38—2（$\rho_S = 10^8 \sim 10^9 \Omega \cdot m$），涂刷长度为105mm，与低电阻层搭接25mm，半叠包一层0.1mm玻璃丝带，然后再刷一次中电阻半导体漆。

端部第二段刷高电阻半导体漆A38—2（$\rho_S = 10^{11} \sim 10^{12} \Omega \cdot m$），涂刷长度为110mm，与中电阻部分搭接30mm，半叠包一层0.1mm玻璃丝带，然后再刷一次高电阻半导体漆。

不同阻值的半导体漆都是用绝缘漆内加入导体材料，如炭黑、石墨等混合而成，控制所加入导体材料的含量以达到不同的表面电阻值。

二、高压定子绕组制造工艺

高压定子绕组均为成型绕组，可分为框式绕组与条式绕组两种。高压定子绕组根据绝缘结构、固化成型工艺的不同，其工艺流程亦有所差别。图4-25是高压定子绕组的基本工艺流程图。图中分别列举了全粉云母多胶带复合式、端部黑玻璃漆布带复合式、环氧粉云母少胶带无溶剂整浸式及连续式环氧粉云母多胶带等五种典型绝缘结构的工艺流程。由图可见，框式绕组与条式绕组的工艺流程差别较大，而框式绕组的三种工艺方案的主要差别仅在于对地绝缘的固化成型方法不同，按方案的排列顺序依次为热模压固化成型、热液压固化成型和真空压力整浸固化成型。成型绕组主要工序的工艺要点如下：

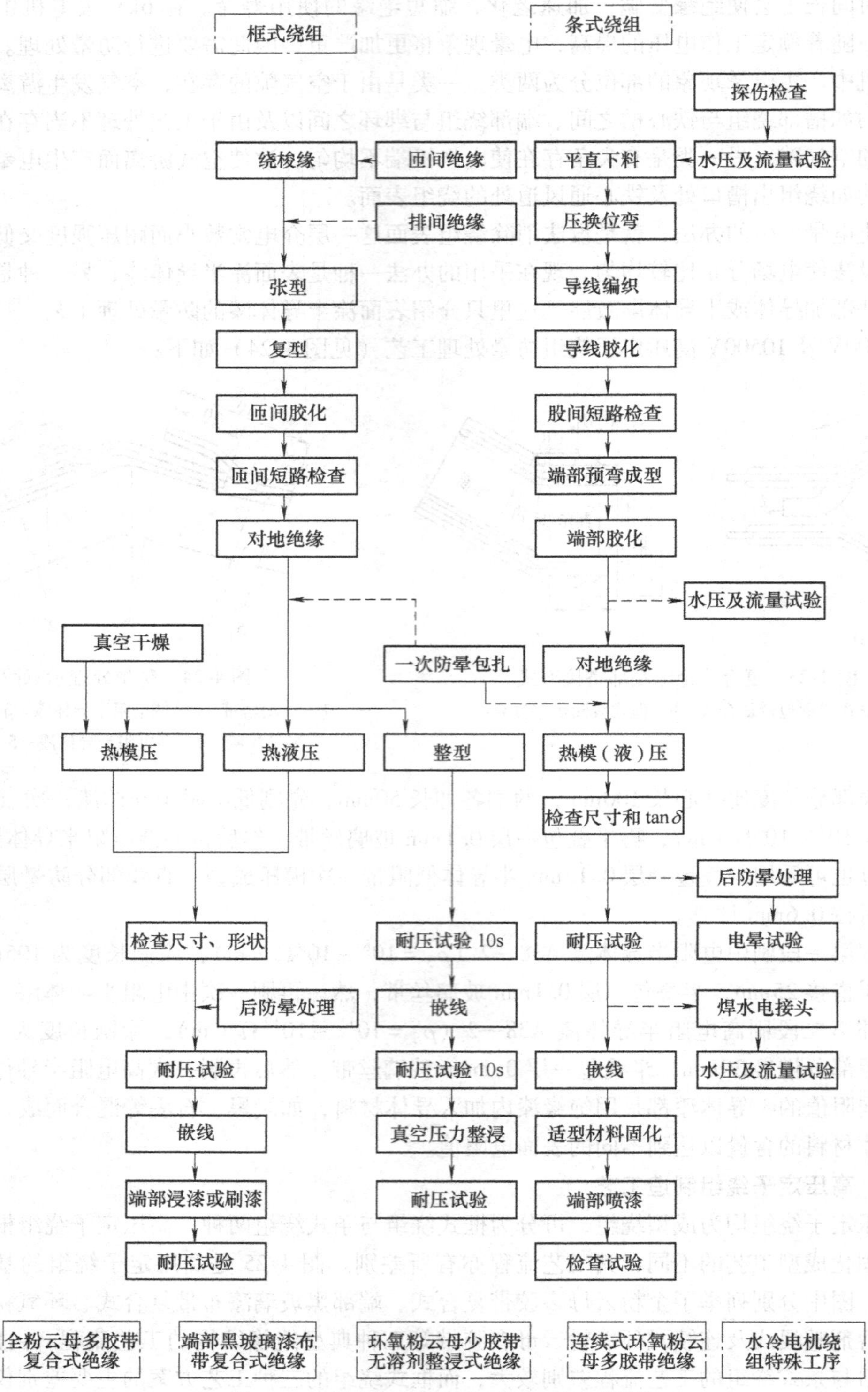

图 4-25 高压定子绕组的基本工艺流程图

1. 绕线

多匝成型绕组采用绝缘扁线绕制成棱形线圈、梭形线圈或梯形线圈。棱形线圈和梯形线圈的圈边距离较宽，便于使用包带机包扎。

绕线时，导线拉力要适中，随时将导线敲平，使之紧贴于绕线模侧面，防止线圈之间出现间隙和里松外紧现象。绕制过程中应按技术要求垫好或包好匝间绝缘，当绝缘出现破损时，应用同级绝缘修补好。中间断头可用对焊机焊牢，并修饰平整，加包绝缘。接头应处于端部的斜边上。绕到规定匝数后，必须用扎带绑好，防止卸模后线圈松散。线圈取下后，半叠包一层聚氯乙烯热收缩带作为张型时的机械保护。成型绕组的初始尺寸，主要由绕线模决定。绕线模有梭形模、棱形模和梯形模三种。

2. 张型与复型

1）张型是将梭形或棱形线圈半成品基本上拉成所需的形状。张型是在张型机上进行的。张型机有电动式和手动式之分。张型前，应将引出线端头去掉漆膜并搪好锡，以便嵌线后焊接。

2）复型的主要作用是把绕组端部的形状校准到正确的形状，以保证嵌线后定子绕组端部尺寸的正确与整齐。复型是在专门的复型模上进行的。复型模的端部用硬木制造，复型时，把绕组放到复型模内，先矫正直线部分，夹紧，然后矫正端部部分。经过复型后，绕组的形状基本上可达到要求，但高压绕组必须经过几次复型才能使几何形状一致。

3. 匝间绝缘胶化

在包扎对地绝缘前，必须对匝间绝缘进行热模压胶化。胶化的目的是：

（1）使导线排列整齐，并模压成整体，以提高绕组刚度。

（2）消除匝间间隙，以防止运行时在空隙中产生空气游离。

绕组在热压模上烘压后，必须在冷压模中定型到常温。出模后进行匝间绝缘短路检查，合格后才能包绕对地绝缘。

4. 包扎对地绝缘

电压在3kV及以上的高压绕组都需要包绕对地绝缘。绝缘带的要包绕方式有叠包（半叠包、1/3叠包等）、平包和疏包。对地绝缘只能使用叠包。在叠包情况下，绝缘实际层数比名义层数大一倍。平包主要用于包绕绕组绝缘的保护层，疏包则用于扎紧绕组导线。

对地绝缘必须包绕紧密，搭缝分布要均匀，各层的搭缝要错开，各层的松紧程度应一致。所用云母带必须柔软，未胶化变质，且不允许有折叠或受损现象。包扎厚度应考虑留有适当压缩量。采用模压时，压缩量一般控制在20%～25%，液压时可控制在15%～20%。

绕组包绕的顺序是：先包引线绝缘，然后包绕组的基本绝缘层，最后在端部包上热收缩带。对连续式绝缘，直线与端部的基本绝缘层连续包绕；对复合式绝缘，则先将直线部分的对地绝缘包成两端呈锥体形，锥体顶端延伸到端部斜边长度的1/2～2/3处，锥体长度一般为80～100mm，然后再包绕端部绝缘层。这时，应将端部绝缘层与直线部分的锥体搭接好。套管式绝缘直线部分，其对地绝缘由剪成梯形的云母箔包成两端为锥体的云母套管。包扎端部绝缘带时，也应与锥体部分搭接好。为提高工效和包扎质量，现在一般采用包带机代替手工包扎。

5. 对地绝缘固化成型

对地绝缘包扎完成后，要进行热压固化成型。热压固化成型的目的是使绕组成为紧密的整体，以获得优良的电气性能、力学性能、导热性能和准确的外形尺寸。热压固化有模压、液压和模液压固化三种方式。

绕组绝缘固化分为全固化和半固化。全固化处理是嵌线前绕组的端部与直线部分均已固化，其优点是绕组可以长期存放，但由于刚性大，只适用于 8 极以上的多极电机绕组。半固化处理是嵌线前绕组直线部分已固化成型，但端部不完全固化，仍保持一定的弹性和柔软性，以利于绕组嵌线，而端部的完全固化是在嵌线和浸漆烘焙之后。采用半固化工艺的绕组，经低温真空干燥后，绕组处于半固化状态，直线部分才进入模压。半固化处理时，低温干燥必须适度。烘焙过度，绝缘胶聚合硬化，难以模压成型，且影响柔软性。烘焙不够，模压时胶流失过多，引起绝缘内部“发空”，影响绕组性能。

典型交流电机高压绕组的制造工序见表 4-18。

表 4-18　典型交流电机高压绕组的制造工序

工序名称	产品示意图	工 作 内 容
准备	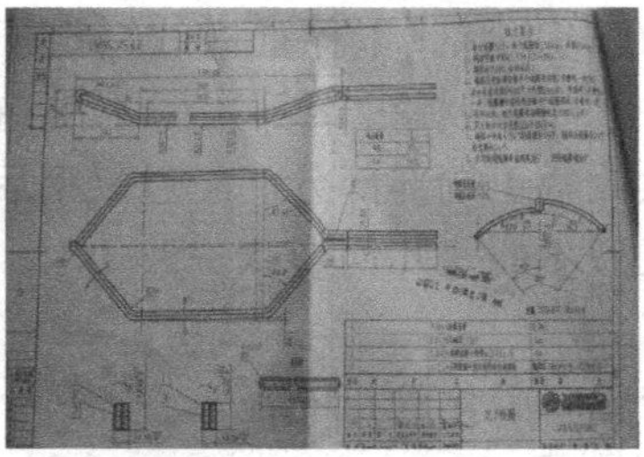	1. 整理好定子线圈图样、工艺过程卡、过程检验流程卡及其他相关技术文件 2. 工作前，绕线设备试运转看是否正常，调整好绕线拉力、励磁电流、绕线机鼻销尺寸 3. 严格按照图样及工程资料单要求的规格、型号、绝缘要求领用材料，检查是否有材料合格证，以及是否在有效期内
绕线	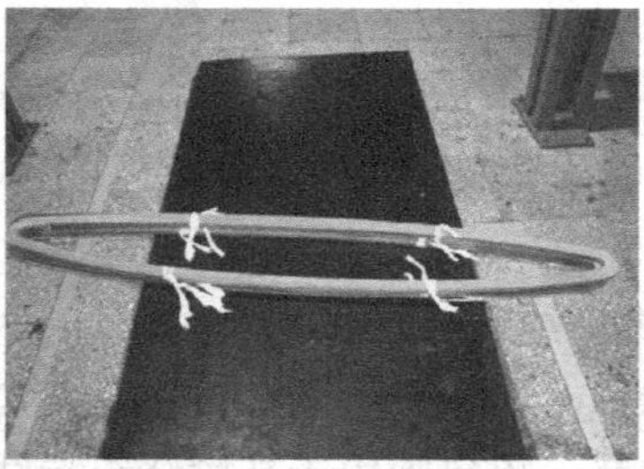	1. 按相应工号图，按图样要求的并绕根数准备线盘绕线，梭形长度按图样（梭形长度应以线圈最内层的一圈长度为基准，再依次叠绕在上层），绕线数量按相应图样及工程资料单要求 2. 绕制时，在线圈的两端 R 处（鼻端：端部拐弯），第一层导线上必须半叠包聚酰亚胺薄膜自粘带包扎，长度为 65 ~ 75mm。 3. 绕制完成后用白布带分别绑扎梭形的两端部及中间部分，防止松散。完成第一件工件时，必须首检
包保护带	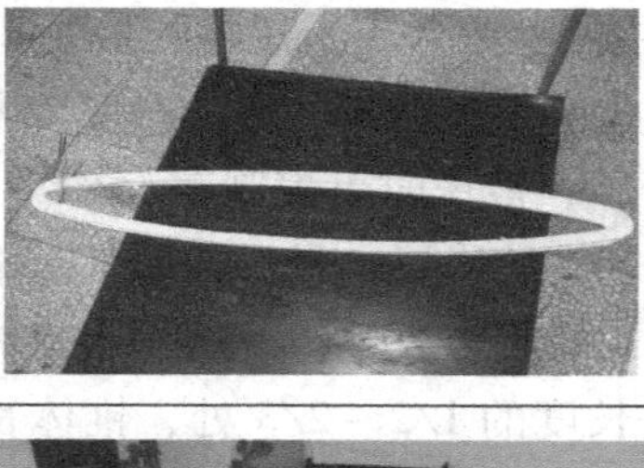	1. 用无碱带在线圈的两端直线部分至端部拐弯处约 25mm 处疏包一次，然后用白布带在整个线圈上半叠包一次，外围张型的线圈，应半叠包 2 次 2. 注意转角位置及直线部分需包扎紧实、平整，以免涨型后线圈匝间出现错位和松散现象。梭形需摆放整齐，不能堆放过高（不超过 12 层）
张型		1. 检查张形机夹子、插销部位是否有毛刺 2. 按图样工件尺寸调整张形机尺寸张型，自检、送首检及完工检 3. 斜边不能有倾倒现象。用角度样板检测线圈的跨距、两直线边角度是否符合图样要求

（续）

工序名称	产品示意图	工 作 内 容
白坯整型		1. 检查整型模是否平整、有无毛刺，整型模编号是否符合图样要求。如图样要求整型模做相应修改，还应检查是否按图修改 2. 在整型模上用锤子和打板敲打线圈，使线圈尽量贴合整型模，同一型号的一批线圈，形状应基本一致
弯折引线	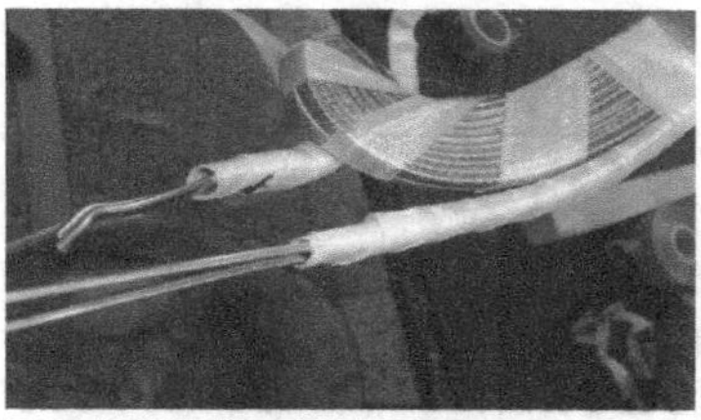	用平口钳将引线按扭两次，使导线宽边紧贴鼻端侧面。导线宽高比接近于1时，可不扭线
匝间胶化		1. 线圈在烘压器上进行压型，压条不能有棱角、毛刺。模压前用对应工号的线圈角度样板校模 2. 压型前、后注意轻拿轻放，压条不要砸到线圈 3. 烘压器温度控制在180～200℃，胶化时间见“线圈胶化、模压时间表”（当室温低于5℃时，压型时间适当延长3～5min） 4. 压型完成后，线圈不出现变形、松散、起毛等现象 5. 胶化后待线圈冷却胶完全干后作匝间耐压试验
拆保护带	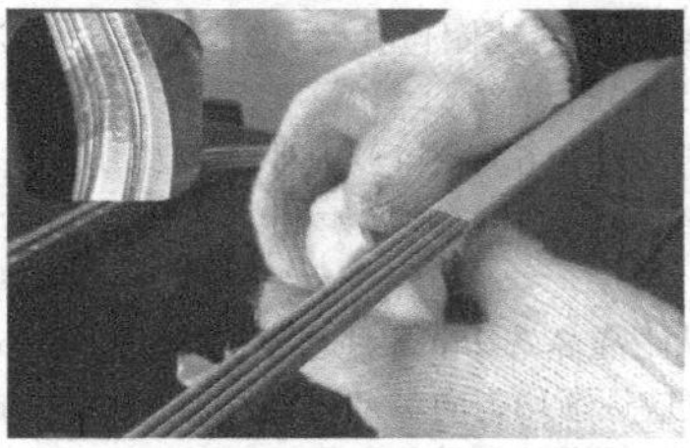	匝间试验后拆保护带（白布带），应轻拿轻放，避免因用力过大造成线圈松散。仔细检查线圈绝缘完好情况，若有轻微起毛及线圈轻微松散的现象，用聚酰亚胺薄膜修包，不允许线圈绕包玻璃丝断裂严重（不超过线圈总长的10%）
引线绝缘	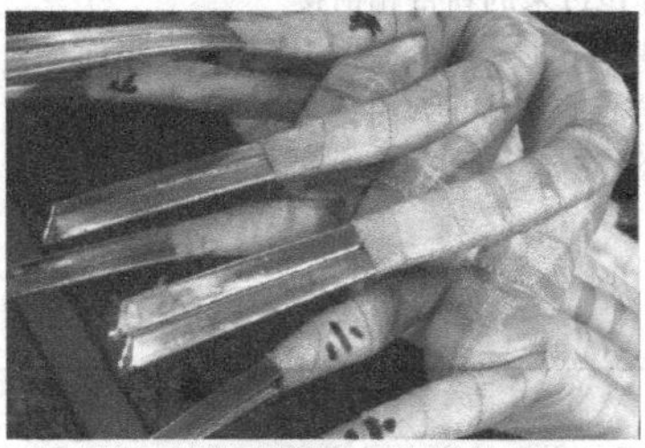	用刮线夹将引线绝缘去除干净，要求引线头光滑，铜线表面无严重刮痕。控制绝缘位置，白布带和梭形引线均不应损伤
		从距离鼻端20～30mm处划线，此处至斜边70～85mm处用0.14×25F级桐马酸酐粉云母带半叠包5次，再用0.1×25ET100无碱带半叠包一次，两端包成圆锥形
对地绝缘		1. 线圈直线部分使用包带机半叠包粉云母带9～10层 2. 包带机转速不超过300r/min 3. 不做防晕要求的，在包完对地绝缘后在线圈外半叠包聚酯薄膜收缩带一次 4. 按图样要求需做防晕处理的线圈，应按防晕规范包扎防晕带

（续）

工序名称	产品示意图	工 作 内 容
对地绝缘		1. 线圈直线部分使用包带机半叠包粉云母带9～10层 2. 包带机转速不超过300r/min 3. 不做防晕要求的，在包完对地绝缘后在线圈外半叠包聚酯薄膜收缩带一次 4. 按图样要求需做防晕处理的线圈，应按防晕规范包扎防晕带
热压成型		1. 线圈在烘压器上进行压型，压条不能有棱角、毛刺。压型前用对应工号的线圈角度样板校模 2. 压型前、后注意轻拿轻放，压条不要砸到线圈 3. 烘压器温度控制在170～190℃，夏季取下限，冬季取上限 4. 上模后先加接触压力，视流胶情况，3～12min后加全压 5. 模压完成后应对线圈尺寸进行检验，线圈表面不能有坑洼及伤痕，压型过程中流胶量少为佳
端部包扎	 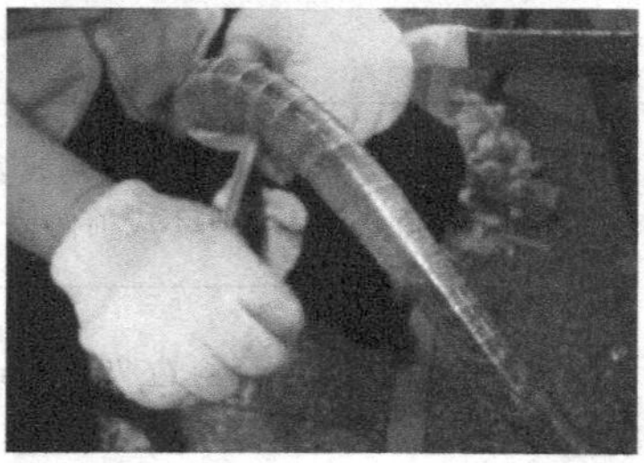	线圈包扎前拆除保护带，线圈包扎时，绝缘包绕方向必须一致。端部绝缘：括号内为10kV绝缘 1. 使用粉云母带半叠包6层(9层)其中4层(5层)应在包完引线绝缘后，包直线绝缘前包扎，余下2层(4层)在线圈热压成型后包扎 2. 第1层粉带从距离鼻端25mm处起至斜边70～85mm止。其他三次的起止位置应逐渐均匀向鼻部方向移动，两端包成圆锥形，与将要从直线部分包过来的粉带相衔接 3. 最后2次粉带包扎时，必须将引出线包扎在里面 4. 自检。按图样检查线圈的尺寸 5. 成品线圈送检、送试

三、绕组的质量检查与试验

绕组经绕线、张型与复型、匝间绝缘胶化、包对地绝缘及固化成型后，必须进行质量检查与试验，以便及时发现并消除加工过程中的缺陷，确保绕组质量。绕组的质量检查与试验分为外观质量检查与绝缘性能试验。

1. 外观质量检查

（1）尺寸和形状检查　检查每个绕组边截面的宽度和高度，尤其是直线部分截面尺寸必须在允许公差范围之内。同时，检查绕组的轴向长度、宽度（或弦长）、鼻子高度、绕组角度等尺寸和形状，均应符合图样要求，以保证嵌线顺利、配合紧密与绝缘良好。

（2）表面质量检查　检查绕组表面绝缘包扎是否良好、有无破损及直线部分截面等处有无异物，确保绕组质量完好。

2. 绝缘性能试验

为了保证电机成品的质量，高压定子绕组需经匝间绝缘试验、工频耐压试验及高压绕组电晕起始电压和介质损耗角正切值 $\tan\delta$ 的测定。

（1）匝间绝缘试验　高压定子绕组的匝间绝缘试验，通常采用感应冲击法、振荡电路法等，目前采用施加冲击电压并用波形比较法来判别绕组匝间绝缘故障，如 ZJ—12 型电机匝间耐压试验仪，其优点是方法简单、准确率高、检测效率高及应用范围广。

（2）工频耐压试验　高压定子绕组的工频耐压试验，通常在耐压试验室进行，试验装置包括试验变压器、调压设备、测量仪器、信号装置和保护电阻等。高压定子绕组对地绝缘工频耐压试验必须按工序分阶段进行且不能重复。

（3）高压绕组电晕起始电压和介质损耗角正切值 $\tan\delta$ 的测定　有防晕层的高压绕组需在暗室中检查，要求在 1.5 倍额定电压下不起晕。为了考核 6kV 及以上高压绕组的防晕处理质量，应抽试高压绕组的电晕起始电压，即采用目测法在升高试验电压过程中，其绝缘表面出现浅蓝色的电晕微光为止，此电压即为电晕起始电压。

为了检查绕组绝缘的整体性和密实性，对 6kV 及以上高压绕组应在防晕处理前进行介质损耗角正切值 $\tan\delta$ 的测定。$\tan\delta$ 的测定采用高压电桥在频率 50Hz，电压 $0.5U_N$、$1.0U_N$ 和 $1.5U_N$ 下各测一次，在额定电压和 20℃ 下的 $\tan\delta$ 值不得超过 4%，在 $0.5U_N$ 和 $1.5U_N$ 下的 $\tan\delta$ 值不得超过 2%，130℃ 下的 $\tan\delta$ 值不得超过 10%。

四、高压定子绕组嵌线工艺

典型交流电机高压绕组的嵌线工艺见表 4-19。

表 4-19　典型交流电机高压绕组的嵌线工艺

工序名称	产品图片	工 作 内 容
准备	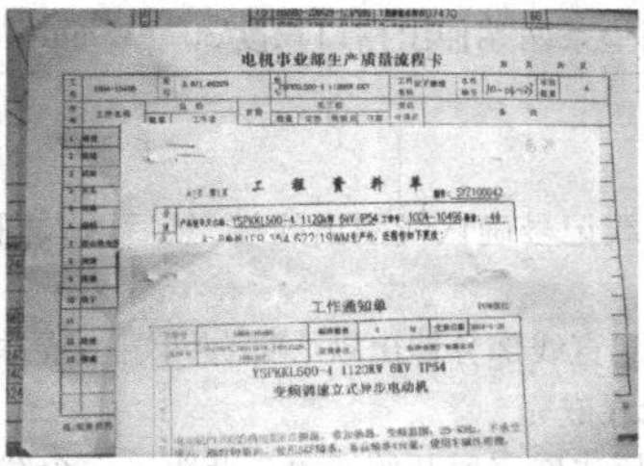	1. 确认定子嵌线图、接线图、测温装置图与工艺流程卡、工程资料单一致 2. 仔细阅读工程资料单要求，根据工程资料单领取嵌线材料
清理铁心		1. 定子铁心拆线前应标记引线端，拆线后应进行清理与挫槽，要求槽型齐整，无毛刺、凸片、倒片等 2. 嵌线前核对定子铁心与资料单工号是否对应，吹灰后准备嵌线 3. 对于有防晕要求的铁心应在铁心槽内喷低阻漆

（续）

工序名称	产品图片	工 作 内 容
嵌线准备	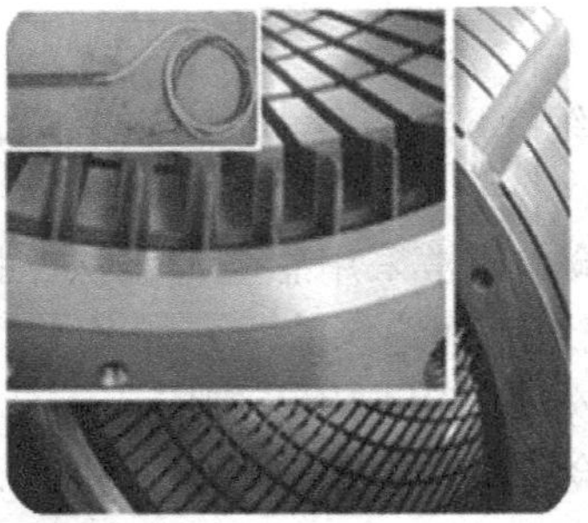	1. 垫条、槽楔、测温元件等材料与工程资料单和嵌线图样型号、数量相符 2. 端箍无变形、裂纹，包扎完毕 3. 槽楔无缺损现象，槽楔与铁心槽配合紧密 4. 测量测温元件电阻 5. 按相关工号资料单或图样准备好工艺要求的绑扎带，如使用磁性槽楔，还应准备磁性槽楔胶，磁性槽楔胶具有合格证且在有效使用期内
安装端箍	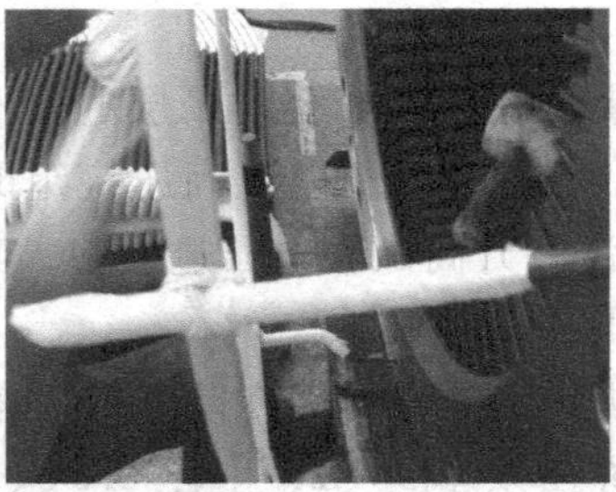 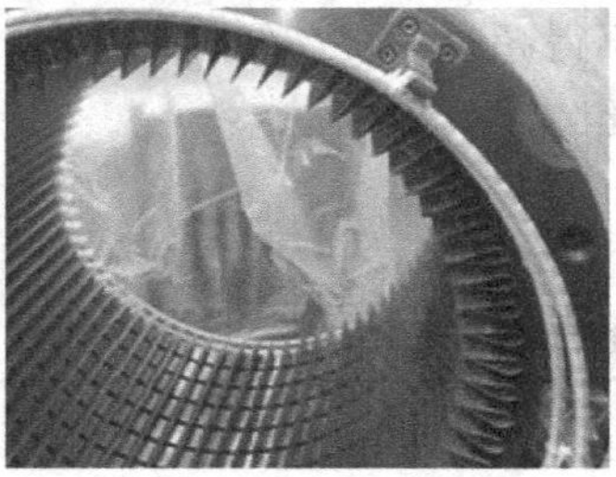	1. 金属端箍及支撑件需加包对地绝缘：使用粉云母带半叠包。6kV 包 8 层，10kV 包 12 层。各层之间的搭接缝隙应相互错开 2. 端箍内表面垫适型材料 906 一层，外包无碱带 ET100 一次（浸 114—4 漆半干使用） 3. 支撑件应紧固到位，长度不应超过线圈并头高度，放下第一个线圈后安装端箍，端箍与铁心压圈距离一致 4. 端箍使用 $\phi3 \sim \phi12$ 空心涤纶套管绑扎在支撑件上要求绑扎牢固、收头位置在支架内侧，确保美观
嵌线	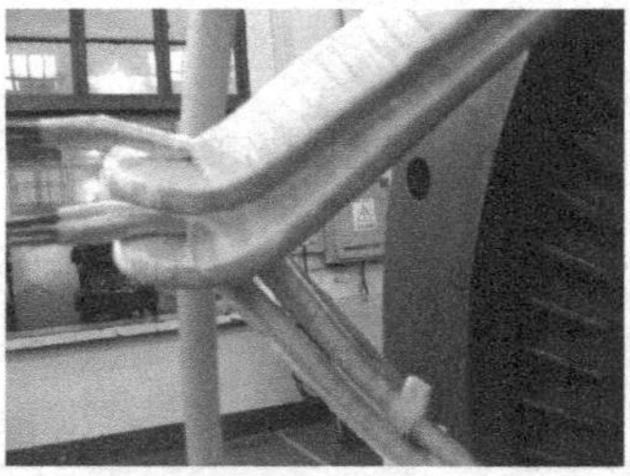 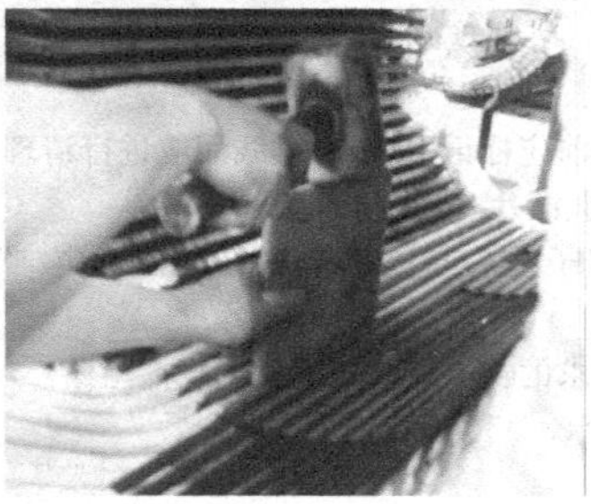	放槽底垫条：槽底垫条两端伸出槽口长度 30 ~ 35mm 1. 按嵌线图或拆线记号确认线圈出线端，然后两人同时将线圈嵌入槽内 2. 嵌时应注意线圈直线部分伸出铁心部分两端一致并符合图样要求，直至第一节距线嵌完 3. 第一节距的下层边嵌完后开始嵌第二节距第一个线圈的下层边，随即嵌上层边 4. 当线圈嵌至第一节距接口处时通直流电将第一节距的上层边一个个吊起，线圈加热温度不超过 60℃，吊起高度以最后一槽下层线圈能嵌入槽内为准，最后一槽线圈下层边嵌入后，将吊起的线圈逐一落下 5. 下线过程中，嵌放测温元件和层间垫条，测温元件数量按工程资料单及嵌线图，以 120°平均分布在铁心槽中，层间垫条两端伸出槽口尺寸为 50mm

（续）

工序名称	产品图片	工 作 内 容
嵌线	 	端部绑扎、端箍绑扎、连线绑扎、小头子绑扎要求： 1. 绑扎带不得有脏污、粘异物，外观不得有损坏 2. 尽量不用拼接的绑扎带，连线绑扎、小头子绑扎必须用整料，其余绑扎带只允许拼接一次 3. 绑扎带端头要锁紧，端头的毛边要剪齐并压在绑扎带下，从外表面应看不见端头，首尾绑扎带要封闭 4. 绑扎带尽量拉紧 5. 绑扎完毕后要将绑扎带整料并使之整齐，端部绑扎带中各线圈绑扎位置不整齐度≤5mm
	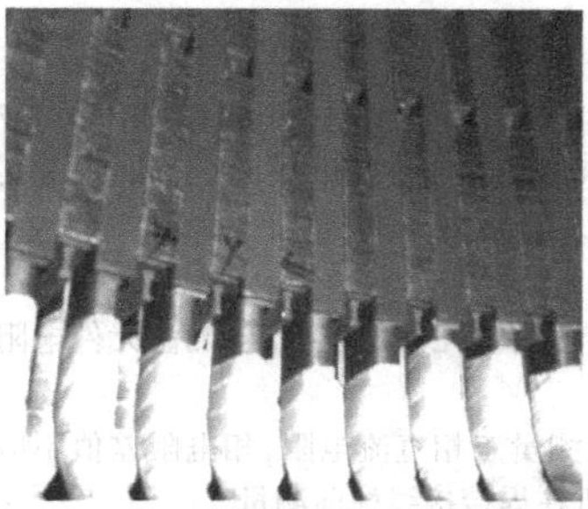	打槽楔：线圈上层边嵌入后，即将槽楔打入 1. 槽楔不能高于铁心 2. 楔下垫条紧实无松动现象 3. 槽楔无破损、削拨、漏打、中间无空隙，使槽楔松紧合适（若槽楔打入困难，则可削减楔下垫条） 4. 槽楔伸出铁心长度两端须一致 5. 采用磁性槽楔，按工艺守则要求预打槽 6. 线圈打完槽楔后，并头前自检，送检、进行耐压及匝间试验
并头	 	1. 对照工程资料单及接线图，并记清并联路数 2. 内外头子（即同一极相组的相邻两个线圈的引线，进行首尾相连）搭接尺寸10～25mm，弯头过程中尽量避免摆动伤及根部绝缘 3. 焊接使用气焊，焊接时用石棉纸垫在线圈端部及引线绝缘上，焊后接头应光滑牢固无毛刺，绝缘无损伤 4. 连线长度应配剪，支路连线截面积按0.8～1.4倍线圈截面积取用，极相组间连线按1～2倍线圈截面积取用，连线搭接尺寸15～20mm 5. 与引接线焊接的小头子需加固绑扎，以防止引接线晃动损伤绝缘 6. 连线焊接前检查有无接线错误，焊接要求与焊接小头子要求一致 7. 连接线绝缘 1）6kV电机：小头子和连接线用粉带5440-1半叠包，小头子包7次，连接线包9次。外层半叠包无碱带ET100一次 2）10kV电机：小头子和连接线先用无碱带ET100半叠包一次，再用粉带5440-1半叠包，小头子包8次，连接线包10次。外层半叠包无碱带ET100一次 要求：无碱带的尾结应打在外圈头子的根部，绝缘包扎均匀，紧实无松动，层与层之间搭接缝应相互错开

（续）

工序名称	产品图片	工 作 内 容
并头	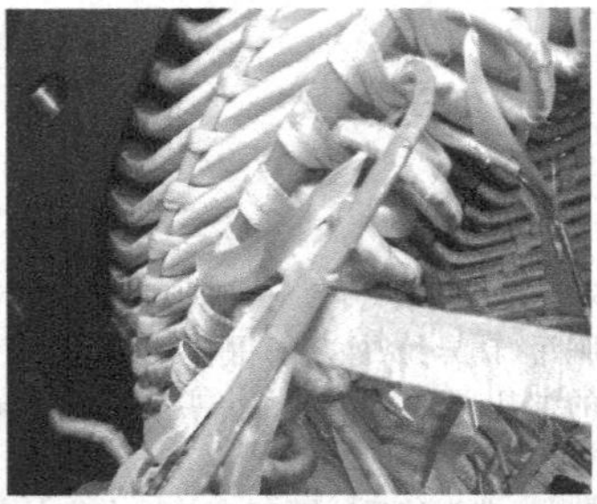 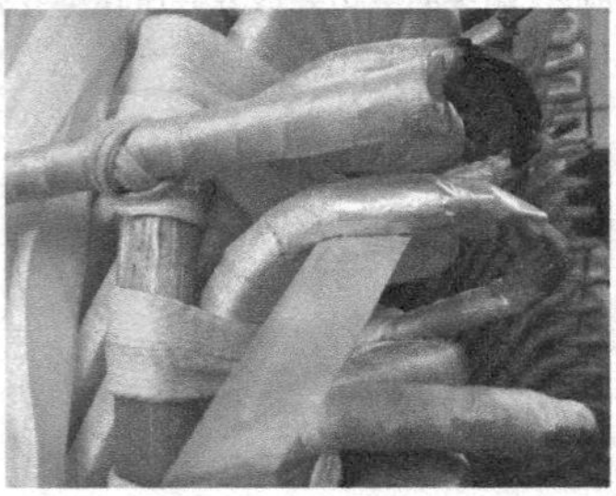	1. 对照工程资料单及接线图,并记清并联路数 2. 内外头子(即同一极相组的相邻两个线圈的引线,进行首尾相连)搭接尺寸15～20mm,弯头过程中尽量避免摆动伤及根部绝缘 3. 焊接使用气焊,焊接时用石棉纸垫在线圈端部及引线绝缘上,焊后接头应光滑牢固无毛刺,绝缘无损伤 4. 连线长度应配剪,支路连线截面积按0.8～1.4倍线圈截面积取用,极相组间连线按1～2倍线圈截面积取用,连线搭接尺寸15～20mm 5. 与引接线焊接的小头子需加固绑扎,以防止引接线晃动损伤绝缘 6. 连线焊接前检查有无接线错误,焊接要求与焊接小头子要求一致 7. 连接线绝缘 1)6kV电机:小头子和连接线用0.14×25粉带5440-1半叠包,小头子包7次,连接线包9次。外层半叠包0.1×25无碱带ET100一次 2)10kV电机:小头子和连接线先用0.1×25无碱带ET100半叠包一次,再用0.14×25粉带5440-1半叠包,小头子包8次,连接线包10次。外层半叠包0.1×25无碱带ET100一次 要求:无碱带的尾结应打在外圈头子的根部,绝缘包扎均匀,紧实无松动,层与层之间搭接缝应相互错开
检试		1. 交流耐压试验按6kV电机工频交流耐压试验电压为15.5kV/1min,10kV电机工频交流耐压试验电压为24.5kV/1min;对于防爆电机,电压值应在以上基础上再增加5%,即为上述试验电压的105% 2. 用万用表测量各测温元件电阻值,各测温元件电阻差值不应超过0.25% 3. 用开尔文电桥测量三相直流电阻,相电阻差值不应超过最小值的2%。双速电机在焊接接线柱前测量

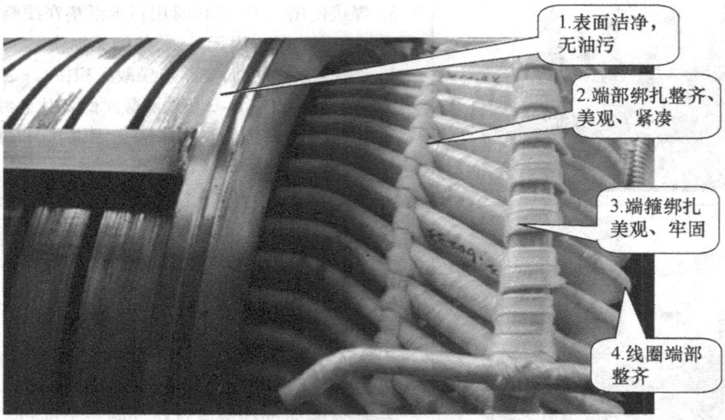

a)

图4-26　典型的定子嵌线外观质量样板图

b)

图 4-26 典型的定子嵌线外观质量样板图（续）

五、典型的定子嵌线外观质量样板图

典型的定子嵌线外观质量样板图如图 4-26 所示。

第四节 电机绕组绝缘处理工艺

一、绕组绝缘处理的目的

绕组绝缘中的微孔和薄层间隙，容易吸潮，导致绝缘电阻下降，也易受氧和腐蚀性气体的作用，导致绝缘氧化和腐蚀，绝缘中的空气容易电离引起绝缘击穿。绝缘处理的目的，就是将绝缘中所含潮气驱除，而用漆或胶填满绝缘中所有空隙和覆盖表面，以提高绕组的性能。

1. 绕组的电气性能

绝缘漆的电气击穿强度为空气的几十倍。绝缘处理后，绕组中的空气为绝缘漆所取代，提高了绕组的起始游离电压和其他电气性能。

2. 绕组的耐潮性能

绕组浸渍后，绝缘漆充满绝缘材料的毛细管和缝隙，并在表面结成一层致密光滑的漆膜，使水分难以浸入绕组，从而显著提高绕组的耐潮性能。

3. 绕组的导热和耐热性能

绝缘的热导率比空气优良得多。绕组浸渍后，可显著改善其导热性能。同时，绕组绝缘材料的老化速度变慢，耐热性能得到提高。

4. 绕组的力学性能

绕组经浸渍后，导线与绝缘材料粘结成坚实的整体，提高绕组的力学性能，可有效地防止由于振动、电磁力和热胀冷缩引起的绝缘松动和磨损。

5. 绕组的化学稳定性

绝缘处理后形成的漆膜能防止绝缘材料直接与有害的化学介质接触而损坏。经过特殊绝缘处理，还可使绕组具有防霉、防电晕及防油污等能力，从而提高绕组的化学稳定性。

二、绝缘处理的主要类型

绝缘处理可分为浸漆处理、浇注绝缘和特殊绝缘处理等。

（1）浸漆处理　浸漆处理是最常用的绝缘处理方式，主要有沉浸和滴浸两大类。其中，沉浸法又分为常压沉浸、真空浸渍和真空压力浸渍等。常压沉浸法设备简单，操作容易，但浸烘周期长，一般用于普通中小型电机。真空浸渍和真空压力浸渍可很好地去除绕组内部的潮气和空气，浸渍质量高，可大大改善绕组的绝缘性能，但设备复杂，常用于绝缘质量要求高的中大型电机。滴浸法浸烘周期短，生产效率高，浸漆质量好，易实现机械化和自动化生产，但对体积较大的电机，绕组难以浸透，因而限于小型和微型电机的绕组浸渍。

（2）浇注绝缘　电枢绕组采用浇注胶，经浇注、加热固化形成整体浇注件的方法叫作绕组浇注绝缘。浇注绝缘结构紧凑、坚固、整体密封性好，绝缘可靠，三防（防霉菌、防盐雾、防潮）性能良好。常用于控制微电机、直流力矩电机等的绝缘处理。

特殊绝缘处理是根据电机特殊工作条件或特殊环境使用要求而采取的绝缘处理方法，例如湿热带电机的三防处理以及高压电机的防电晕处理等。

三、绝缘处理的材料与设备

浸漆处理的主要材料是浸渍漆，浸渍漆分为有溶剂漆和无溶剂漆两大类。对浸渍漆的基本要求是：

1）有合适的黏度和较高的固体含量，便于渗入绝缘内层，填充空隙和微孔，以减少材料的吸湿性。

2）漆层固化快，干燥性好，储存期长，粘结力强，有热弹性，固化后能经受电机运转离心力的作用。

3）有良好的电气性能、耐热、耐潮、耐油性和化学稳定性。

4）对电磁线及其他绝缘材料有良好的相容性。

有溶剂漆由合成树脂或天然树脂与溶剂形成，具有渗透性好、储存期长等特点，但浸渍和烘干时间长，固化慢，溶剂的挥发还造成浪费与环境污染。常用的溶剂有苯类、醇类、酚类、酰胺类和石油溶剂等。有溶剂漆现以醇酸类与环氧类应用最广泛。

无溶剂漆由合成树脂、固化剂和活性稀释剂等组成，具有固化快、黏度随温度变化太、浸透性好、固化过程中挥发物少，绝缘整体性好、材料消耗少、浸烘周期短、绕组的导热和耐潮性能好等优点。无溶剂漆可适用于常压沉浸、真空压力浸和滴浸等工艺方法。快干无溶剂漆特别适合于滴浸。常用的无溶剂漆主要有环氧型、聚酯型和环氧聚酯型。

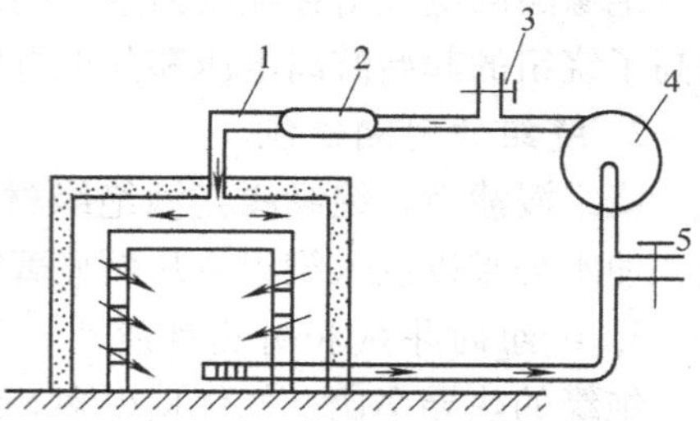

图 4-27　热风循环式烘房的结构原理

1—隔热板　2—空气预热器　3—排气口

4—鼓风机　5—进气口

浸漆处理的通用设备是烘房、浸漆槽和滴漆架等。烘房采用热风循环式结构，其本体内层为耐火砖，外层由普通砖铺成，中间层则用石棉粉或硅藻土等填充。烘房主要用于绕组的预供和烘干，要求升温快、温度均匀、控制灵敏准确、操作维护方便、能耗少及安全可靠。烘房的加热方式有电加热、蒸气加热和远红外加热等。电热器发热元件可采用镍铬合金电热丝或远红外加热元件。图 4-27 所示为热风循环式烘房的结构原理。

四、普通浸漆处理工艺

浸漆处理包括预烘、浸漆及烘干三个主要工序。

1. 预烘

浸漆前，带绕组定子铁心必须预烘，其目的是驱除绕组中所含的潮气，以提高绕组浸漆的质量；提高工件浸漆时的温度，当工件与绝缘漆接触时，绝缘漆黏度降低、很快地浸透到绕组里去。

预烘的主要工艺参数是温度和时间。温度过低，去除潮气和挥发物的时间长。温度过高，影响绝缘材料的使用寿命。预烘温度随绝缘材料的耐热等级而定。常压下的预烘温度取耐热极限温度上下10℃左右，但最高不超过耐热极限温度20℃。在真空状况下。由于水的沸点变低，因而预烘温度可以降低，常取为80～110℃。预烘过程中，预烘温度宜逐步增加，以防表面层温度高而使内部的水分不易散出。

预烘时间与绝缘中的水分含量、绝缘结构尺寸与形状、烘炉情况及预烘温度的高低有关，预烘时间为预烘开始至绝缘电阻基本稳定的时间 t_c 的1.1～1.2倍。小型电机为4～6h，中型低压电机为5～8h。图4-28所示为烘房温度及绝缘电阻变化曲线。

2. 浸漆

浸渍方法、浸渍漆的种类及电机的使用要求不同，浸渍处理的工艺规范和工艺参数也不同。采用常压沉浸法沉浸时，浸渍质量取决于绕组和铁心的浸渍温度、漆的黏度、浸渍时间和浸渍次数。

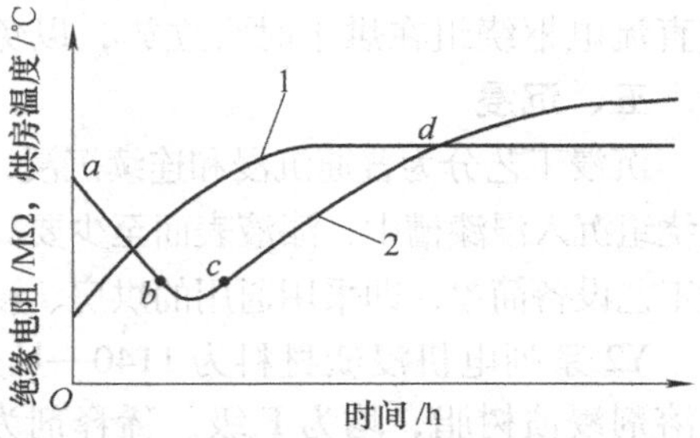

图4-28　烘房温度及绝缘电阻变化曲线

1—温度变化曲线　2—绝缘电阻变化曲线

浸渍次数根据绕组的使用环境和选用的浸渍漆而定。对普通用途的中小型电动机，使用有溶剂漆时一般浸漆两次，使用无溶剂漆时可浸漆一次或两次。对直流牵引电动机等经常过载的电动机，可采用无溶剂浸漆渍两次或有溶剂漆渍三次。对防爆电动机等要求特别高的电动机，必须浸渍有溶剂漆四次或无溶剂漆三次以上。一般来说，使用条件越苛刻，使用环境越恶劣，浸渍次数也就越多。

漆的渗透能力，主要取决于漆的黏度。漆的填充能力，主要取决于漆的固体含量。第一次浸漆时，要求漆充分渗透，填满所有的微孔和间隙，故漆的黏度不宜过高，且浸渍时间应稍长，否则难以浸透，并易形成漆膜，将潮气封闭在里面，影响第二、三次浸漆的效果。第二次浸漆是把绝缘与导线粘牢，并填充第一次浸漆烘干时溶剂挥发后所造成的微孔，以及在表面形成一层光滑的漆膜，以防止潮气的侵入。因此，第二次浸漆的漆黏度和固体含量因适当增加，但时间可稍短。第三次及以后的浸漆是要求在绝缘表面形成加强的保护层，因而黏度和固体含量也要比前两次增大。

采用真空压力浸漆时，常采用真空、加压和反复加压的一次性浸漆方式，其工艺参数除应有合适的工作温度、漆的黏度及浸漆时间外，还应选择合适的真空度和压力大小。真空压力浸渍的工作温度为50～70℃，漆的黏度比常压浸渍大。浸渍时，真空度一般选为0.096MPa，并保持15～20min。加压压力为0.2～0.8MPa，加压时间视工件的结构形状与尺寸而定。单只绕组加压时间为数分钟至30min，整体浸漆的电动机绕组，加压时间为1～3h。中型高压电机采用整体浸漆工艺时，加压时间在3h以上。

3. 烘干

烘干的目的是促进漆基的聚合和氧化作用，使侵入绕组内部的漆固化，并使其表面形成光滑漆膜。

烘干过程分为两个阶段进行。第一阶段主要是溶剂的挥发，这时温度应控制在溶剂的挥发温度以上、沸点温度以下，使溶剂既能顺利逸出，又不致在绕组表面形成微孔和起泡，同时又可避免漆的表面形成硬膜，阻碍内部溶剂的挥发，在此过程中，还应控制风量进行换气，保证有10%左右的空气不断换新，以加速溶剂的挥发和防止溶剂气体过浓而引起爆炸事故。第二阶段主要是漆基的聚合固化，并在工作表面形成坚硬的漆膜。为此，干燥温度一般比预烘温度高10℃左右，升温速度约为20℃/h。在浸渍漆接近干燥时，交换的空气量可适当减少。烘干时间与工件的结构和加热方式有关，可根据试验确定。第一阶段的时间，视溶剂的挥发情况而定，一般为2～3h。第二阶段的时间应根据绝缘电阻的情况确定，以绝缘电阻达到持续稳定（一般2～3h）为止。多次浸渍时，前几次烘焙时间应短些，最后一次时间长些，使前后几次形成的漆膜能很好地黏在一起，不致分层。对于转子或直流电枢绕组，最后一次烘干时间要求更长，以免因硬结不良而导致运行时受热出现甩漆现象。另外，转子或直流电枢绕组在烘干时宜立放，以免漆流结在一边而影响平衡。

五、沉浸

沉浸工艺分为普通沉浸和连续沉浸，一般中小型电机绕组均采用普通沉浸工艺，即将一批电机绕组沉入浸漆槽中，漆液表面至少要高出工件200mm以上，使绝缘漆渗透到绝缘孔隙。普通沉浸工艺设备简单，即采用通用的烘房、浸漆槽和滴漆架等。普通沉浸典型工艺见表4-20。

Y2系列电机浸渍材料为1140—U型不饱和聚酯无溶剂浸渍树脂或1140—E型环氧树脂无溶剂浸渍树脂，均为F级，稀释剂为苯乙烯（95%）。

连续沉浸适用于大批量生产的小型、微型电机绕组浸渍。连续沉浸的主要设备是隧道传送式的连续沉浸烘干设备，每台设备都有几十个工位。电机绕组装进入口工位后，随着传送带的移动，首先预烘一段时间，然后由升降装置将浸漆槽抬高，电机绕组沉入浸漆槽，沉浸1～2min，接着由升降装置使浸漆槽下降，工件连续前移，经后继工位进行烘干。运转一周后，工件回到原入口处，便可取出工件。连续浸烘设备中装有电热元件，其内部温度控制在130～150℃，传送速度可通过调节节拍时间予以控制，以保证工件在传送带上运转一周后能浸透烘干。连续沉浸法生产效率高，质量较好。一台连续沉浸烘干设备，年浸烘电机可达数十万台。

表4-20 普通沉浸典型工艺（B级绝缘、浸1032漆）

序号	工序名称	处理温度/℃	电机中心高/mm	处理时间	绝缘电阻稳定值/MΩ
1	预烘	120±5	80～160	5～7h	>50
			180～280	9～11h	>15
2	第一次浸漆	60～80	—	>15min	—
3	滴漆	20	—	>30min	—
4	第一次烘干	130±5	80～160	6～8h	>10
			180～280	14～16h	>2
5	第二次浸漆	60～80	—	10～15min	—
6	滴漆	20	—	>30min	—
7	第二次烘干	130±5	80～160	8～10h	>1.5
			180～280	16～18h	>1.5

六、真空压力浸漆

对大中型高压电机绕组或牵引、轧钢电机的电枢绕组等要求较高的绕组，采用真空压力浸漆或真空浸漆。真空压力浸漆也称为VPI技术，其典型的设备与总体布局如图4-29所示。真空压力浸的漆工艺过程见表4-21。

表 4-21　真空压力浸漆的工艺过程

序号	工序名称	工序内容
1	预烘	将电机绕组吊入烘房，1h 升温 110～120℃，然后保持 1.5h
2	入罐	将预烘好的电机绕组吊入浸漆罐，然后密封罐口
3	抽真空	开动真空泵抽出浸漆罐内的空气，抽真空至剩压力为 0.096MPa，并保持 15～20min
4	输漆	利于浸漆罐内的真空，将漆液输入浸漆罐，并使漆的液面高于电机绕组最高点达到 50mm，关闭阀门，并稳定 10min
5	加压	开动空气压缩机，将过滤的干燥空气打入浸漆罐内，罐内气压升至 0.5～0.6MPa，并保持 15～20min
6	排漆	利于浸漆罐内的余压，将漆压回储漆罐
7	排气	开动鼓风机，将浸漆罐内的挥发物抽出（0.5h）
8	开罐	将电机绕组滴干后（从排完漆开始，1h 左右），撤除浸漆罐口的密封
9	入炉干燥	将电机绕组滴干后再吊入烘房，关好烘房门；升温，先低温预热 3h，温度为 80～100℃；逐步升高到 120～130℃，烘焙 9h 左右（以绝缘电阻稳定为准）

真空压力整体浸漆具有以下突出的优点：

1）简化绕组制造工艺，摒弃单个绕组绝缘热压固化的传统工艺。采用少胶云母带连续包绕绕组，嵌入铁心后再整体浸渍，可使绕组制造简单，嵌线容易。生产效率高，且不会损伤绕组绝缘。

2）提高电机绕组的整体性，可消除电机绕组位移引起的绝缘磨损。

3）提高绕组的导热性，从而可降低电机的运行温度。

4）增强电机绕组适应环境条件的能力，可消除潮气、化学气体和其他污物侵入绝缘内部而造成的绝缘损坏。

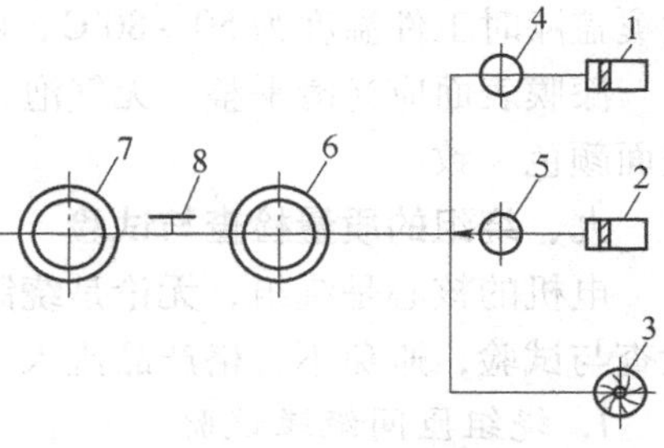

图 4-29　真空加压浸漆管道示意图

1—真空泵　2—空气压缩机　3—鼓风机　4—冷凝器　5—空气过滤器　6—浸漆罐　7—储漆罐　8—阀门

5）改善槽内的填充效果，可有效地防止电晕现象的发生。

七、滴浸

滴浸工艺是将能较快固化的无溶剂漆（快干无溶剂漆）呈细流状连续滴落到旋转的电机绕组上。其特点是，浸渍处理的周期短，漆的流失量小；采用无溶剂漆，无大量溶剂挥发，可改善劳动条件；填充能力强，整体绝缘性好；浸渍设备简单紧凑，易实现自动化生产，生产效率高；适用于大量生产的小型和微型电机绕组的浸漆处理。

滴浸设备有转盘式、传送带式和座式等。典型的转盘式滴浸设备工作示意图如图 4-30 所示。它由转盘、中央滑环、减速箱及夹具、升降装置、滴漆装置、驱动装置等组成。盘体上设有若干工位（图中央为 12 个工位）。工作时，工件经滑环通电加热，同时，传动与控制系统控制滴漆量和盘体转动节拍时间。每经一个节拍时间，工件就随盘体转过一个工位。工件经预热、滴浸、后处理（胶凝和固化）等阶段后，盘体恰

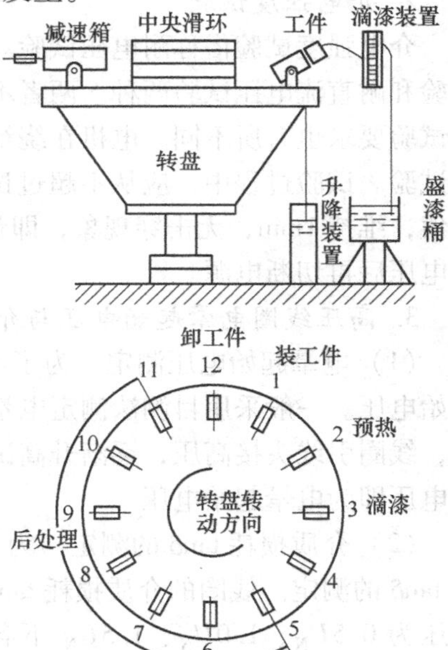

图 4-30　典型的转盘式滴浸设备工作示意图

好转动一周，浸烘则结束。

八、湿热带三防电机的浸漆处理

湿热带三防（防潮、防霉、防盐雾）电机工作在条件很恶劣的湿热带地区。在这些地区，空气中湿度很大（25℃时相对湿度为95%左右），有霉菌，有盐雾。所以电机容易受潮而使绝缘电阻降低，绝缘表面容易长霉而使绝缘材料变质（温度17~38℃，相对湿度75%以上最适于霉菌的生长），金属零件和绝缘容易受到盐雾的腐蚀。因此湿热带电机应具有防潮、防霉、防盐雾的能力。

湿热带三防电机定子绕组的浸漆处理，要求比一般的电机严格（其他有关零件都要进行三防处理）。对于B级绝缘的电机，定子绕组嵌线和接线后，浸1032三聚氰胺醇酸树脂漆三次。其工艺参数与普通的二次浸漆工艺类似；喷环氧酯灰磁漆一次，黏度为35~45s。喷覆盖漆时工件温度为50~80℃，喷完后，在（120±5）℃温度下烘干（大约烘2h）。

漆膜表面应光滑平整，无气泡、起皱、脱皮及裂纹现象；要求覆盖面全部喷到，并做到表面颜色一致。

九、绕组的质量检查与试验

电机的核心是绕组，无论是绕制、嵌装、焊接、绝缘处理和装配，均要对绕组进行质量检查与试验，避免不合格产品流入下一道工序，造成质量问题。

1. 绕组匝间绝缘试验

绕组制造过程中，可能引起机械损伤或绝缘破损，会造成匝间故障，所以必须进行绕组匝间绝缘试验。对散嵌绕组的匝间绝缘试验是在线圈嵌入铁心后、并头前进行的。对成型线圈，应在线圈成形后，对各单个线圈进行匝间试验。

绕组匝间绝缘试验，一般采用中频电源法、插入铁心法或短路侦察法，目前国家标准要求对电机绕组或多匝线圈必须施加冲击电压与波形比较法来判别绕组绝缘。

2. 介电强度试验

介电强度试验俗称耐电压试验。因所加电压有交流和直流之分，所以又分为耐交流电压试验和耐直流电压试验两种。两者不能相互代替。介电强度试验根据电机制造的不同阶段，其试验要求也有所不同。电机在绕组嵌入铁心后但未浸漆时和装成整机后，都要进行介电强度试验。试验过程中，应从不超过试验电压全值的1/3~1/2开始，在10~15s内逐渐升到全值，维持1min，无击穿现象，即认为合格。试验后，应按加压时相同速率降低电压到初始电压后再切断电源。

3. 高压线圈电晕起始电压与介质损耗的测定

（1）电晕起始电压测定　为了考核高压线圈的防晕处理质量，应抽试高压线圈的电晕起始电压。一般采用目测法测定电晕起始电压。将线圈直线部分包以与铁心等长的铝箔并接地，线圈引线头接高压，逐渐升高试验电压，直到线圈绝缘表面出现蓝色的电晕放电微光，此电压即为电晕起始电压。

（2）介质损耗 $\tan\delta$ 的测定　为了检查高压线圈绝缘的整体性和密实性，应进行介质损耗 $\tan\delta$ 的测定。线圈的介质损耗 $\tan\delta$ 的测定一般采用高压电桥（西林电桥），频率为50Hz，电压为 $0.5U_N$、$1.0U_N$、$1.5U_N$ 下各测一次。当电压在 $6kV \leqslant U_N \leqslant 11kV$ 时，测量温度为20℃，$\tan\delta$ 值为4%；测量温度为130℃，$\tan\delta$ 值为10%；当电压在 $U_N \geqslant 13.8kV$ 时，测量温度为20℃，$\tan\delta$ 值为3%；测量温度为130℃，$\tan\delta$ 值为10%。测量时线圈与电桥连接不应出现电晕，以免 $\tan\delta$ 值增大；被测线圈的测量电极的外部绝缘有脏污或受潮，将会导致 $\tan\delta$ 值偏小或出现负值。

（3）绝缘电阻的测定　测量绕组的绝缘电阻的目的是检查绕组的受潮和缺陷情况。测量绝缘电阻的仪表为绝缘电阻表，有手摇发电式和电子式两类。在电机考核中，一般只给出热态时的绝缘电阻考核标准，而且不同种类的电机，考核标准有所不同。

十、典型电机浸漆工序

典型电机浸漆工序见表4-22。

表4-22　典型电机浸漆工序

工序名称	产品图片	工作内容
浸漆准备	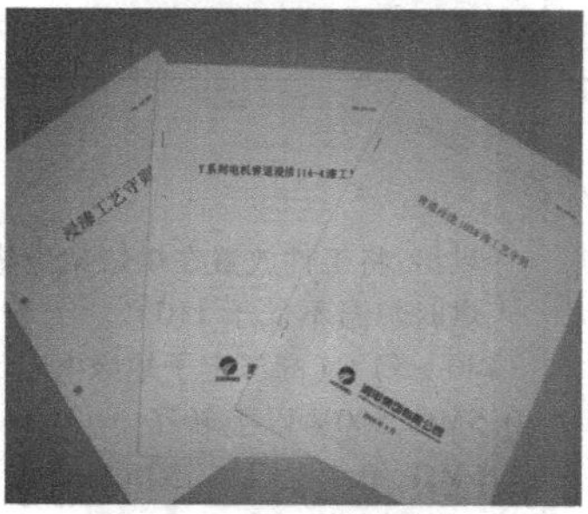	熟悉工艺守则，检查工件，是否有磕碰，油污，如有则及时报告，处理后方可作浸漆准备 检查114-4浸渍漆的黏度（23℃±1℃时大于20～50s，每月检查一次）、电性能（常态下≥20MV/m）、胶化时间（130℃±2℃时，≤10min）等指标是否符合要求，漆池杂质定期清理
清理防护		清理工件，去除灰尘油污。必要时用苯乙烯清抹工件表面，然后用白布检查其表面是否有油污，有则继续清理。工件配合面、螺纹孔、电缆接头处涂抹硅脂，涂均匀，不可过量
预烘		工件预热除潮，把工件放置于烘焙架上进烘炉预烘（预热温度120℃±5℃，中心高500mm以下6～8h，中心高500mm以上7～9h）。预烘过程中每小时测量一次绕组绝缘电阻并做好记录
浸漆		浸漆：沉漆法（工件低于漆面100mm）对于16号中心高630mm及以上的大电机，当设备有困难时，定子允许用淋漆法，转子用滚浸法。但定子线圈端部所有表面均需淋到，转子线圈每槽底均需浸足规定的时间25min

（续）

工序名称	产品图片	工作内容
滴漆 清理		滴漆：将工件放置漆罐内 40min 后将工件余漆滴除，直到不再有余漆滴落为止。 清理：用蘸有溶剂的抹布或拖把抹去转轴、定子内圆、止口、机座外表等不需要漆膜之处的漆
烘焙		烘焙：将工件放置在烘焙架上进入烘炉普通烘焙，入烘时炉温不低于 110℃。定子、转子的烘焙温度：(140 ± 5)℃（高压定子绝缘电阻 > 6MΩ，低压定子 > 0.5MΩ，500V 以上转子 > 1MΩ，1000V 以上转子 > 1.5MΩ，绝缘电阻稳定 3h 后出烘）
出烘 清理		出烘：工件出炉，冷却至 50 ~ 70℃ 清理：将出烘的工件需趁热放置在铁架上清理漆瘤（清理部位为转轴、铁心与轴孔内残余的漆，无纬带与线圈上的漆瘤也必须清理掉）与定子导电环上及吊运孔的硅脂。注意通风槽板之间需趁热清理，清理过程中勿损伤绝缘
二次 浸漆		二次浸漆：采用普通浸漆，工件温度控制在 50 ~ 70℃，浸漆时间 20min（二次浸漆时严禁把首次漆膜泡发，也不允许有严重发花起皮现象）

（续）

工序名称	产品图片	工作内容
滴漆 清理		滴漆：将工件放置漆罐内 >30min 将工件余漆滴除，直到不再有余漆滴落为止 清理：将工件放置滴漆滴区余漆 20 ~ 30min，并用苯乙烯清抹工件铁心与转轴外圆、端面、轴孔及螺孔等配合面和导线电接触面的余漆抹擦干净
烘 焙		固化烘焙：将工件放置在烘焙架上进入烘炉普通烘焙，入烘时炉温不低于 110℃。定、转子的烘焙温度：(140 ±5)℃（高压定子绝缘电阻 >6MΩ，低压定子 >0.5MΩ，500V 以上转子 >1MΩ，1000V 以上转子 >1.5MΩ，绝缘电阻稳定 3h 后出烘）
出烘 清理		出烘，清理：将出烘的工件需趁热放置在铁架上清理漆瘤（清理部位为转轴、铁心与轴孔内残余的漆，无纬带与线圈上的漆瘤也必须清理掉）与定子导电环上及吊运孔的硅脂。注意通风槽板之间需趁热清理，清理过程中勿损伤绝缘

（续）

工序名称	产品图片	工作内容
冷却 吹灰		未完全冷却的工件放置在木架上冷却，严禁放置在橡胶上。待工件冷却后用压缩空气吹干净
安全 措施		浸漆区不准有明火，严禁吸烟，必须有抽风、灭火设备等。工作者必须按规定，穿戴好劳动防护用品。暂不使用的漆和溶剂必须堆放在规定地点，并要盖密

第五章 换向器与集电环的制造工艺

第一节 换向器的制造工艺

一、换向器的结构

换向器是直流电机和交流整流子电机最重要、最复杂的部件之一。在电机运行中，换向器既要承受离心力和热应力的作用，又不能有松动与变形。因此，要求换向器的工作表面光滑平整，具有较高的耐磨性、耐热性和耐电弧性，具有可靠的对地绝缘、片间绝缘和爬电距离，具有足够的强度、刚度及片间压力，以保证电机在起动、制动和超速的情况下稳定地运行。总之，换向器质量的优劣，对电机的运行性能有很大的影响。

换向器由导电部分、绝缘部分和紧固支撑部分组成。按照结构型式的不同，其可分为拱形换向器、塑料换向器、紧圈式换向器和分段式换向器4种。

1. 拱形换向器

拱形换向器结构如图5-1所示。

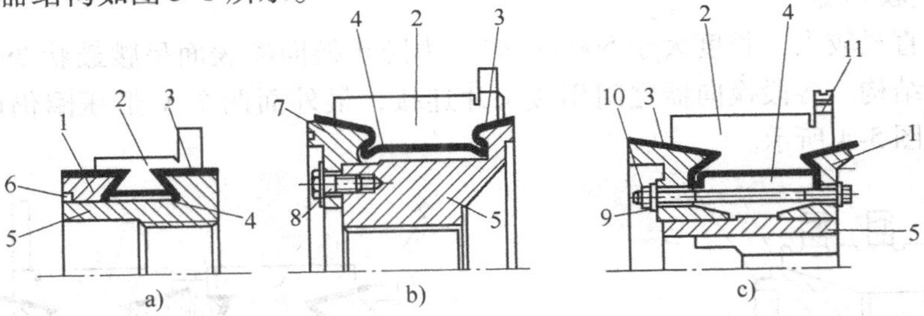

图5-1 拱形换向器结构

a）螺母式拱形换向器 b）螺钉式拱形换向器 c）螺杆式拱形换向器

1—钢质V形压圈 2—换向片 3—V形绝缘环 4—绝缘套筒 5—钢质套筒 6—螺母 7—压圈 8—螺栓 9—垫圈 10—螺杆 11—升高片

如图5-1a所示，由钢质套筒和螺母将换向片和云母片紧固在一起。这种结构用于直径小于250mm，长度小于300mm的换向器。

如图5-1b所示。由螺钉、V形压圈和钢质套筒将换向片和云母片紧固在一起。这种结构用于直径大于300mm，长度小于300mm的中、大型直流电机换向器。

如图5-1c所示，由长螺杆、V形压圈和钢质套筒将换向器与云母片紧固在一起。这种结构用于直径大于360mm，长度大于300mm的换向器。

2. 塑料换向器

塑料换向器用塑料作为换向器的紧固支撑部分，具有结构较简单、生产成本低、加工工时少等优点。但塑料换向器的机械强度不高，散热能力较差，且维修困难。目前只用于直径在300mm以下的小型电机换向器，其结构如图5-2所示。

图5-2a为不加套筒的塑料换向器。换向片与云母片均热压于塑料中，塑料内孔直接与轴配合。换向片为工字形结构，楔力较好，运行时不易发生凸片。换向片根部也可采用图5-2b所示结构以提高强度，这种结构用于直径40～125mm、长度大于50mm的换向器。

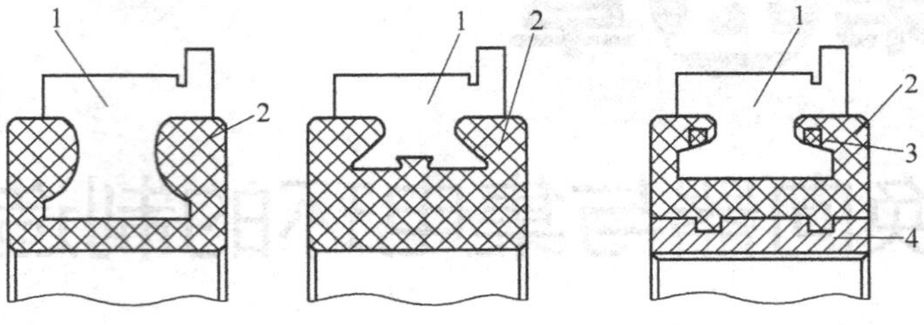

图5-2 塑料换向器结构
a)、b) 无套筒 c) 有套筒
1—换向器 2—塑料 3—加强环 4—钢质套筒

图5-2c为有钢套筒的塑料换向器。钢套筒与轴配合，在换向片槽部加环氧玻璃丝环，以增强换向器的机械强度。这种结构适用于直径大于125mm的换向器。

3. 紧圈式换向器

紧圈式换向器结构如图5-3所示。钢紧圈热套在换向片的外圆上，钢紧圈下面带有绝缘层，由两个锥形套筒和螺母来支撑及紧固换向器。钢紧圈由合金钢制成，钢紧圈的数量根据换向器的直径和长度确定。钢紧圈与换向片外圆间有1～1.5mm的过盈量。这种换向器牢固可靠，换向器工作表面变形小，但制造工艺比较复杂，用于换向器圆周速度为40m/s及以上的高速电机中。

4. 分段式换向器

当换向器直径较大，长度大于500mm时，为防止换向器表面呈腰鼓状变形，而将换向器做成多段式结构。各段换向器之间用接头片连接，最外面两个V形压圈仍用一套螺杆拉紧。其结构如图5-4所示。

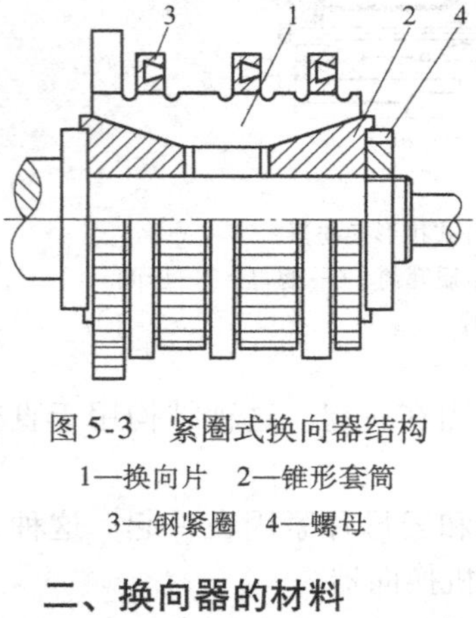

图5-3 紧圈式换向器结构
1—换向片 2—锥形套筒
3—钢紧圈 4—螺母

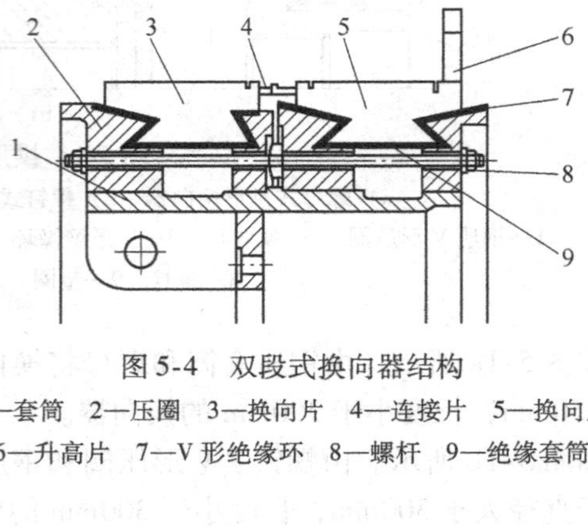

图5-4 双段式换向器结构
1—套筒 2—压圈 3—换向片 4—连接片 5—换向片
6—升高片 7—V形绝缘环 8—螺杆 9—绝缘套筒

二、换向器的材料

在电机运行中，换向片既要导电，又要受到摩擦、发热和离心力的综合作用。因此，换向片的材料应具有良好的导电性、耐热性、耐电弧性和较高的机械强度。换向片常用的材料为电解纯铜（纯度在99.9%以上）。为提高耐磨性、耐热性、耐电弧性和机械强度，也有采用含银、铬、镉、锆或稀土元素等铜合金的梯形排材，其主要性能见表5-1。

换向片用铜排的截面形状和尺寸是根据电机厂的设计要求制造的。其品种和规格较多，且已标准化。

表 5-1　换向片材料的主要性能

材料类别	硬铜	银铜	镉铜	铬铜	锆铜	稀土铜
化学成分(%)	99.9 铜	0.2 银 99.8 铜	1.0 镉 99.0 铜	0.5 铬 99.5 铜	0.2 锆 99.8 铜	0.1 稀土 99.9 铜
抗拉强度/ MPa	350～450	350～450	600	450～500	450～500	350～450
伸长率(%)	2～6	2～4	2～6	15	10	2～4
硬度/HBS	80～110	95～110	100～115	110～130	120～140	95～110
电导率/(%)IACS	98	96	85	80～85	85～90	96
软化温度/℃	150	280	280	380	500	280
高温强度/ MPa	200～240 (200℃)	250～270 (290℃)	—	310 (400℃)	350～370 (400℃)	—

三、换向器的技术要求

直流电机在起动、运行、超速和制动时，换向器承受离心力、热应力和电弧的作用，要求换向器具有足够的机械强度，以保证片间压力，使换向器形状保持稳定，不产生有害的变形。所以，对换向器提出以下技术要求（见图 5-5 和图 5-6）：

1）换向器工作表面的直径和长度应准确。

2）换向器的工作表面应呈圆柱形，冷态下其外圆径向圆跳动的公差值为：直径在 1000mm 以下的为 0.03mm；直径在 1000～1400mm 的为 0.04mm；直径 1400mm 以上的为 0.05mm。

3）换向片应与轴线平行，其平行度公差值为：换向片长度在 100mm 以下的为 0.8mm；换向片长度在 101～400mm 的为 1.0mm；换向片长度大于 400mm 的为 1.5mm。各电刷之间的换向片数应相等，其允许偏差不大于 1 片云母片厚度。

4）换向器工作的表面粗糙度 *Ra* 应小于 0.8μm。

5）具有足够的机械强度和刚度，以保持换向器形状的稳定性。

6）换向器两端换向片与 V 形绝缘环之间的间隙必须涂封严密。V 形绝缘环外露表面上应覆盖耐弧性和不易聚积灰尘的材料。

7）升高片与换向片的焊接应牢固可靠，其接触电阻要小。

8）绝缘性能可靠，塑料换向器上的塑料无裂纹和脱壳等缺陷。

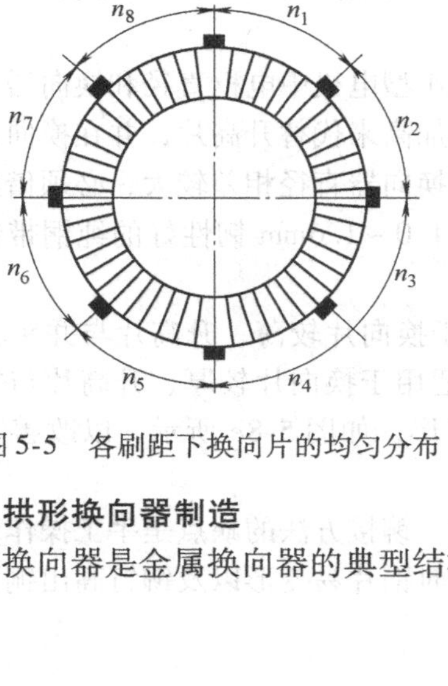

图 5-5　各刷距下换向片的均匀分布

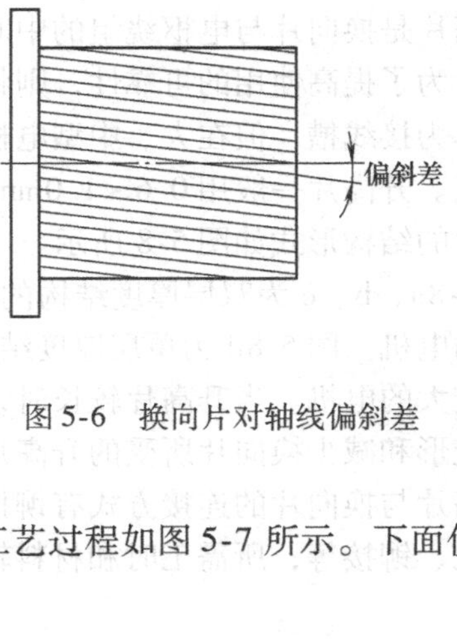

图 5-6　换向片对轴线偏斜差

四、拱形换向器制造

拱形换向器是金属换向器的典型结构形式，主要工艺过程如图 5-7 所示。下面仅就换向器制造工艺中比较特殊的部分加以介绍。

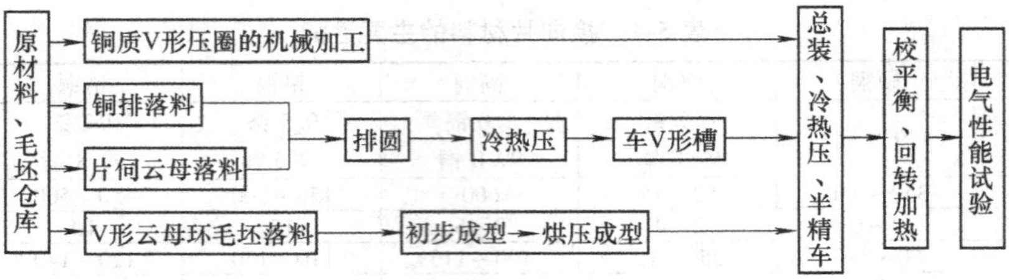

图 5-7 拱形换向器制造的主要工艺过程

1. 换向片的制造

换向片在电机运行中与电刷接触而导电，同时它又承受旋转产生的离心力，因此要求换向片的材料应具有良好的导电性、导热性、耐磨性、耐电弧性和一定的机械强度。电解纯铜（纯度在99.9%以上）能满足上述各项要求，采用的较多。近年来也有的采用银铜、镉铜、铬铜、稀土铜合金等材料。

换向片是由梯形铜排经下料、去毛刺、校平、铣槽、清理和搪锡等工序制成的。一般换向片是根据换向器的要求将铜材冷拉成断面为梯形的铜排为原料，然后采用冲、剪、铣等方法制成需要的尺寸。较小的换向片可直接冲成带鸠尾的形状，以减少机械加工量，同时有利于废料回收。较厚的换向片用剪床剪断或在铣床铣断。冲剪下料引起的变形必须校平。

当换向片厚度小于8mm、片高小于70mm时，采用冲剪方法加工。这种方法加工的铜片两端有毛刺，而且容易变形，冲、剪后必须增加修整校平工序。

铜片较厚和片高较长的换向片，可采用铣床加工，一次可同时铣断几个工件。这种方法加工的换向片较平整，但材料消耗较多，生产效率也比冲、剪方法较低。当铜片很厚时，可采用锯床锯断，但生产效率较低，材料消耗较大。换向片切断后还应校平，达到侧面弯曲度不大于0.05~1.0mm的要求。

校平后的换向片要进行机械加工，铣平一个端面作为换向片的装配基准面，以及铣接线槽或升高片槽。当换向片尺寸很小而且不装升高片时，可以在换向器装配后铣接线槽。铣槽一般用卧式铣床，并且可采用专用夹具或自动装卸和自动夹紧的装置，以提高生产效率。

2. 升高片及其固定

升高片是换向片与电枢绕组的中间连接零件。在小型电机中电枢直径和换向器直径相差较小时，为了提高使用的可靠性，则将换向片的一端加高来代替升高片，并在换向片加高部分铣槽作为接线槽。但在大、中型电机中电枢直径与换向器直径相差较大，必须借助于升高片来连接。升高片一般用0.6~1.0mm的纯铜板或用1.0~1.6mm韧性好的纯铜带制成。常见升高片的结构形式如图5-8所示。

图5-8a、b、c为双层厚度结构的升高片，适用于换向片较薄、升高片与并头套之间距离较小的电机。图5-8d为单层厚度结构的升高片，适用于换向片较厚、升高片与并头套之间距离较大的电机。当升高片较长时，其中部弯成弧形，如图5-8e所示，以改善升高片受热后的变形和减少换向片所受的升高片的离心力。

升高片与换向片的连接方式有铆接、焊接等方式。铆接方法的缺点是手工操作多，如搪锡、钻孔、铆接等，所需工时和材料较多，敲打铆钉时铜片易变形以及铆钉高出铜片，影响压装质量。焊接可采用锡焊、磷铜焊等工艺，要求焊点的机械强度较高，接触电阻小，且应防止换向片过热退火。

图5-9为升高片与换向片的磷铜焊接示意图。焊接前首先在换向片上铣出凹口槽，并将升高片嵌入换向片槽内，用特制直角尺和弹簧夹夹紧换向片和升高片使其相互垂直，然后放在水箱内特制的定位架上。焊接时，将炭精钳夹住换向片焊接处，大电流变压器（容量为20kW、二次电压为6～10V、二次电流可达2000A）电流通过炭精电极和换向片，很快产生高温。将磷铜焊条放在槽口端部，使其熔化，并依靠焊料本身的流动性充满整个槽内。焊接后迅速将工件投入水中，使之迅速冷却，以防止换向片退火。

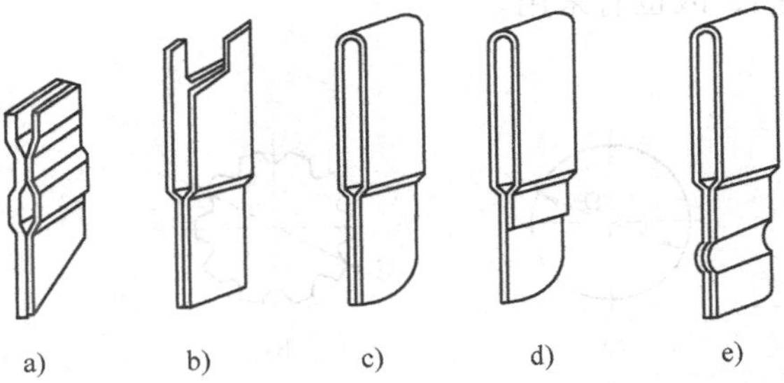

图5-8　常见升高片的结构形式

焊接后应进行质量检查。首先查看外形，表面不应该有被烧坏的凹坑，槽内应充满焊料，在槽口和两侧面应无多余的焊料堆。然后对换向片工作表面的硬度进行检查，硬度应不低于60HB。此种方法广泛应用于B、F、H级绝缘的电机。

铆接方法的缺点是：手工操作多（搪锡、钻孔、铆接等），所需工时和材料较多，敲打铆钉时铜片易变形以及铆钉高出铜片，影响压装质量。

3. 换向器云母板和V形绝缘环的制造

（1）换向器云母板　在换向器中云母板与铜片应组成形状稳定的圆柱体。对于片间绝缘材料的要求是厚度均匀，具有一定的弹性，在高温高压作用下具有较小的断面收缩率，老化较慢，其耐热等级与电机的耐热等级相适应。换向器装配时不应有较多的胶粘剂流出或个别云母片滑出的现象。它的硬度应合适，加工时不脆裂，最好与铜具有相近似的磨损率。

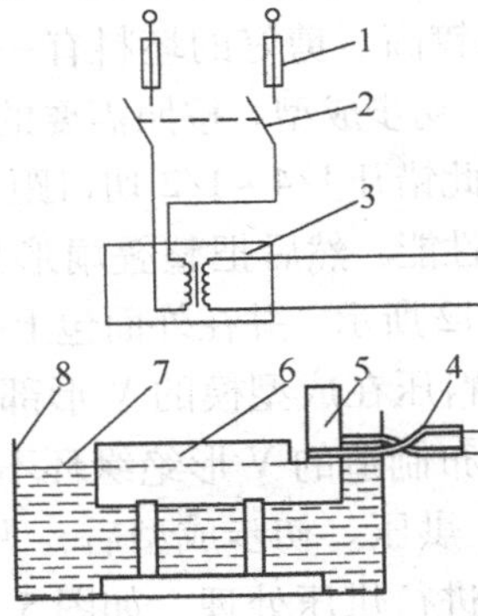

图5-9　升高片和换向片磷铜焊接示意图

1—熔断器　2—刀开关　3—大电流变压器　4—升高片　5—炭精夹　6—换向片　7—水　8—水箱

换向器片间云母板的厚度一般为0.5～1.0mm，厚度公差为±(0.02～0.03)mm，故可以用冲剪方法加工。如果换向片是矩形的，片间云母板也是矩形的，可以用剪床或冲床落料。当换向片冲出V形槽时，片间云母板也要冲出V形槽，此时，只能在冲床上用冲模落料。在换向器内圆及接线端端面外，片间云母板的尺寸应比换向片大2～3mm，以增强换向片片间绝缘。

（2）V形绝缘环　V形绝缘环垫在换向片与钢质V形压圈之间，作为换向器的对地绝缘。B级绝缘电机的V形绝缘环采用虫胶塑型云母板、醇酸型云母板或环氧玻璃丝布制造。V形绝缘环的坯料形状如图5-10所示。其中圆形和齿轮形是相近的，除落料有些区别之外，压制成形的工艺是一样的。由于齿轮形坯料剪去了多余的材料，所以压制V形绝缘环比圆形坯料平整。它们的外圆直径D等于V形绝缘环截面的长度（见图5-11中ABCDEF的总长度和）。这两种坯料用于尺寸很小的V形绝缘环。矩形和扇形的坯料是相近的，其中扇形坯料最常用，因为其脱模较容易。矩形坯料脱模比较困难，但矩形坯料落料方便，材料利用率较高，故也有采用。

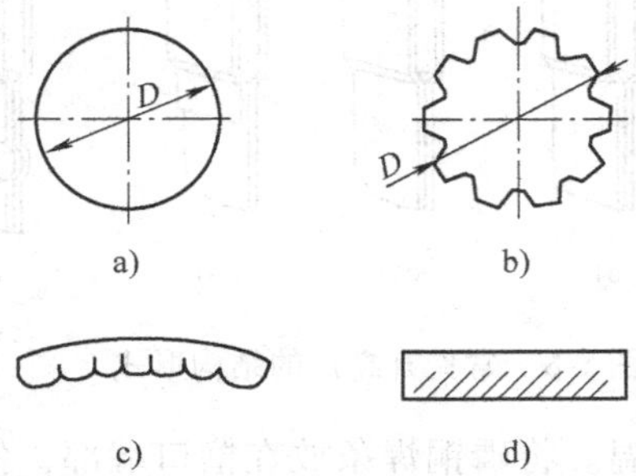

图 5-10　V 形绝缘环的坯料形状

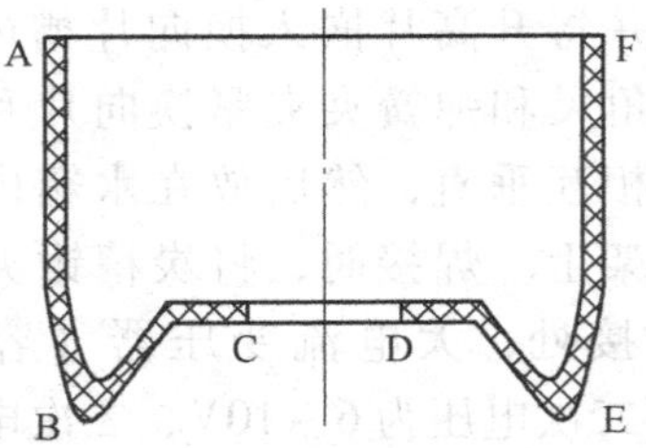

图 5-11　V 形绝缘环的截面

V 形绝缘环的制造工艺过程如下：

1）坯料加工。制造 V 形绝缘环的材料都很薄，一般只有 0.2mm 左右，可以用剪刀按样板剪出坯料。也可以把一叠材料放上样板并把两端夹紧，在带锯上锯，这样生产效率较高。剪好的坯料有一面要涂上胶粘剂并晾干。

2）初步成型。按照需要的厚度，把几层扇形片叠起来，每层彼此错开 1/4～1/2 切口距，使缺口互相遮盖起来，以保证绝缘性能。然后把整叠扇形片加热软化围住初步成型模，如图 5-12 所示，并在外面包上一层玻璃纸，用带捆起来，用手将坯料压在成型模的 V 形部分上，再加压铁压紧（用环氧玻璃布制造的 V 形绝缘环不需要此工序）。

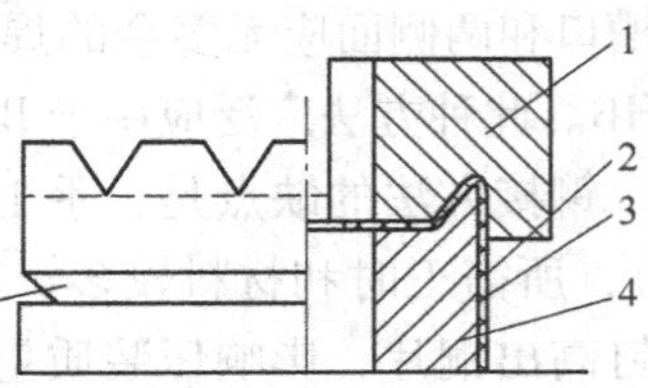

图 5-12　V 形绝缘环初步成型模

1—压铁　2—玻璃纸　3—云母板　4—成型模　5—带子

3）烘压。初步成型后，为了提高其强度，防止运行时外力和热作用下变形，V 形绝缘环需要进行烘压处理，如图 5-13 所示。烘压时所加压力按下式计算，即

$$F = pS$$

式中　p——单位面积上的压力，一般取 25～30MPa；

S——V 形绝缘环在水平面上的投影面积（m^2）。

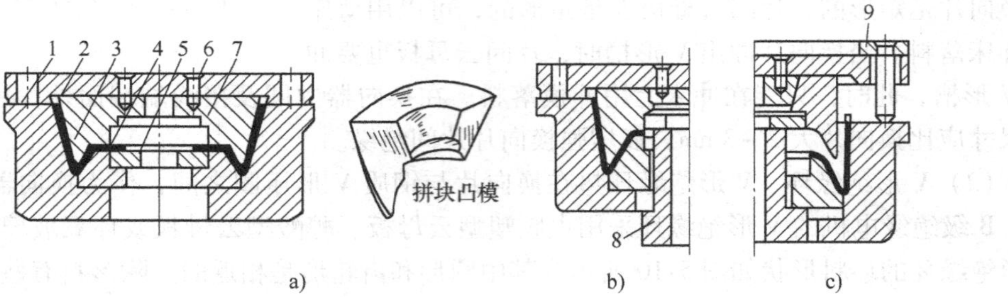

图 5-13　V 形绝缘环的成型模

1—模套　2—上模板　3—V 形绝缘环　4—下模　5—圆环　6—圆锥　7—凸模　8—脱模垫圈　9—脱模压板

V形绝缘环用虫胶塑型云母板时，压模预热到140~160℃，将初步成型的V形绝缘环安装到模具上，加压约1min，然后将模具加热到（160±5）℃加全压约1min。撤去压力，将模具和工件一起放入烘箱。在（160±5）℃温度下烘2~6h。再从烘箱中取出模具及工件加全压，然后在压力下冷却。为了加速冷却，可以用风吹，待冷却到室温后，进行脱模。脱模时在圆环的下面加脱模垫圈，在上模板上面加脱模压板。然后加压力将模套脱下，工件即可取出。

V形绝缘环用环氧玻璃丝布制作时，压模预热到160℃，将坯料放入模具加半压约1min，在模具温度160~170℃下保持1~3h，待冷却到室温后，进行脱模。V形绝缘环外径小于270mm时，可以省去半加压工序。

V形绝缘环压制好以后，首先从外形上进行检查，表面应光滑、无皱折、裂纹等缺陷。各部分的尺寸和厚度可以用游标卡尺测量。外形和尺寸检验合格的V形绝缘环还要作耐压试验。耐压试验要求见表5-2。把V形绝缘环放在盛满金属颗粒的容器中，并在V形绝缘环内部也盛满金属颗粒，然后，在两部分金属颗粒之间通以高压电，保持1min不击穿为合格。

V形绝缘环以前都是用云母材料制造的，因为云母材料绝缘性能较好，耐电弧能力较强。但是云母价格较高，资源较少，而且机械强度较差，故现在有很多工厂对一般产品采用环氧玻璃布制造B级绝缘电机的V形绝缘环，机械稳定性较好，成本只有云母的1/4，但环氧玻璃布的耐电弧能力较差，有的工厂采用在环氧玻璃布中加两层0.05mm的聚酰亚胺薄膜，可提高耐电弧能力。

表5-2 耐压试验要求

云母环厚度/mm	1	1.2	1.5	2.0	2.5	3.0
试验电压/kV	5.5	5.5	6.5	8.0	11	11

五、换向器装配

换向器装配包括把换向片和云母片排成圆形、片间云母的烘压处理、车V形槽、装V形绝缘环及压圈、进行V形绝缘环的烘压处理以及半精车、动平衡、超速等工序。通常把换向片的装配和烘压称为一次装配或片装；把车过V形槽的铜片组（总装配以前还夹紧在工具压圈内）与V形绝缘环及V形钢压圈装在一起，并进行烘压称为二次装配或器装。

1. 排圆

首先逐片测量换向片和云母片的厚度，并分类存放。排圆时按一片换向片和一片云母片相加其厚度相等的条件，把云母片和换向片间隔排列。要求片数准确，外圆尺寸应在规定的范围内，换向片与换向器轴线平行，升高片要排列整齐，换向器内圆处及升高片端的云母片突出于换向片的高度应一致。

常用的方法是将升高片向上，以另一端为基准在平台上排圆，工具压圈的内径设计得比升高片外圆大，当换向片与云母片立好后用绳扎住，用直角尺校好垂直后围上压瓦、套上压圈。若排好的圆直径超出了规定的尺寸，则要调整云母片的厚度来改正。调整时，应根据云母片的实际断面收缩率及各厂的实际经验来进行。

2. 冷热压

换向片冷压所用工具有圆柱形压紧圈、圆锥形压紧圈、辐射螺栓的压紧工具等。换向器直径为30~50mm时，采用圆柱形压紧圈；换向器直径为50~500mm时，一般用圆锥形压紧圈；换向器直径大于500mm时，采用辐射螺栓的压紧工具。下面着重介绍圆锥形压紧圈，其结构如图 5-14 所示，由锥形环和锥状扇形块组成。扇形块是由一个锥环切成的，可以切成四块、六块或八块，切口线与轴线成20°，以防止云母片或换向片受压时挤入切口内。锥形环与扇形块配合面的锥度为4°～5°，以减少摩擦，锥形环用45 钢制造。扇形块用铸铁制造，而且配合斜面的表面粗糙度应较低。这种压紧工具的优点是能均匀地增加换向片间的压力，压紧后能保持压力，但是模具制造工时较多。

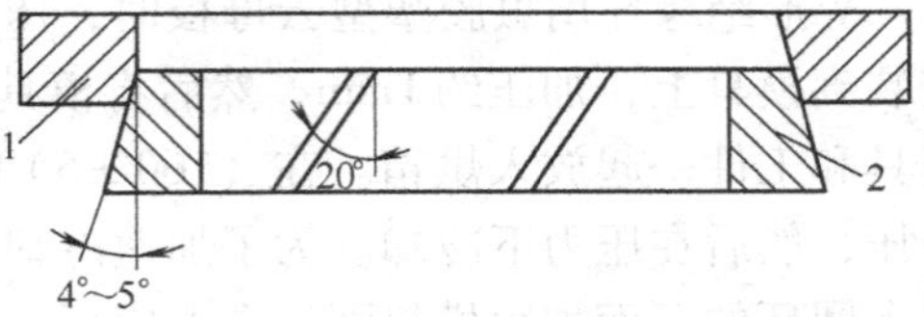

图 5-14　圆锥形压紧圈结构

1—锥形环　2—锥状扇形块

冷压换向器的设备一般采用油压机，所需压紧力可按下式计算，即

$$F=1.11\times 2\pi Sp\tan(\alpha+\beta)$$

式中 S——换向片侧面积（m^2）；

p——换向片间单位面积所需压力，拱形换向器取 30～35MPa，紧圈式换向器取 60MPa；

α——工具锥度（4°～5°）；

β——摩擦角（一般取15°）。

注：公式中，1.11 为修正系数。

换向器冷压之后还需加热烘压。换向器加热烘压的温度、时间、压力与换向器片间云母板所用的胶粘剂及换向器大小有关。换向器烘压用设备为装有恒温控制的烘箱和油压机。烘压的目的是把片间云母板中多余的胶粘剂挤出，并使云母板中的胶粘剂固化。换向器尺寸越大，烘焙时间越长。换向器烘压规范见表 5-3。当温度升高时，换向片和压紧工具都发生膨胀，而铜的膨胀系数较大，冷却后铜片收缩较多，降低了换向片间压力，故换向器在烘压后必须在冷态下再压一次。压紧后换向器外圆直径应符合表 5-4 所列公差值，还应用直角尺检查换向片对轴线的平行度。

表 5-3　换向器烘压规范

换向器直径/mm	第一次烘压			第二次烘压		
	烘焙温度/℃	烘焙时间/h	加压条件	烘焙温度/℃	烘焙时间/h	加压条件
204 以下	130 ± 5	2	在(110 ± 10)℃下加压	160	3	第一次(140 ± 10)℃热压 第二次(20 ± 10)℃冷压
205～456		4			5	
457～715		6			8	
716～1607		8			10	
1608～2546		10			12	
2547～3000		12			16	

表 5-4　换向器直径公差

换向器直径/mm	允许直径偏差/mm	换向器直径/mm	允许直径偏差/mm
300 以下	±1.0	800～1600	±2.0
300～800	±1.5	1600 以上	2.5

3. 车 V 形槽

换向片和云母片排圆并经烘压处理以后，拆除夹紧工具之前在车床上车出 V 形槽。车 V 形槽加工质量要求如下：两端 V 形槽应保持同轴，同轴度应不太于 0.03mm；V 形槽形状要精确，用图 5-15 所示的样板检查，30°锥面不允许有间隙，3°锥面允许有 0.05～0.1mm 间隙；V 形槽表面粗糙度应达到 Ra 为 3.2μm；换向片间不允许有短路现象。

车 V 形槽的装夹方法如图 5-16 所示。车第一面时以换向器外圆及端面为基准找正（见图 5-16a），并同时把端面车光及车出定位用的 5mm 深的止口；然后调头（见图 5-16b），利用换向器端面及止口与车床夹具止口配合，并用四个螺杆压紧压圈外圆，加工第二面 V 形槽。车床夹具止口圆应与车床主轴同心，故两端 V 形槽的同轴度主要取决于换向器止口与夹具止口的配合间隙。车 V 形槽时，为了避免换向片片间短路，车床切削速度要高（例如 80～100m/min），进给量要小，车刀要用硬质合金材料，而且要锋利。车完以后要仔细清除毛刺，以防止片间短路。

车 V 形槽以后，要进行片间短路试验（见图 5-17）。试验电源接交流 220V 电压，并串联一只白炽灯。将试棒放在相邻两片换向片上，如果白炽灯亮了，则片间有短路存在，可用刀片将 V 形槽内铜片间毛刺刮掉，直到不短路为合格。根据需要，在车 V 形槽前也可以进行一次片间短路试验，试验合格后再车 V 形槽。

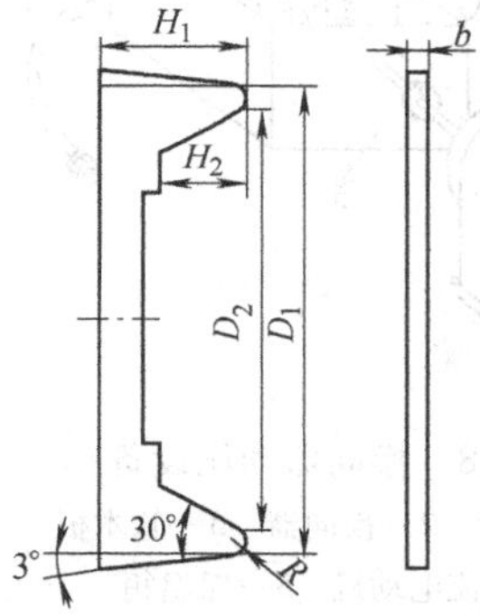

图 5-15　V 形槽检查样板

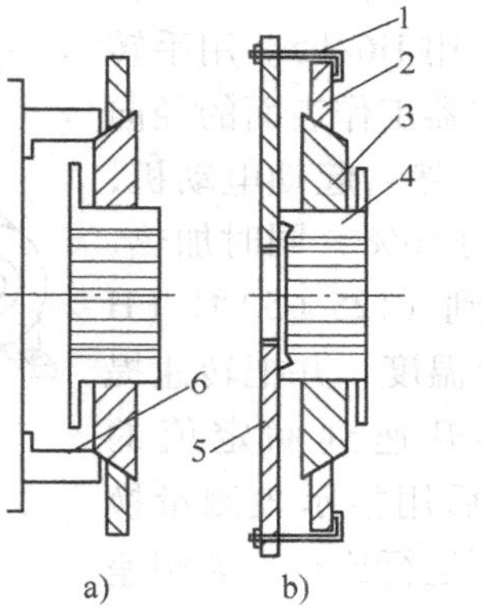

图 5-16　V 形槽加工的装夹方法
1—螺杆　2—锥形环　3—扇形块
4—换向片组　5—夹具体
6—单动卡盘

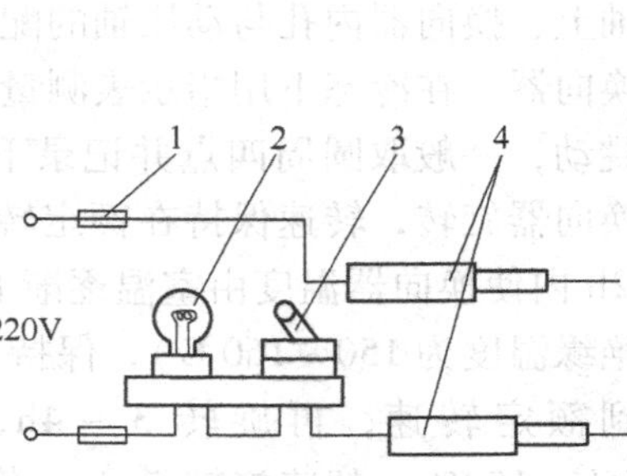

图 5-17　片间短路试验电路示意图
1—熔断器　2—白炽灯
3—开关　4—试棒

4. 二次装配

二次装配即换向器总装配（或称为器装）。二次装配的任务是把换向器所有零件组装起来，再进行烘压，使换向器成为坚固稳定的整体。装配时应有清洁的工作环境，防止粉尘和杂物进入换向器内部。拧紧螺钉或螺母时，应对称均匀地进行，以保证换向片端面与压圈端面的平行。

组装好的换向器还要进行烘焙，烘焙的温度和时间主要决定于 V 形绝缘环的材料及换向器尺寸。用虫胶云母材料的换向器，烘压时间规范见表 5-3。

热压或冷压所需压力 F 按下列公式计算，即

$$F = 1.81pS$$

式中　p——换向片间单位面积所需压力，拱形换向器取 15～25MPa；

S——换向片加工 V 形槽以后的侧面积（m^2）。

每次热压或冷压以后都要拧紧螺母或螺钉，然后卸掉压紧工具，在绝缘环露出的部分绑

扎玻璃丝带，间隙处用环氧树脂涂封，以防水气和灰尘进入换向器内部。最后以换向器内孔为基准，在车床上半精车换向器外圆，夹具是用自定心卡盘夹住一芯轴，换向器套在芯轴上，并用螺母压紧。半精车时对外圆尺寸没有公差要求，但要尽量少车，多留余量，车光即可。

5. 换向器的回转加热（动压及超速试验）

换向器装配并半精车外圆表面之后，需进行最后一次加热加压处理，即回转加热。其目的是使换向器在比工作条件更为严酷的条件下，进行最后一次烘压成型，同时检查换向器质量是否符合要求。但并不是每种换向器都做动压和超速试验，进行动压和超速试验的换向器如下：工作表面线速度大于13m/s的换向器；可逆转电动机的换向器；双段结构的换向器；特殊重要的换向器。

动压前应对换向器作动平衡校验（大型换向器可作静平衡校验），以免旋转时产生过大的振动，换向器动压设备如图5-18所示。动压时，把换向器安装在动压设备的轴上，换向器内孔与动压轴的配合采用H6/h5。用手转动换向器，在冷态下用指示表测量换向器工作表面的径向圆跳动，一般取圆周四点并记录下来。然后起动电动机，使换向器旋转，转速保持在额定转速的50%，同时加热，在2h内使换向器温度由室温逐渐上升到（125±5）℃（H级绝缘温度为150～160℃），保持这个温度，并把转速提高到额定转速，再旋转3～4h，再升速到额定值的125%～150%，超速旋转5min，停机后用指示表测量换向器表面的径向圆跳动值，并同冷态下进行比较。若相差不超过0.03mm，则为合格；若相差超过0.03mm，但不超过0.15mm，就要重新精车工作表面，再进行动压试验，直到合格为止；若相差超过0.15mm，则说明换向器片严重凸出，必须进行返修，重新作动压试验，直到合格为止。

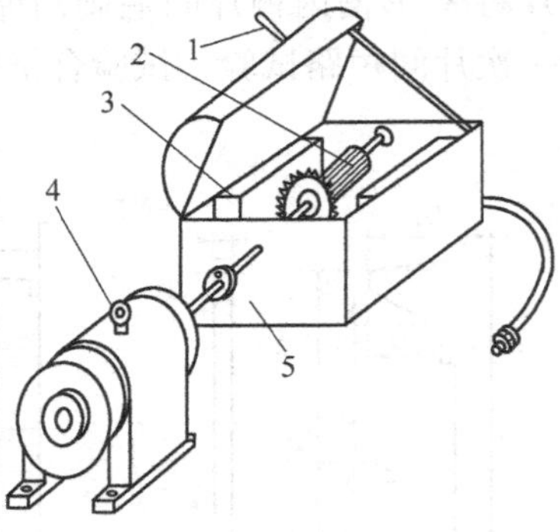

图5-18　换向器动压设备

1—温度计　2—换向器　3—软木板
4—直流电动机　5—保温箱

六、换向器的电气性能试验

1. 片间短路试验

在车完V形槽以后进行片间短路试验，试验电路示意图如图5-17所示。用两支试棒，加220V交流电压于相邻的换向片上逐次试验，用白炽灯（或电铃）指示有无短路存在。

2. 耐压试验

耐压试验的目的是检查换向片和套筒之间的绝缘，即对地绝缘。耐压试验要求在换向器装配后烘压前、换向器烘压后或回转加热后、换向器压轴后与电枢线圈连接前共进行三次。换向器对地耐压试验见表5-5。几次试验电压逐渐减低是考虑高压的积累效应及加工中的机械损伤，试验以无击穿或闪络为合格。

表5-5　换向器对地耐压试验

试验阶段	试验电压	试验时间/s
换向器装配后烘压前	$2.5U_N+2600V$	60
换向器烘压后或回转加热后	$2.5U_N+2500V$	60
换向器压轴后与电枢线圈连接前	$2.5U_N+2400V$	60

七、总装配后的加工

换向器经过上述加工及检查合格后，就可进行压轴了。在压轴之前，换向器还要在套筒内侧插出一个键槽来。这道工序所以要留到最后，是为了保证在装到轴上去之后，换向片相对于电枢铁心槽的位置能满足设计要求。此时，键槽位置可由换向片位置来确定。也有的工厂在加工套筒时就把键槽加工出来，但在二次装配时要用专门工具来保证键槽与换向片的相对位置符合图样要求。

换向器压到轴上以后，应进行换向器表面的精车。这时可以允许直径大于图样尺寸，因为这样对换向器的使用寿命有好处。

换向器加工的最后一道工序是下刻云母。因为片间绝缘云母板的硬度比铜大，磨损比铜慢，运行中云母板经常高出换向器的表面，这也是造成直流电机火花的一个原因。为此，在出厂前要把云母板刻掉很浅的一层，使云母板比铜片低 1～2mm，这就是云母下刻。此工序一般安排在电枢嵌好线并与换向片焊接好之后进行，以减少焊锡造成的片间短路的可能。

云母下刻最简单的方法就是用手工锯（如用断锯条一片一片用手拉），这种方法生产效率较低，劳动强度较高，只在单件生产时偶有采用。一般生产厂多用自制专用设备（用车床或刨床改装的）进行加工。

八、典型换向器制作工序

典型换向器制作工序见表 5-6。

表 5-6　典型换向器制作工序

工序名称	产品图片	工作内容
材料准备	 梯形铜排  片间云母  压圈  套筒  云母环	
材料加工	 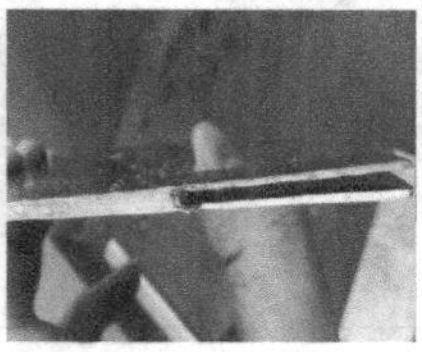	铣升高片槽：铣后去毛刺、校平，使用插规检测槽宽，叠片前使用乙醇脱脂处理
	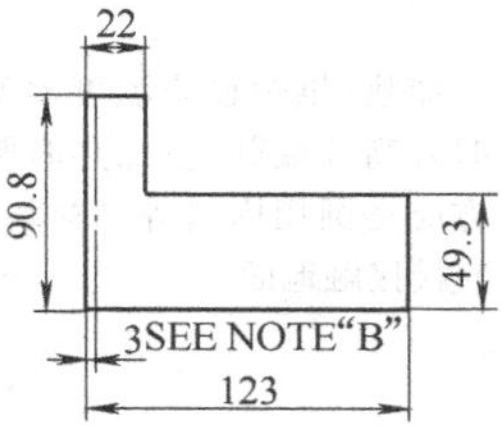 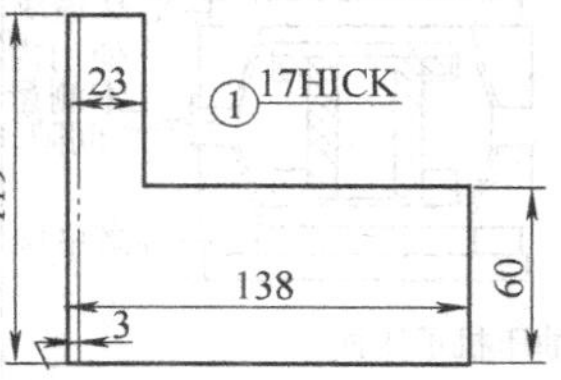	片间云母分拣：片间云母应无损伤、缺角，折叠现象，同一片间云母上各处厚度应分布均匀，且要有较强的硬度

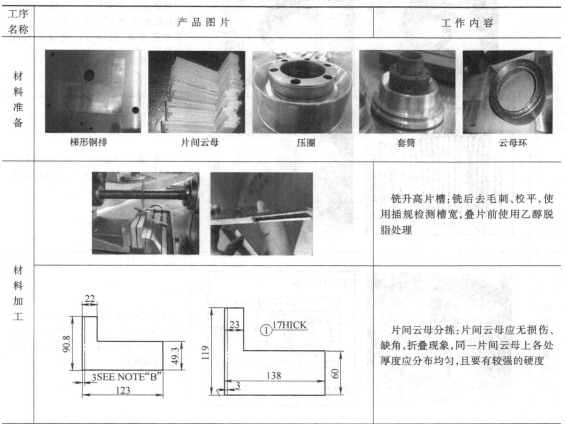

（续）

工序名称	产品图片	工作内容
叠片	 	叠片分组准备：不同槽型的换向片分布应按图进行检查；不同尺寸片间云母均匀插入换向片中
	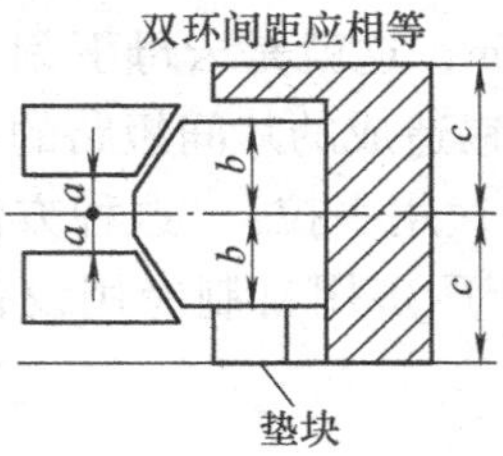 双环间距应相等 a a b b c c 垫块 	叠片：换向片分布均匀，模芯下方加垫块保证中心线一致
	 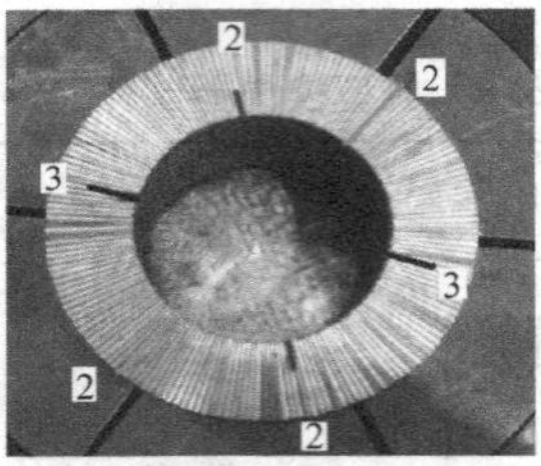 2 2 3 3 2 2	紧固模具：双环模具上的螺栓，应按对角线编号，紧固时按顺序紧固，保证紧固施力均匀，分多次完成模具的紧固
	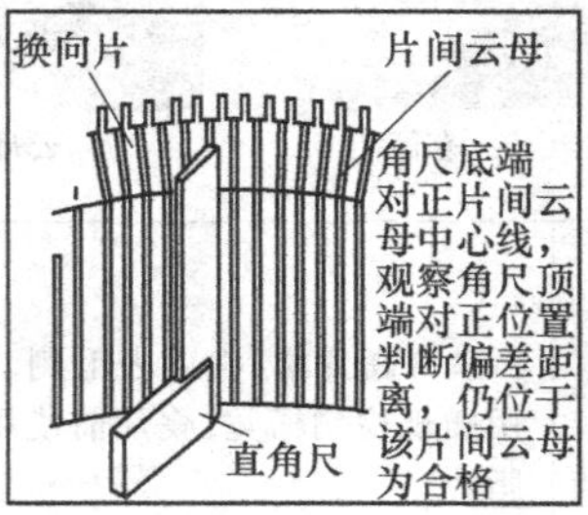 换向片 片间云母 角尺底端对正片间云母中心线，观察角尺顶端对正位置判断偏差距离，仍位于该片间云母为合格 直角尺 	检查：垂直偏差≤0.5mm；圆周偏差≤0.5mm；直径值应填入换向器制作记录
压型及紧固	 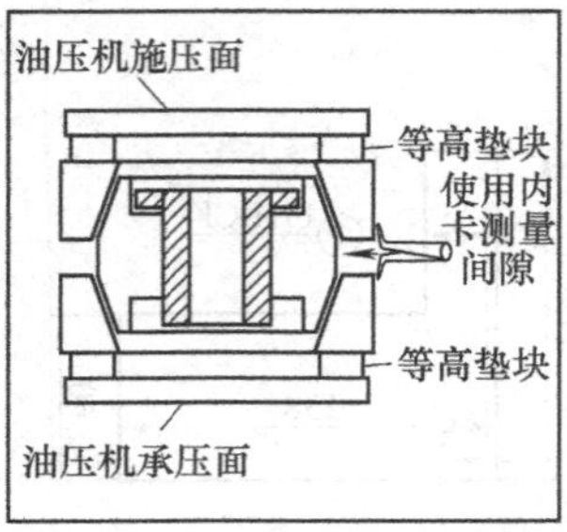 油压机施压面 等高垫块 使用内卡测量间隙 等高垫块 油压机承压面	加热：烘炉设定温度≤240℃；加热时升高片端朝上；加热时圆环模具下方应在圆周内垫等高衬块，放置螺栓直接接触地面

（续）

工序名称	产品图片	工作内容
压型及紧固	 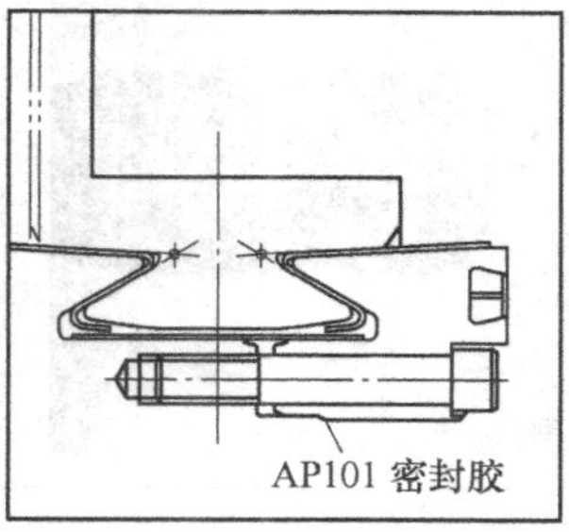	压力热态紧固：压力与温度按标准，不使换向器变形
	 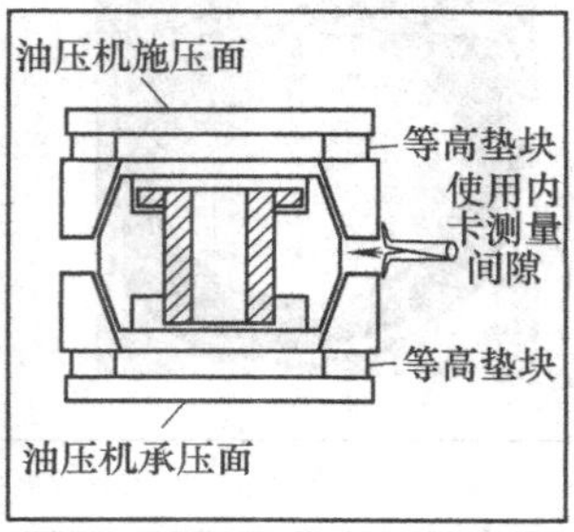	尺寸校核：按原标记位置测量直径。再次加热、热压、冷压、紧固重复，直至尺寸符合要求
加工鸽尾槽	 车后端鸽尾(升高片端)  车前端鸽尾(升高片端)	车后端鸽尾（升高片端）：装夹过程中注意避免磕碰工件；校正过程中严禁敲打模具或工件；使用角度样板检查鸽尾槽角度及尺寸 车前端鸽尾（非升高片端）：装夹过程中注意避免磕碰工件；校正过程中严禁敲打模具或工件；使用角度样板检查鸽尾槽角度及尺寸
装配准备	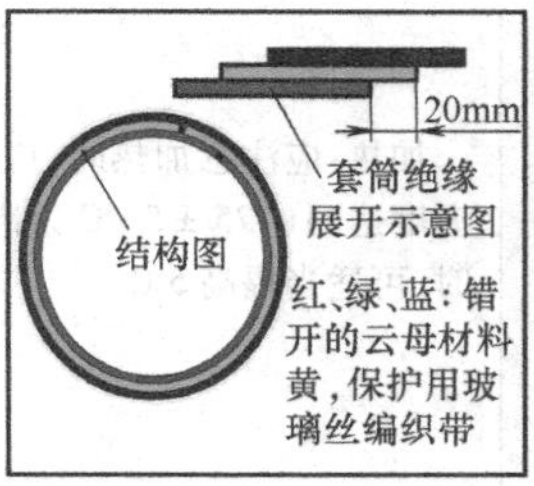 	部件准备：所有部件应清洁、完好、无损伤 套筒压圈绝缘：套筒绝缘材料应无损伤；套筒绝缘制作时应无折叠、挤压，并注意防止灰尘杂物落入
	 	涂漆及密封：明确涂刷位置，每次涂刷前应待前一次气干漆完全风干后再涂刷；如有涂刷厚度不均匀，或明显过于稀薄仍可见金属本体颜色，应适当加涂 1 ~2 层

（续）

工序名称	产品图片	工作内容
装配准备	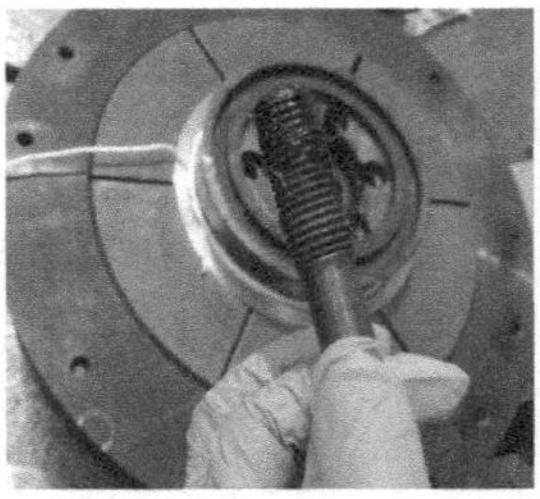 	螺杆准备：润滑脂应涂抹均匀、适量，不宜过多，涂抹时应从螺纹顶端涂抹，涂抹不超过总螺纹长度的1/3
	 	云母环准备：云母环检验标志应齐全，拿放时应注意保护，避免云母环损伤，需要临时放置储存时，应作防尘隔离措施
换向器装配	 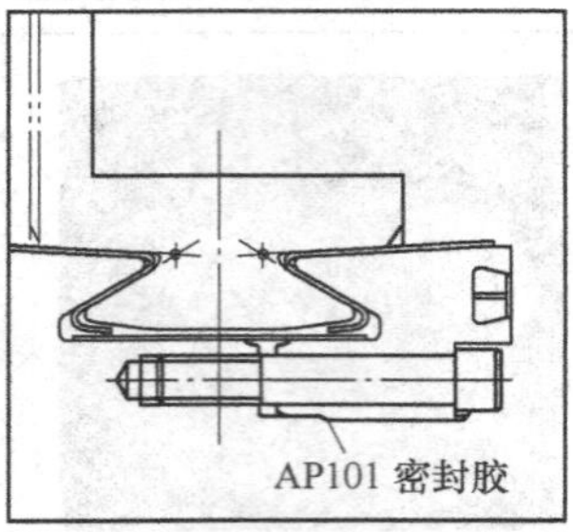	换向器装配：紧固时注意用力均匀；装配时应熟读工艺；注意避免灰尘、杂物落入；紧固后应测量换向器端面平行度，平行度应小于或等于0.25mm，如未达要求需重新装配
	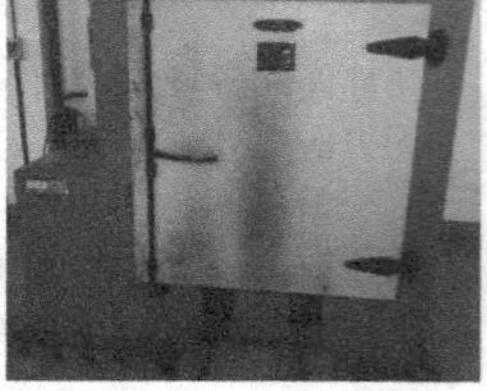 	加热：应注意加热时，应以工件整体温度达到(175±5)℃为准，气温较低时，可适当提高5℃
	 	热态带压紧固：此过程应迅速，紧固螺栓时温度应不低于160℃，如温度过低，则重新加热；带压紧固时注意应按对角顺序多次紧固，避免受力不均匀造成部件损坏

（续）

工序名称	产品图片	工作内容
换向器装配		热态紧固：此过程应迅速，紧固螺栓时温度应不低于 160℃，如温度过低，则重新加热；紧固时注意应按对角顺序多次紧固，避免受力不均匀造成部件损坏；紧固过程中应同时测量换向器端面平行度，平行度应小于或等于 0.25mm
		冷态紧固：紧固时注意应按对角顺序多次紧固，避免受力不均匀造成部件损坏；紧固过程中应同时测量换向器端面平行度，平行度应小于或等于 0.5mm
完工工序	 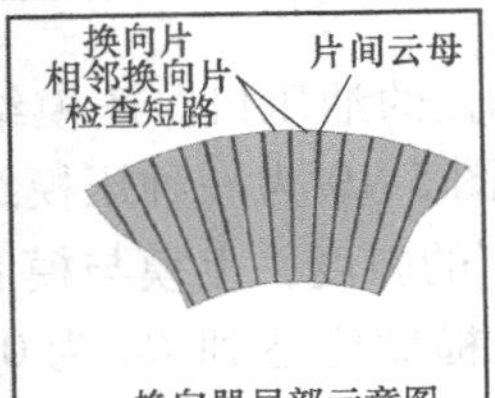 换向器局部示意图	短路试验：换向器试验按具体要求实施
	 	对地耐压试验：换向器试验按具体要求实施

九、塑料换向器制造

1. 塑料换向器的材料

塑料主要由合成树脂和填充剂组成，此外还要加入增塑剂、染料及少量附加物等。塑料按树脂特性可分为热固性塑料和热塑性塑料两大类。热固性塑料受热后，树脂熔化具有可塑性，在一定温度下经过一定时间以后，树脂固化成形，以后再受热也不会熔化或软化，只在温度过高时炭化。这类塑料常用的有酚醛塑料、三聚氰胺塑料、聚酰亚胺塑料和硅有机塑料等。热塑性塑料受热后树脂熔化具有可塑性。冷却后固化成型，再受热树脂又会熔化，仍具有可塑性。这类塑料如有机玻璃、聚氯乙烯等。

塑料换向器所用塑料为热固性塑料，常用的有下列两种：

（1）酚醛树脂玻璃纤维压塑料　这是 B 级绝缘材料。酚醛树脂经苯胺、聚乙烯、醇缩丁醛、油酸等改性，然后浸渍玻璃纤维而成。玻璃纤维有两种形式：一种是乱丝状态；另一种是直丝状态。后者用于塑料换向器中，因为这种塑料不但顺纤维方向的拉力特别大，而且材料容积小，加料方便，操作时玻璃丝飞扬少。

（2）聚酰亚胺玻璃纤维压塑料　用玻璃纤维和聚酰亚胺树脂配制的塑料，适用于H级绝缘的换向器。

2. 塑料换向器的制造工艺

塑料换向器片间云母板的形状和换向片形状基本相同，除工作表面之外，其余每边比换向片大2~3mm，以增强换向器片间绝缘。

塑料换向器第一次装配和烘压方法与拱形换向器基本相同，烘压之后经检验合格并且作片间短路试验合格之后，再进行塑料压制。酚醛玻璃纤维的压制工艺过程如下：

（1）塑料预热　用电子秤称出每台塑料换向器所需的塑料，放入恒温箱中预热，其目的是使塑料软化，以便装入模中；去除塑料中的水分和挥发物，以缩短压制时间和降低压制压力。预热温度为60~70℃，持续时间为30min。

（2）工件和模具预热　其目的是提高塑料的流动性。预热温度为110~120℃，若温度过高，将使塑料过早固化；若温度过低，则塑料的流动性下降，都不利于塑料压制。

（3）装工件和塑料　将工件和塑料依次装入压模内。对于有加强环的换向器，在嵌入塑料前应将加强环装好。

（4）热压　所用设备为带有电热板的油压机。压模结构随塑料换向器的大小和批量而异，其基本结构部件是上模与下模。图5-19为一种压模结构，其加料模腔由模芯和外模组成。为便于脱模，外模的内腔做成15′的斜度，上模与模芯间采用H9/f9的间隙配合。为使塑料体表面光洁，压模型腔的表面粗糙度应达到Ra为0.8μm。压制时塑料的加热温度为130~150℃，塑料体单位面积上的压力为40~60MPa，恒温保压时间按照塑料体厚度以5min/mm计量。压制后，油压机的上电热板上升，松开紧固螺杆，拆开压模，取出工件。

生产批量较大时，为了提高生产率，上模和下模是分别固定在油压机的上部和下部工作台上的。设计压模时，应考虑塑料的断面收缩率，适当放大型腔尺寸。

（5）烘焙处理　为使塑料充分聚合反应，以提高其机械强度、介电强度、耐热性和消除内应力，需将换向器连同压装工具送入烘炉烘焙。烘焙温度为150~160℃，烘焙时间以热态绝缘电阻达到稳定为止。冷却后，卸下压装工具。

塑料换向器压制后，需车去余料和毛边。在被切削的塑料面上应涂刷一层气干环氧树脂漆，以增强其防潮能力。

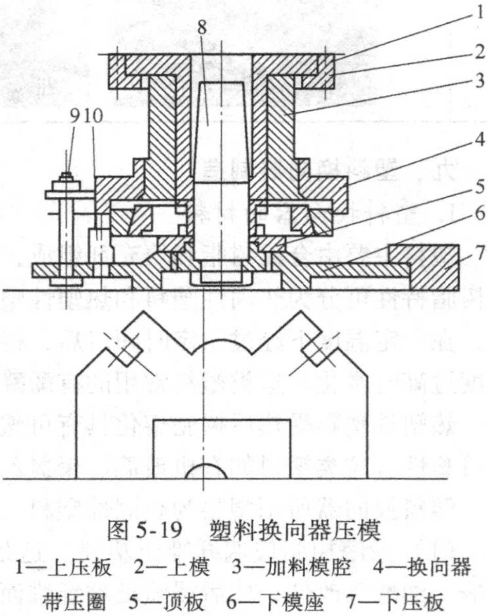

图5-19　塑料换向器压模

1—上压板　2—上模　3—加料模腔　4—换向器带压圈　5—顶板　6—下模座　7—下压板　8—模芯　9—螺栓　10—定位柱

3. 塑料换向器的加强环

直径较大的塑料换向器应有加强环。最初的加强环是钢制的，机械强度比较高，但容易造成换向片片间短路。现在均用无纬带绕制加强环，经烘焙处理后，机械强度很好，本身又是绝缘材料，故比钢制的加强环好。

绕制加强环的模具结构如图5-20所示。一副模具可以绕制多个加强环，模具由轴、模芯、挡圈、螺母等组成。模芯外圆尺寸应等于加强环内孔尺寸并有一定的锥度以便于脱模。挡圈外圆直径等于加强环外圆直径。绕制设备可用车床或类似车床的专用机床。绕制加强环的工艺过程如下：

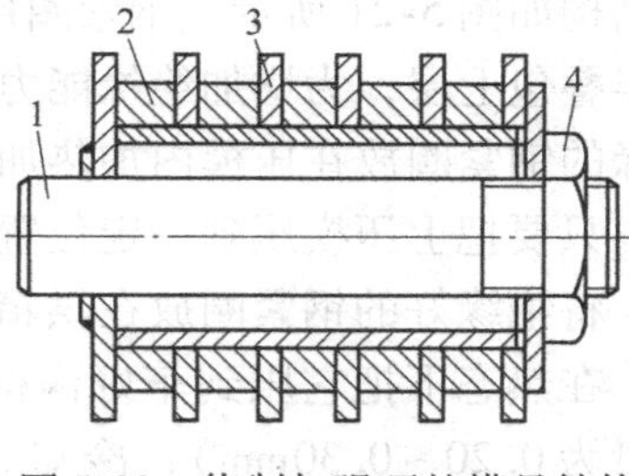

图 5-20 绕制加强环的模具结构
1—轴 2—模芯 3—挡圈 4—螺母

1）将绕制用的模具放到恒温箱内加热到（145±5）℃，时间不少于 1h。

2）恒温箱内取出模具，在模具表面涂上脱模剂——浸硅橡胶的甲苯饱和溶液。

3）将模具夹在车床或专用机床的主轴上，从模具端头开始绕制，绕到与挡圈外圆平齐为止。拉紧无纬带的拉力强度为 1.0～1.5MPa。无纬带宽度最好与加强环宽度相等，若不相等也可以将无纬带撕开绕制，但要绕平整。

4）热固化处理。绕制的加强环连同模具放在烘箱中烘焙，温度为 130～140℃，时间为 12～14h。

5）从恒温箱中取出加强环和模具、冷却到室温后脱模，加强环即制成。

塑料换向器压制好以后，还要半精车工作表面，精车端面（没有升高片端）达到图样规定的尺寸。有的塑料换向器还要铣接线槽。铣接线槽在卧式铣床上进行，换向器内孔套在心轴上，心轴夹在分度头内，用片铣刀逐个铣槽。铣槽时要特别注意质量，如果铣坏一个槽，整个换向器就要报废。

4. 塑料换向器的质量检查

塑料换向器的质量检查包括以下几方面：

（1）外观与尺寸检查　塑料表面应有光泽，无裂纹、聚胶、气泡、疏松和缺料等缺陷。切削加工表面上应涂有绝缘漆。其外形尺寸检查项目与拱形换向器相同。

（2）热态绝缘电阻测定　在涂漆烘干后，在换向器温度为 130℃时，测量换向器对地的绝缘电阻，其值应不低于 20MΩ。

（3）片间短路检查　其方法与拱形换向器的相同。

（4）耐压试验　对有金属套筒的塑料换向器在压入转轴前后各做一次对地耐压试验。对无金属套筒的塑料换向器，则在压入转轴后进行对地耐压试验。

（5）机械强度检查　包括超速试验和低温试验。这时超速试验并无动压成型的作用，其目的仅在于检查换向器的机械强度，若结构不合理、工艺不完善，则在超速试验后换向圆器径向圆跳动往往超差。低温试验是将塑料换向器从室温迅速冷却到 −40℃，检查塑料体有无脆裂，仅在有特殊要求时进行这种试验。

十、紧圈式换向器的制造

由于拱形换向器工艺较复杂、技术要求高、零件多、费工时，故小型换向器（直径在 190mm 以下）多为塑料换向器所代替；直径在 190～500mm 的换向器可制成内紧圈式的，而汽轮发电机励磁机的换向器及速度高达 3000r/min 的中型换向器，都制成外紧圈式的。

1. 内紧圈式换向器的制造

一次装配以前的各工序，包括换向片和云母板的加工-排圆及云母板的烘压处理等都和拱形换向器相同，只是钢紧圈的制造、套筒的制造及其装配方法有所不同。内紧圈式换向器的结构如图5-21所示。钢紧圈用铬钼钢制成，它的绝缘层是用0.12mm的环氧酚醛玻璃布带半叠包七层，为增加绝缘能力，中间加包一层薄膜（如0.06mm的聚酰亚胺薄膜）。包好绝缘的钢紧圈放在压模内加热加压，温度为180～200℃，时间约为15min，压力大小可不控制，只要把上压模压到一定位置就可以了。

将绝缘好的钢紧圈放在烘箱内加热到120℃，保持1～2h，在热态下把它压到车好沟槽的铜片云母组内（配合过盈量为0.20～0.30mm），冷却后即可起箍紧的作用。两面的紧圈都压进去后，即可去掉压紧工具，用环氧树脂把有间隙的紧圈外圆处涂封。套筒的绝缘也是用玻璃坯布包到一定厚度，经烘压处理后车成所需尺寸，装配时把带钢紧圈的铜片组加热，在热态下把它压到套筒上（铜片组与套筒间有0.20～0.40mm过盈量）。

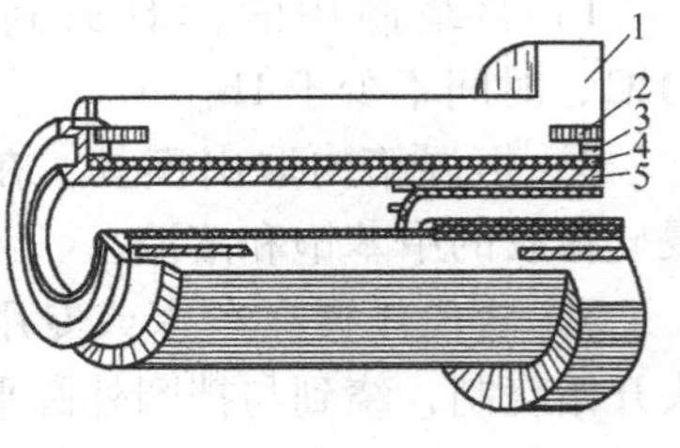

图5-21　内紧圈式换向器的结构
1—换向片　2—钢紧圈　3—钢紧圈绝缘层　4—套筒绝缘　5—套筒

这种换向器比V形压圈式的紧固程度好，绝缘水平高，加工工时和材料消耗都比较少。

2. 外紧圈式换向器的制造

其结构如图5-3所示。这种换向器一般沿轴向长度较长，放在一次装配中采用两套夹紧工具（见图5-22）。两套夹具反向装置，两个压圈一齐向中间压紧，同时夹紧铜片组。

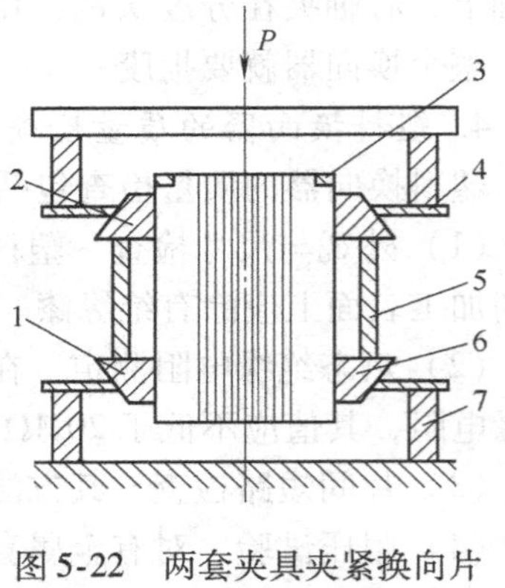

图5-22　两套夹具夹紧换向片
1、2—锥状扇形块　3—临时紧圈　4—锥形环　5、7—垫圈　6—换向片组

紧圈的绝缘采用天然云母，把经过仔细测量的天然云母片贴在车好的圆柱面位置，并用橡胶带临时紧固住。将天然云母按厚度不同分成组，一片一片相邻排列，每层云母片的厚度应一致，相邻两片间留有2mm的间隙，外面一层要把里面一层的缝隙压住。排够一定的层数并使云母片的计算厚度达到3mm，然后在云母片外面包一层薄铁皮（整圆开口的薄铁皮应控制其外径尺寸）。把钢紧圈放入烘箱内加热到400℃以上，使其内径胀大到比铁皮外径大出0.40～0.50mm（钢的膨胀系数为11.9×10^{-6}），即可迅速把钢紧圈热套上去。紧圈套好以后，车掉临时紧圈及其所包围的铜片，最后进行套筒装配及精车外圆等其他工序。

用含胶的云母板代替天然云母可以降低材料成本，但云母板贴在换向片外面热套紧圈之前，应进行热烘处理。

第二节　集电环的制造工艺

集电环是绕线转子异步电动机和许多同步电机的一种基本结构部件，由导电部分、绝缘部分和支承部分组成。

一、集电环的结构类型

按照金属环固定方式的不同，集电环分为以下几种：

1. 装配式集电环

主要由金属环、衬套（薄钢板弯成的开口套）、衬垫绝缘和套筒组成，如图5-23所示。衬垫绝缘可采用玻璃布板或塑性云母板。衬垫绝缘一般为0.2mm环氧酚醛玻璃布板（3240）加若干层0.05mm厚聚酯薄膜组成（薄膜至少两层，可作为调整厚度用），其总厚度应比装配压缩后的尺寸增加0.15~0.20mm，以保证装压后有一定紧度。这种结构形式的集电环广泛用于中型电机。

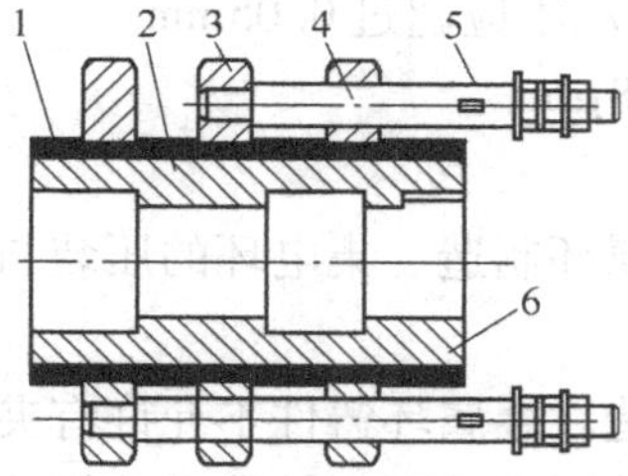

图5-23 装配式集电环

1—衬垫绝缘 2—衬套 3—金属环 4—导电杆 5—绝缘套 6—套筒

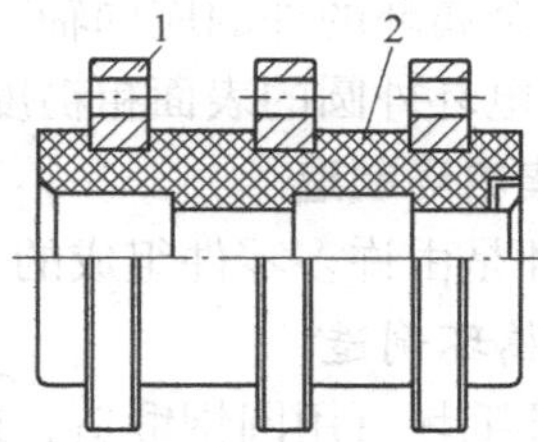

图5-24 整体式塑料集电环

1—金属环 2—塑料

2. 整体式塑料集电环

整体式塑料集电环常用酚醛玻璃丝纤维（4330）压塑料连同三个金属环压制成一个整体，如图5-24所示。这种集电环结构简单、制造方便，主要用于一般用途的电动机。

3. 支架装配式集电环

金属环用绝缘垫圈相互绝缘及金属环与套筒间的绝缘，且带有绝缘套管的长螺杆把金属环和绝缘垫圈压紧在套筒固定架上，如图5-25所示。其特点是金属环的直径较大，能安放较多块数的电刷，以满足大电流的需要。这种集电环适用于高速大型电机。

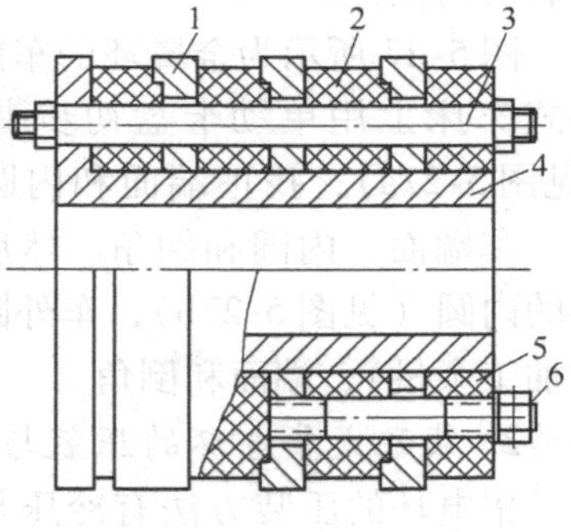

图5-25 支架装配式集电环

1—螺纹槽 2—绝缘垫圈 3—夹紧螺杆 4—套筒 5—绝缘套筒 6—引出接线

4. 热套在轴上的集电环

这种集电环的金属环直接热套在包有绝缘层的转轴（或套筒）上，以满足高电压、大电流和离心力作用下运行可靠的要求。这种集电环主要用于高速大型电机。汽轮发电机中，集电环就直接热套在转子轴上，如图5-26所示。这种集电环表面车有7~9条螺纹槽及开有径向通风孔。螺纹槽的作用是当电机旋转时螺纹槽内有风通过，可加强散热能力，还可使电刷与环的接触良好，电刷磨出来的粉末有通路向一个方向逸出。这种有螺纹槽的集电环，一般只用于单向旋转的电机中。

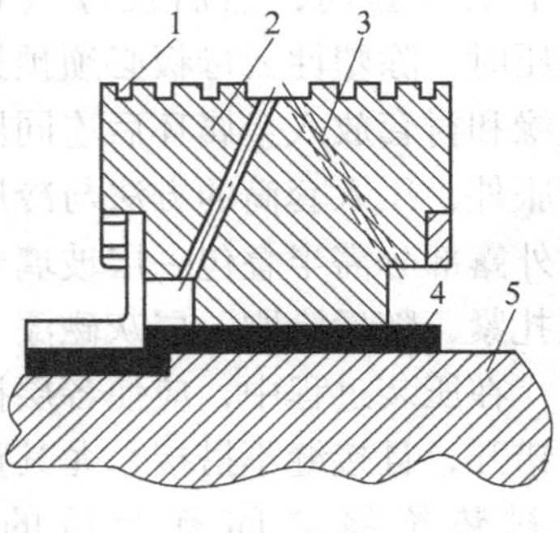

图5-26 汽轮发电机集电环

1—螺纹槽 2—集电环 3—通风孔 4—绝对绝缘 5—轴

二、集电环的材料

根据导电性能、耐磨性和机械强度的要求金属环可用黄铜、青铜、低碳钢或中碳钢制成。导电杆用黄铜棒或纯铜棒制成。衬垫绝缘用塑型云母板或环氧酚醛玻璃布板制造。衬套由薄钢板卷弯而成，套筒用铸铁件制造。

塑料集电环用的塑料是热固性的，常用的塑料为酚醛玻璃纤维压塑料。小型塑料集电环的引出线可不用导电杆，而用扁铜排制造。

三、集电环的技术要求

1）集电环要有足够的机械强度和刚度。

2）金属环间以及金属环对地的绝缘应可靠。

3）塑料体无气孔、缺料、裂纹等缺陷。

4）集电环的内孔直径、键槽尺寸、外圆直径和长度均应符合图样规定。

5）各金属环的外圆应同轴，金属环的轴向圆跳动不应超过0.05mm。

6）集电环外圆的表面粗糙度应不大于 Ra 为0.8μm。

四、集电环制造

集电环是由许多零件组成的，这里主要讨论金属环制造、集电环的压装与加工。

1. 金属环制造

金属环毛坯可用圆钢锻造，或用黄铜、青铜铸造。金属环铸件不允许有夹渣、砂眼、气孔等缺陷。金属环的切削加工过程基本上是车内、外圆和端面、钻孔和攻螺纹。在塑料集电环中，在金属环的内圆上还需插削三个槽口，使金属环与塑料体结合牢固，不发生径向、轴向和周向位移。

图5-27所示为金属环的车削加工。首先，在卧式车床上用单动卡盘初步夹持金属环的外圆（见图5-27a），找正端面和内圆，再将金属环夹紧，车端面、内圆和倒角。然后，调头撑紧金属环的内圆（见图5-27b），车外圆（应留有适当的精加工余量）、端面和倒角。

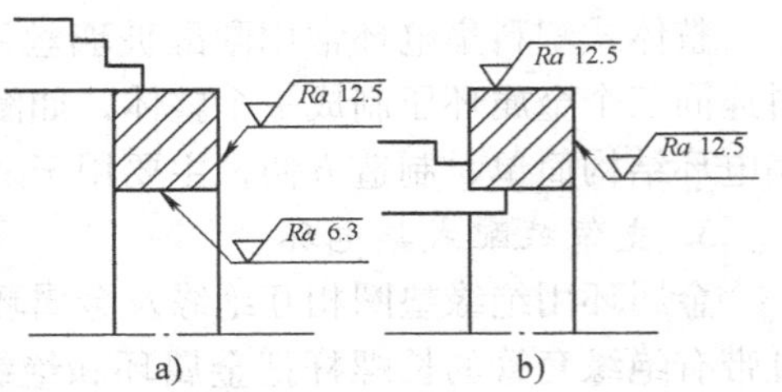

图5-27 金属环的车削加工

a）第一次装夹 b）第二次装夹

2. 装配式集电环的压装与加工

集电环的压装方法有冷压与热压两种。前者适用于以环氧酚醛玻璃布板作为衬垫绝缘的集电环，后者适用于以塑性云母板作为衬垫绝缘的集电环。冷压时所用的压装工具如图5-28所示，由底模、圆柱形垫块和螺杆组成。利用各层垫块的高度确定各环之间的距离，由两根螺杆确定各环上通孔和螺孔的相对位置。冷压时，先将三个金属环装在压装工具上，依次将多层环氧酚醛玻璃布板和衬套放入金属环内，在常温下压入套筒，然后浸漆（1032）一次烘干。热压时，除塑性云母板必须预先做成瓦形、衬垫绝缘和衬套放入金属环后连同压装工具必须加热膨胀外，压入套筒的方法与冷压时相同。云母板的外露部分需半叠包一层玻璃丝带，并用玻璃丝绳扎紧，随后涂刷一层灰磁漆（1321）。

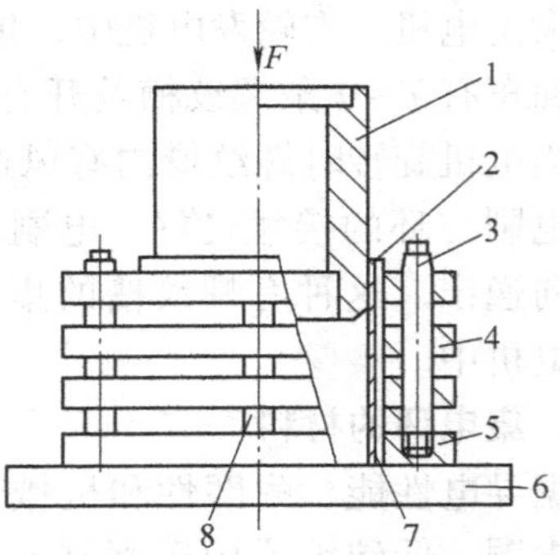

图5-28 装配式集电环的压装

1—套筒 2—衬套 3—定位螺杆 4—金属环 5—底模 6—油压机工作台 7—衬垫绝缘 8—圆柱形垫块

在压装过程中，应使各层衬垫绝缘的接缝均匀错开，且接缝不搭接，尤其重要的是使金属环与衬垫绝缘之间有合适的过盈量（0.3～0.4mm）。对于环氧酚醛玻璃布板衬垫绝缘，常需用0.05mm厚的聚酯薄膜调整过盈量。

依靠精车集电环外圆和套筒内圆达到其同轴度要求。插键槽后，装上导电杆、固定片、螺母等零件。对于钢制金属环，在精车外圆后，可滚压一次，以减小其表面粗糙度，并提高其表面硬度和耐磨性。

3. 塑料集电环制造

塑料集电环制造的关键也在于塑料压制。首先，将导电杆安装在金属环上，用压装工具将各金属环进行定位与夹紧。其压制方法、压制温度、单位压力、时间和烘焙处理等工艺与塑料换向器的制造工艺相同。所用的压模结构也与塑料换向器的基本相同。

从压装工具中取出工件后，需车去飞边和余料，插键槽，在塑料体的切削面上涂刷气干漆，及以内孔定位夹紧或套轴后精车各金属环的外圆，以保证各金属环外圆的同轴度。

五、集电环的质量检查

在集电环的制造过程中，为了提高产品质量，必须对集电环进行质量检查与分析。

1. 外观与尺寸检查

金属环的外表面应无碰伤、锈蚀等缺陷，金属环的两个侧面应有漆层，以防生锈。各金属环应无松动。对于以塑性云母板作为衬垫绝缘的集电环，云母外露部分上的扎绳应紧密排列，无稀疏间隔和重叠，扎绳的首末端结头应不起疙瘩，其外表面应涂有磁漆，这样，既能保护云母的外露部分，又使表面不易堆积灰尘。金属环的宽度、相邻两金属环之间的距离都应检查。套筒的内圆和键槽尺寸是与轴和键配合的，精度要求较高，是尺寸检查的重要项目。金属环外圆与套筒内圆的同轴度要求也较高，三个金属环的径向圆跳动不应超过0.05～0.06mm。而金属环的轴向圆跳动不应超过0.5～0.8mm。金属环外圆的表面粗糙度 Ra 不大于0.8μm。

2. 电气试验

用绝缘电阻表测量金属环之间、金属环与套筒之间的绝缘电阻，其值应不低于0.5MΩ。各金属环之间及金属环与套筒之间必须进行工频耐压试验。对于不逆转的异步电动机，试验电压（有效值）为 $2U_2+3000\text{V}$，这里 U_2 为转子电压，即当定子绕组施加额定电压且转子静止和开路时的各金属环之间的电压。对于可逆转的异步电动机，试验电压为 $4U_2+3000\text{V}$。对于同步电动机，试验电压为 $10U_{\text{fn}}+1500\text{V}$，这里 U_{fn} 为额定励磁电压。耐压试验历时1min，应无击穿或跳弧现象。

第六章 电机装配工艺

第一节 尺寸链在电机装配中的应用

一、概述

按照技术要求和一定的精度标准，将若干零部件组装成电机产品的过程，称为电机装配。电机装配包括组件装配，如定子、转子、端盖、电刷装置、轴承的组装以及电机总装配。总装配也包括电机各部分间隙的调整与测量，以及装配后的检验与涂漆等。

电机产品的质量，一方面取决于零部件的加工质量，另一方面在很大程度上也取决于装配质量。电机装配的好坏对电机影响很大，装配不良或不当，不但严重影响电机的运行性能而且可能导致故障，造成电机损坏或缩短电机使用寿命。因此，在装配过程中，必须严格按照装配的技术要求和装配工艺规程进行，以确保电机的装配质量。

二、电机装配的技术要求

1）保证电机径向装配精度。

2）保证电机轴向装配精度。

3）绕组接线正确，绝缘良好，无擦碰损伤。

4）机座与端盖的止口接触面应无碰伤。

5）轴承润滑良好，运转灵活，温升合格，噪声与振动小。

6）转子运行平稳，振动不超过规定值，平衡块应安装牢固。

7）风扇及挡风板位置应符合规定，通风道中应无阻碍通风或振动发声的物体。

8）电刷压力和位置应符合图样要求。

9）换向器、集电环及电刷工作表面应无油污、脏物，接触可靠。

10）电机内部应无杂物，电机所有固定连接应符合图样要求。

三、装配工艺规程的制订

装配工艺规程是指导装配生产的主要技术文件。装配工艺规程的制订是生产准备工作的主要内容之一。它对于保证装配质量，提高装配生产效率，缩短装配周期，减轻工人的劳动强度，缩小装配占地面积，降低生产成本等都有着重要的影响。

1. 制订装配工艺规程的基本原则

生产规模和具体生产条件不同，所采用的装配方案也各异。因此，在制订装配工艺规程时，应遵循以下基本原则：

1）先进的技术性。

2）合理的经济性。

3）保证技术要求和改善劳动条件。

4）有利于促进新技术的发展和技术水平的提高。

2. 编制装配工艺规程的主要内容与步骤

（1）编制电机装配工艺的主要内容

1）规定最合理的装配顺序和确定电机产品和部件的装配方法。

2）确定各单元的装配工序内容和装配规范。

3）选择所需工具、夹具和设备。

4）规定各部件装配和总装配工序的技术条件。

5）选择装配质量检验的方法与工具。

6）规定和计算各装配工序的时间定额。

7）规定运输半成品及产品的途径与方法。

8）选择运输工具等。

（2）编制装配工艺规程的步骤

1）研究产品的装配图及验收技术条件。包括审查和修改图样；对产品的结构工艺性进行分析，明确各零部件之间的装配关系；审核技术要求与检查验收方法，掌握技术关键，制订技术保证措施；进行必要的装配尺寸链的分析与计算。

2）选择装配方法与装配组织形式。装配方法与组织形式主要分为固定式和移动式两种。固定式装配是全部装配工作在一固定地点完成，多用于单件、小批量生产，或质量重、体积大的批量生产中。移动式装配是将零部件用输送带或小车按装配顺序从一个装配点移到下一个装配点，分别完成一部分装配工作，直到最后完成产品的全部装配工作。移动式装配分为连续移动、间歇移动和变节奏移动三种方式，常用于产品的大批量生产中，以组成流水作业线或自动装配线。

3）分解产品为装配单元（零件、组件和部件），并编制装配系统图。产品装配系统图能反映装配的基本过程和顺序，以及各部件、组件和零件的从属关系，从而研究出各工序之间的关系和采用的装配工艺。

4）确定装配顺序。正确的装配顺序对装配精度和装配效率有着重要的影响。确定装配顺序的基本原则是：预处理工序在前；“先下后上”、“先内后外”、“先难后易”；先进行可能破坏后续工序装配质量的工序；集中安排使用相同工装、设备以及具有共同特殊装配环境的工序，以避免工装设备的重复使用和产品在装配场地的迂回；集中连续安排处于基准件同方位的装配工序，以防止基准件的多次转位和翻身，及时安排检验工序等。

5）编制装配工艺文件，如装配过程卡、工艺守则等。

四、尺寸链在电机装配中的应用

在电机的装配关系中，由相关零件的尺寸或相互位置关系所组成的尺寸链，称为装配尺寸链。尺寸链的分析与计算，对保证电机各零件的装配精度，消除各零件累积误差对电机产品性能与质量造成的影响，有着重要的作用。如果不进行尺寸链计算。电机装配后各零件间的位置关系就可能难以保证设计要求，严重情况下还可能使电机装配不起来。故电机各零部件的尺寸公差，必须按尺寸链的原理进行校核。现以轴向尺寸链和安装尺寸链的计算为例，说明电机的装配精度。

1. 轴向尺寸链的计算

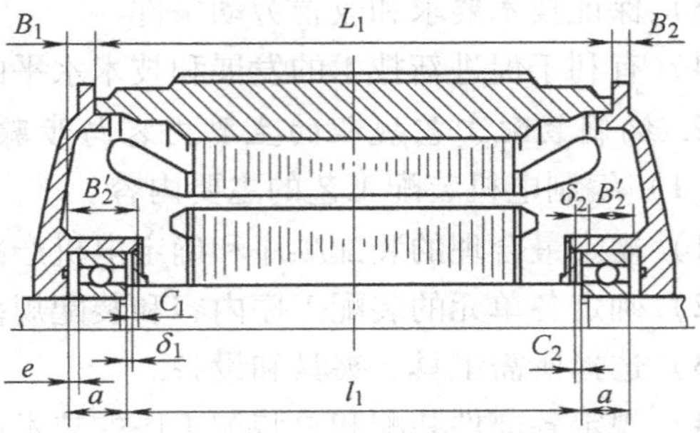

图 6-1 小型电动机装配示意图

L_1—定子机座止口两端面距离 B_1—端盖止口端面到轴承室底面距离 B_2—端盖轴承室深度（非轴伸端）B'_2—端盖轴承室深度（轴伸端） l_1—转轴两轴承档间距离 a—轴承宽度 e—弹簧片深度 C_1—轴承盖止口深度

以小型异步电动机为例，各零件的装配示意图如图 6-1 所示。设计的意图是装配时，要求保证三个尺寸在允差范围内。一是轴伸端轴承室弹簧片预压尺寸 e 必须在允差范围内；二是非轴伸端的轴承盖必须把轴承外圈压死，要求 δ_2 的最小值不能为负；三是在轴伸端轴承盖的止口与轴承外圈之间留下间隙 δ_1，以容纳各零件加工的公差以及电机运行中的热膨胀。因此，按照尺寸链的理论，可以建立起三个尺寸链，如图 6-2 所示。图中 e、δ_2、δ_1 分别代表三个不同的封闭环。

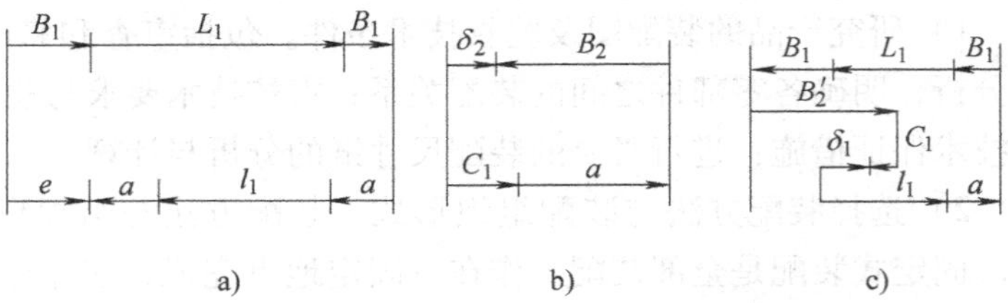

图 6-2 小型异步电动机尺寸链简图

L_1—定子机座止口两端面距离 B_1—端盖止口端面到轴承室底面距离 B_2—端盖轴承室深度（非轴伸端） B'_2——端盖轴承室深度（轴伸端） l_1—转轴两轴承档间距离 a—轴承宽度 e—弹簧片深度 C_1—轴承盖止口深度

（1）轴伸端轴承室弹簧片预压尺寸的计算　从图 6-2a 可见，B_1、L_1 的尺寸增加将使 e 加大，故为增环；而 l_1、a 的尺寸增大，将使 e 减小，故应为减环。

已知某一种小型异步电动机的尺寸为 $B_1 = 20^{+0.140}_{0}$ mm，$L_1 = 282^{0}_{-0.34}$ mm，$a = 23^{0}_{-0.12}$ mm，$l_1 = 273^{0}_{-0.34}$ mm。

可求得：

$$e(\text{基本尺寸}) = (L_1 + B_1 + \mathrm{B}_1) - (l_1 + a + a) = (282 + 2\times20)\text{mm} - (273 + 2\times23)\text{mm} = 3\text{mm}$$

$$\begin{aligned} e_{\max}(\text{最大极限尺寸}) &= \sum_{i=1}^{m} A_{i\max} - \sum_{i=1}^{m} A_{i\min} \\ &= [(282-0) + 2(20+0.14)]\text{mm} - [(273-0.34) + 2(23-0.12)]\text{mm} \\ &= 3.86\text{mm} \end{aligned}$$

$$\begin{aligned} e_{\min}(\text{最大极限尺寸}) &= \sum_{i=1}^{m} A_{i\min} - \sum_{i=1}^{m} A_{i\max} \\ &= [(282-0.34) + 2\times20]\text{mm} - (273 + 2\times23)\text{mm} \\ &= 2.66\text{mm} \end{aligned}$$

由以上计算可知，e 的尺寸在 2.66～3.86mm 变化。而工厂生产图样中弹簧片的厚度为 (4.6 ± 0.25)mm，所以装配后弹簧片是预先受到压缩的，因此就能压住前轴承外圈，可以减少承受较大负荷的前轴承的轴向工作间隙，减少电机运转时产生的窜动，补偿定子、转子零件尺寸链的公差和热膨胀所造成的伸缩。

（2）非轴伸端间隙 δ_2 的计算　已知，$C_1 = 4^{0}_{-0.08}$ mm，$B_2 = 26.5^{0}_{-0.14}$ mm，从图 6-2b 可知，尺寸 C_1、a 是增环，B_2 是减环，故

$$\delta_2 = [(4+23)-26.5]\text{mm} = 0.5\text{mm}$$

$$\delta_{2\max} = [(4+0)+(23+0)]\text{mm} - (26.5-0.140)\text{mm} = 0.64\text{mm}$$

$$\delta_{2\min} = [(4-0.08)+(23-0.12)]\text{mm} - (26.5-0)\text{mm} = 0.30\text{mm}$$

从计算得知，δ_2 在 0.3～0.64mm 变化，能满足“卡死”非轴伸端轴承外圈的要求。

（3）轴伸端间隙 δ_1 的计算　已知 $B_2' = 31^{0}_{-0.170}$mm 且从图 6-2c 可知，B_1、L_1、C_1 是减环，而 B_2'、l_1、a 是增环，故

$$\delta_1 = (31+273+23)\text{mm} - (282+2\times20+4)\text{mm} = 1\text{mm}$$

$$\delta_{1\max} = (31+273+23)\text{mm} - [(282-0.34)+2(20-0)+(4-0.08)]\text{mm} = 1.42\text{mm}$$

$$\delta_{1\min} = [(31-0.17)+(273-0.34)+(23-0.12)]\text{mm} - [282+2(20+0.14)+(4+0)]\text{mm} = 0.09\text{mm}$$

从以上计算可知，δ_1 在极限情况下仍有很小的间隙，即能够容纳各零件公差及热膨胀的要求。

2. 安装尺寸 C 的计算

自轴伸肩至邻近的底脚螺栓通孔轴线的距离 C（见图 6-3），是一个重要的安装尺寸。尺寸 C 超差时就会影响与其他机械配套时整个机组的安装质量，因而尺寸 C 有一定的允许偏差范围。根据轴伸端装配示意图可画出尺寸链简图，如图 6-4 所示。图 6-3 和图 6-4 中，各字母的含义如下：L_1—定子机座止口两端距离；L_2—机座止口至较近的底脚孔中心线的距离；l_1—转轴两轴承档间的距离；l_2—轴伸档至轴承肩台肩的距离；B_1—端盖止口端面到轴承室底面的距离；C—自轴伸肩至邻近的底脚螺栓通孔轴线的距离；a—轴承宽度。

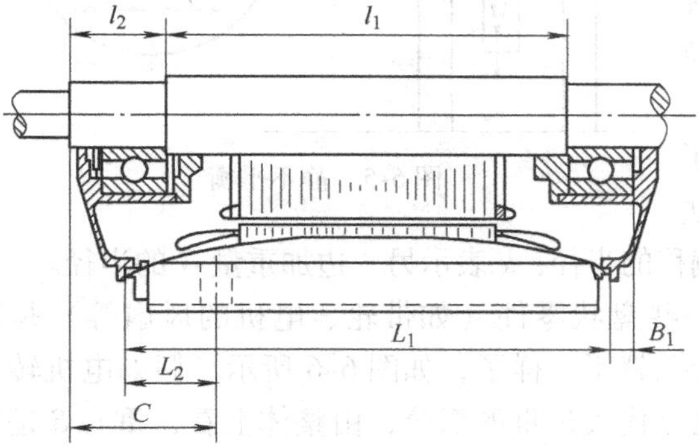

图 6-3　轴伸端装配示意图

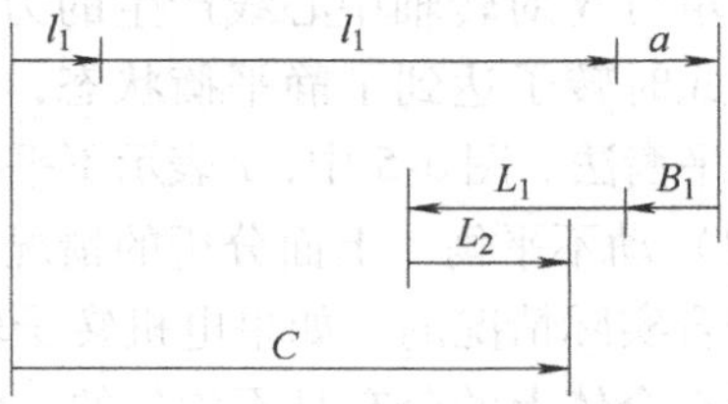

图 6-4　安装尺寸的计算（C 的尺寸链简图）

从图 6-3 可知，l_1、l_2、L_2、a 为增环，L_1、B_1 为减环，安装尺寸 C 为封闭环。计算安装尺寸 C 的尺寸链简图如图 6-4 所示。

已知 $L_2 = (52\pm0.5)$mm，$a = 23^{0}_{-0.12}$mm，$l_1 = 273^{0}_{-0.34}$mm，$l_2 = 43^{+0.34}_{0}$mm，$L_1 = 283^{0}_{-0.34}$mm，$B_1 = 20^{+0.14}_{0}$mm。

求得 C 的基本尺寸及最大极限尺寸、最小极限尺寸分别为

$$C = [(52+23+273+43)-(282+20)]\text{mm} = 89\text{mm}$$

$$C_{\max} = [(52+0.5)+23+273+(43+0.34)]\text{mm} - [(282-0.34)+20]\text{mm} = 90.18\text{mm}$$

$$C_{\min} = [(52-0.5)+(23-0.12)+(273-0.34)+43]\text{mm} - [282+(20+0.14)]\text{mm} = 87.9\text{mm}$$

由计算得到的 C 尺寸为 $89^{+1.18}_{-1.10}$mm，完全符合装配技术条件（89±2.0）mm 的规定。

五、电机转动部件的平衡

1. 平衡的基本原理

电机的转动部件（如转子、风扇等）由于结构不对称（如键槽、标记孔等）、材料质量不均匀（如厚薄不均或有砂眼）、零件毛坯外形（不加工部分）的误差或制造加工时的误差（如孔钻偏）等原因，而造成转动体机械上的不平衡，就会使该转动体的重心对轴线产生偏移，转动时由于偏心的惯性作用，将产生不平衡的离心力或离心力偶，电机在离心力的作用下将发生振动。不平衡重量产生的离心力大小与不平衡重量、偏移的半径及转动角速度的二次方成正比。

例如，在直径为 ϕ200mm 的转子外圈处有不平衡重量 10g，当电机转速为 3000r/min 时，产生的不平衡离心力高达 98.6N。可见，较小的不平衡重量，在高速转动时将产生较大的离心力。因此，在电机总装配之前，必须设法消除转动部件的不平衡现象，即进行“校平衡”。

2. 不平衡的种类

电机转动部件的不平衡状况可分为静不平衡、动不平衡和混合不平衡三种。

（1）静不平衡　如图 6-5 所示，一个直径大而长度短的转子，放在一对水平刀架导轨上，不平衡重量 M 必然会促使转子在导轨上滚动，直到不平衡重量 M 处于最低的位置为止。这种现象表示转子有“静不平衡”存在。其产生的离心力周期地作用于转动部分，因而引起电机的振动。由于转子静止时重心永远是处在最低位置（不考虑导轨与转子之间的摩擦阻力），所以这种不平衡的转子，即使不在旋转也会显示出不平衡性质，故称为静不平衡。假如在与 M 对称的另一边加重量 N（即在与 M 对称的另一边加的重量）以后，将零件转到任一位置都没有滚动现象发生，即 M 对转轴中心线产生的力矩与 N 对转轴中心线产生的力矩达到了平衡，此时转子达到了静平衡状态，这种方法称为静平衡法。图 6-5 中，r 表示不平衡重量偏移的半径；x 表示另一边加重量 N 的半径。

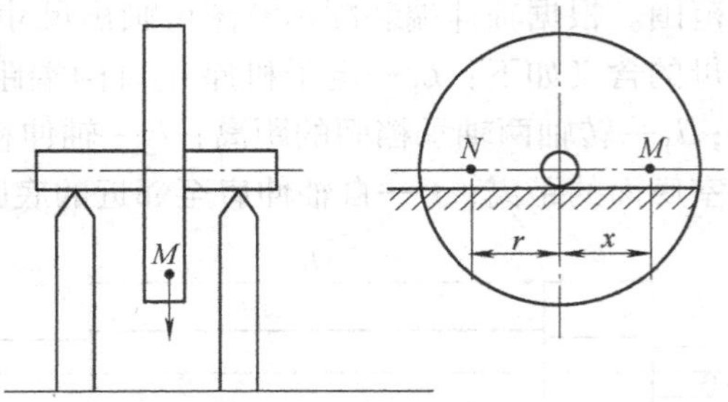

图 6-5　静不平衡

（2）动不平衡　上面分析的情况，对于一些盘状零件（如带轮、电机的风扇等）是近似地符合实际情况的。如果电机转子较长，情况就不一样了，如图 6-6 所示。假如电机转子的重量在全体上的分布是不均匀的，画斜线处是代表过重的部分，由整体上看，重心 S 是重叠在转动轴线上的，即是静平衡的。也就是说，Y-Y 轴线左边的不平衡重量 M_1（重心为 S_a）与由 Y-Y 轴线右边的重量 M_1'（重心为 S_b）相平衡了，这时转子在静止时可以静止在任意位置。但当这样的转子旋转起来后，M_1 和 M_1' 产生一对大小相等、方向相反的离心力 F_a 和 F_b，形成一对力偶 F_aL，周期地作用在电机轴承上，引起电机的振动。这种在转动时才表现出来的不平衡称为动不平衡。由此可知，圆柱形的转动体在作静平衡检验时，它可能是平衡的，但转动起来就不一定是平衡的了。

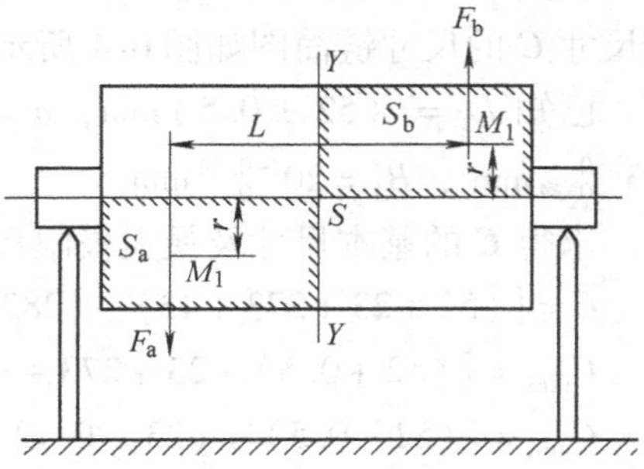

图 6-6　动不平衡

如果一个转子单纯只有这样的动不平衡，可以用一对力偶的方法来平衡它。这对力偶应与 F_aL 大小相等、方向相反，加在位置适宜的转子两个端面上。这种方法称为动平衡法。

（3）混合不平衡　一般工件都不是单纯地存在静不平衡或动不平衡，而是两种不平衡同时存在。既有由不平衡重量 M 产生的静不平衡离心力，又有由 M_1 及 M_1' 产生的不平衡力偶同时存在，如图 6-7 所示。这样就可以用大小不等、方向不是相差180°的两个不平衡力 F_a' 及 F_2 来表示。这种不平衡称为混合不平衡。实际上的转子不平衡多数属于此种。

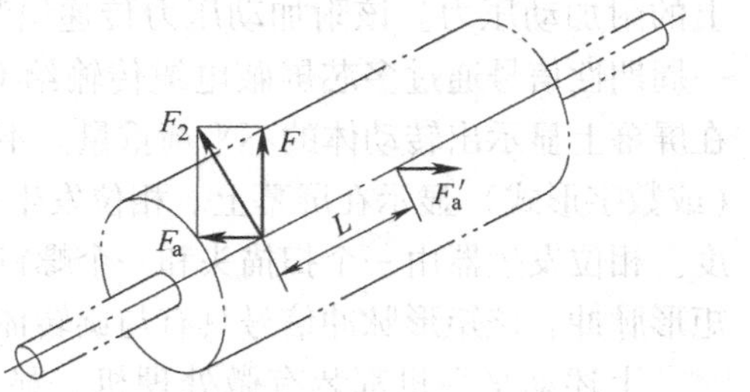

图 6-7　混合不平衡

3. 校静平衡与动平衡

校平衡方法的实质，就是要确定不平衡重量的大小及其位置，并加上或减去适当的重量使零件达到平衡。严格地说，任何转子都存在着混合不平衡，但在实用上，由于转子的情况及运行条件的不同，所以可以有不同的处理方法。

当电机转子长度 L 与其直径 D 之比 L/D 较小且转速较低时，可以近似地看作一个盘状转动体，所以只作静平衡校验；反之，当 L/D 较大，转速又较高时，则必须进行校动平衡工作。转子校平衡类型见表 6-1。

表 6-1　转子校平衡类型

转子条件		校平衡类型	转子条件		校平衡类型
圆周速度/(m/s)	长度 L/直径 D		圆周速度/(m/s)	长度 L/直径 D	
<6	不限	静平衡	≈15	≥1/3	动平衡
<15	<1/3	静平衡	>20	>1/6	动平衡

（1）校静平衡　校静平衡通常是在平衡架上进行的。它是由两个保持水平的支架组成，在支架上有两根导轨。导轨的工作部分必须淬硬（56～60HRC），而且要磨光（Ra 为 0.8μm 以下），以减少摩擦力。两支架间距离应能调节，使工件及支架都能保持水平状态。

导轨截面可以有平刀形、圆柱形和棱柱形。通常小转子校静平衡时，用圆柱形截面导轨较多，因为这种导轨刚性好，容易制造。当被平衡工件的重量较大时，采用平刀形或棱柱形截面。校静平衡有加重法和去重法两种。校风扇静平衡通常采用去重法，即在风扇上钻去重量，但由于通风的要求，不得将孔钻穿。转子校平衡通常都用加重法，对铸铝转子是在平衡住上铆垫圈；对绕线转子，在转子压板上鸠尾形的平衡槽上安放平衡块，再用螺钉将平衡块固定。

（2）校动平衡　校动平衡就是在一定的设备上使转子旋转，测出其振动的大小和不平衡重量的位置，再设法予以平衡。实际上是既解决了动不平衡（由不平衡力偶产生的），同时也解决了静不平衡（由不平衡离心力产生的）。因此，进行校动平衡的转动部件就不再需要另作校静平衡了。校动平衡的方法有很多，在中小型电机制造厂都是用动平衡机法，即在一台专用的动平衡机上校动平衡。动平衡机的种类较多，有利用机械补偿原理的动平衡机，有利用摆架测量振动的动平衡机，如火花式动平衡机和闪光式动平衡机。

目前，我国许多电机厂都使用闪光式动平衡机，它是利用闪光确定不平衡位置，仪表指示不平衡量，反映出来的位置及不平衡量都比较准确。如德国造的 H6V 硬支承动平衡机，是由基础底板、左右支架、信号放大机构、传感器、光电头、相位发生器、驱动系统、打印机、电源箱及 CAB690—H 电测箱等部分组成的。硬支承动平衡工作原理如下：转子放在支架上，由万向联轴器将转子与平衡机驱动法兰相接，电动机通过传动带经变速齿轮箱带动转子旋转。小型平衡机也可不经万向联轴器而通过传动带直接转动。转子旋转时，由于不平衡而导致主惯性轴对旋转轴线产生偏移，造成周期性的振动，形成一个作用在平衡机支承滚轮上的附加动压力。该附加动压力传递给装在支架上的拾振计。拾振计则利用动线圈原理将这一周期性信号通过多芯屏蔽电缆传输给 CAB690—H 微机测量系统。微机测量系统经处理后，在屏幕上显示出转动体的不平衡重量。不平衡重量的位置则由相位发生器确定，并以矢量形式（或数字形式）显示在屏幕上。相位发生器根据转子的旋转方向，产生基准信号来表示基准角度。相位发生器由一个扫描头和一个螺钉组成。螺钉每转一周，扫描头中的振荡器就产生一个矩形脉冲。该矩形脉冲信号具有与旋转体转速相同的频率，可用示波器加以检测。

上述动平衡机都装有微处理机、显示屏和打印机，因而具有一系列优点：如适用范围广，能适用各种转动体的平衡校正；不平衡质量的大小和位置显示直观；平衡精度高（最大指示灵敏度为 0.3 ~ 40g · mm）；平衡范围大（工件重量为 7.5 ~ 4000kg，工件直径为 360 ~ 3500mm，两支承间距离为 15 ~ 5740mm，轴颈范围为 5 ~ 560mm）；测量时间短；平衡效率高；操作简便等。

第二节　中小型电机的装配工艺

一、定子装配

我国的电机厂生产小型电机时大多采用外压装工艺。定子铁心在嵌线浸烘后，压入机座时必须保证轴向位置符合图样要求，否则会使线圈的一端伸得太多，造成总装配困难，并且会使电机的气隙磁动势增大，影响电机性能。同时，还会使转子所受的轴向力磨损加剧。

定子铁心在机座内的轴向位置，一般都是在压装胎具上予以保证。如图 6-8 所示，控制压帽上的尺寸使压装后铁心的位置符合图样要求。决定尺寸的方法如下：由产品图样上查得机座止口端面到定子铁心端面的距离 L 的尺寸，该尺寸的公差是自由尺寸公差，而压帽上的公差则取 L 公差的 1/2。尺寸 D_1 及 D_2 受机座铁心档内径及绕组扬声器口最大外径的限制，需根据这两个数据来确定 D_1 及 D_2 的大小。如某电机从图样上查得 $L=71$mm，查表得公差为 ±0.6mm，故压帽的尺寸 $l=(71\pm0.3)$mm；从图样上查得绕组喇叭口最大外径为 192mm，机座铁心档内径为 210mm，故应取 $D_1=208$mm，$D_2=196$mm。压装胎具的胀圈及芯轴有胀紧定子铁心内圆的作用，在压装过程中保证铁心内圆整齐；底盘上止口有安放机座的作用；底盘上镶焊的竖轴有导向的作用，使定子铁心在压入机座的过程中不易歪斜。

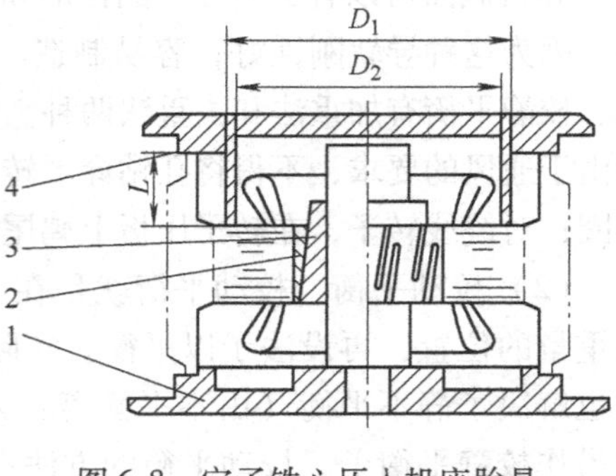

图 6-8　定子铁心压入机座胎具

1—下盘　2—底圈　3—芯轴　4—上压槽

在压装完毕后，为了保证定子铁心在机座内不转动，单靠机座内圆与定子铁心的外圆的接触是不够的，所以每台电机还要装上止动螺钉，使铁心完全固定在机座上。

二、转子装配

异步电动机的转子装配包括转子铁心与轴的装配、轴承的装配和风扇的装配等。

小型电机定子的基本生产及装配工艺流程

步骤1：开线

步骤2：焊保护器

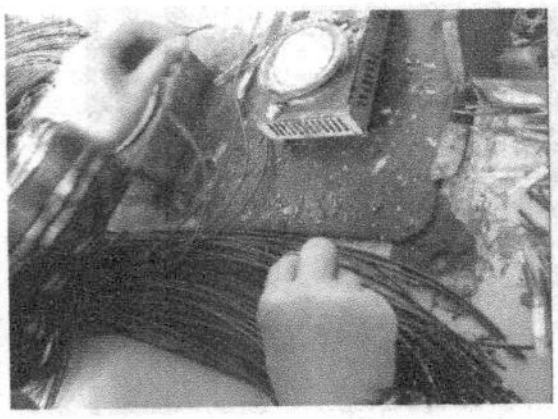

步骤3：分线

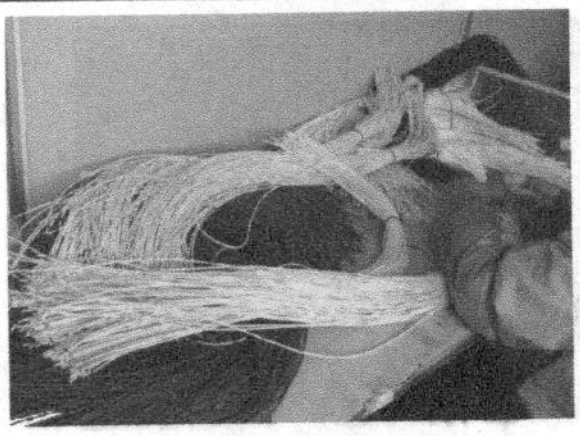

步骤4：硅钢片准备

步骤5：高冲定子铁心

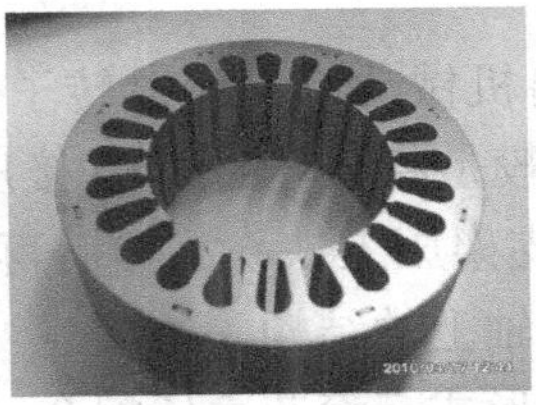

步骤6：理片整压

步骤7：打槽绝缘

步骤8：散嵌绕组绕线

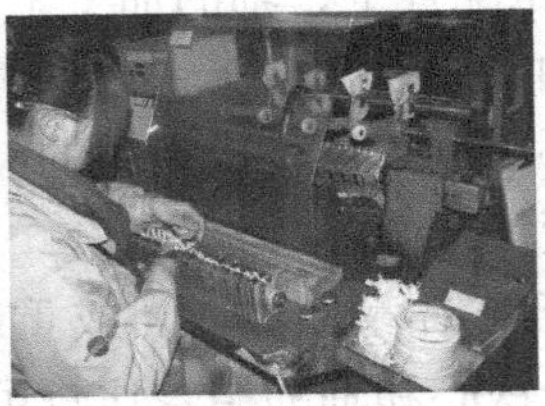

步骤9：挂线

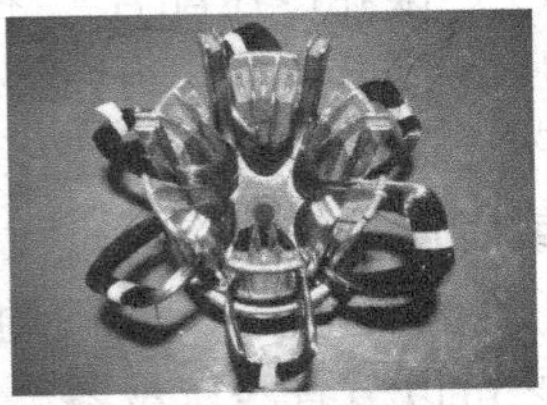

步骤10：机器嵌线

步骤11：并线头

步骤12：预整形

步骤13：前绑

步骤14：去漆/量通断/套小

步骤15：搪锡

步骤16：定位/绑扎

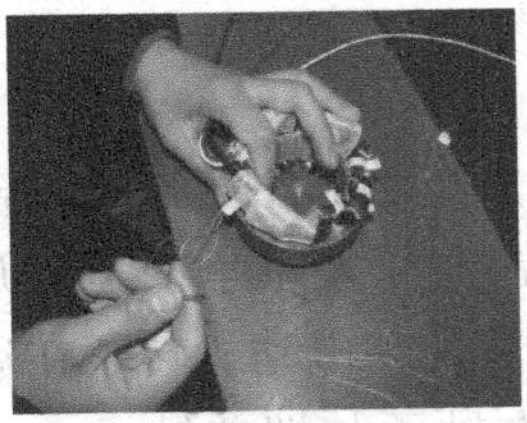

步骤17：后绑

步骤18：定子外观检查

（续）

步骤19：精整形	步骤20：综合性能检测	步骤21：浸漆及暂存
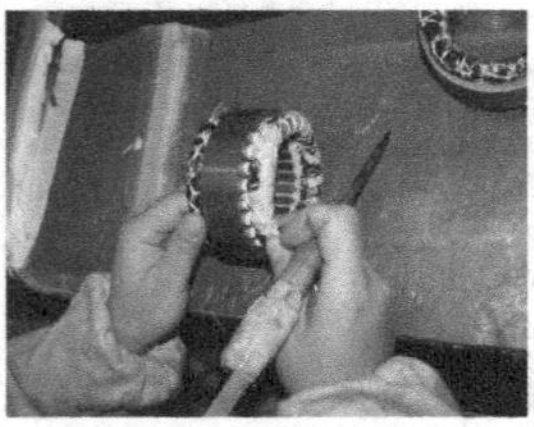	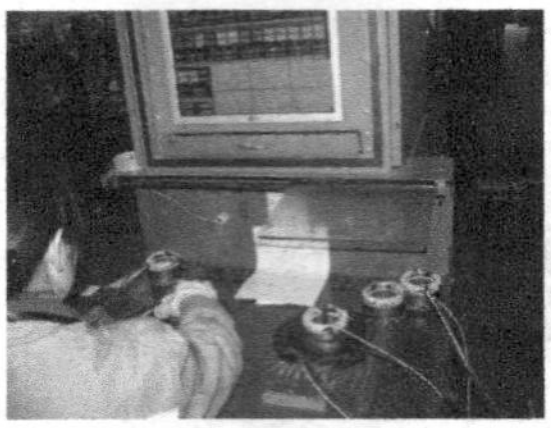	

1. 转子铁心与轴的装配

电动机在运行时要通过转轴输出机械功率，所以转子铁心与轴结合的可靠性是很重要的。当转子外径小于300mm时，一般是将转子铁心直接压装在转轴上；当转子外径大于300mm小于400mm时，则先将转子支架压入铁心，然后再将转轴压入转子支架。Y系列电动机是采用将转子铁心直接压装在转轴上的结构。

转子铁心与轴的装配有三种基本形式：滚花冷压配合、热套配合和键联接配合。

（1）滚花冷压配合　在滚花冷压配合中，轴的加工工艺是：精车铁心档—滚花—磨削，然后压入转子铁心，再精磨轴伸、轴承档以及精车铁心外圆。采用滚花工艺时，过大的过盈也是不允许的。因为冷压压力的大小与过盈量是成正比的，所以过盈量太大时，可能压不进去，或者使材料内应力过大而发生变形或破坏。

（2）热套配合　一般均利用转子铸铝后的余热（或重新加热转子）进行热套。采用热套工艺可以节省冷压设备，同时转子铁心和轴的结合比较可靠。因为热套是使包容件加热膨胀然后冷却，包容件孔收缩抱住被包容件，它可保证有足够的过盈值，可靠性较高。

（3）键联接配合　键联接配合的优点是能够保证联接的可靠性，便于组织流水生产；缺点是加工工序增多，在轴上开键槽会使转轴的强度降低，特别是在小型电机中影响更大。采用键联接时，键的宽度按规定要求选择。为了简化工艺，通常可以与轴伸用同一键槽宽度。

2. 轴承装配

在中小型异步电动机中，广泛地采用滚动轴承结构。它比滑动轴承轻便，运行中不需要经常维护，耗用润滑脂也不多。同时，滚动轴承径向间隙小，对于气隙较小的异步电动机更加适用。滚动轴承的安装方法有敲入法、冷压法和热套法三种。Y系列电动机的轴承装配有以下三种结构，如图6-9所示。

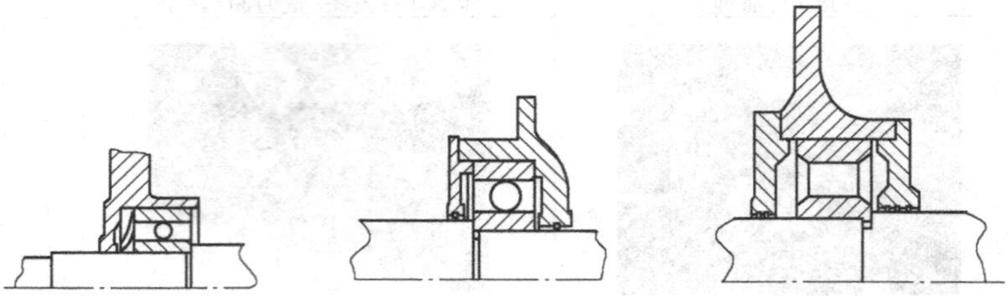

a)　　b)　　c)

图6-9　轴承装配

在Y系列H132（及以下）电动机中采用了图6-9a、b的结构，使轴承外盖与端盖合二为一，简化了结构，减少了加工工序。在电动机的前端（非传动端），采用轴承内盖，并使端盖轴承室端面与轴承盖之间留有间隙，以保证在装配时将轴承卡紧，使电动机转子在运行时不发生轴向窜动；在电动机的后端（传动端）轴承装配时，还在轴承与端盖轴承室底面之间加放了波形弹簧片，利用波形弹簧压住后轴承外圆，以减小承受较大负荷的后轴承的轴向工作间隙，减小电动机运转时所产生的振动和噪声。

Y 系列 H160 ~ H280 电动机采用有内、外轴承盖的结构，如图 6-9c 所示。根据负荷计算的要求，在后端（传动端）采用了短滚柱轴承。在前端（非传动端）采用滚珠轴承。H160 ~ H280 中 2 极电动机的后轴承采用滚珠式。为了使电动机在承受轴向负荷时，前轴承不致从轴上脱出，使用了一只弹簧加以保险。

轴承质量对电机的振动和噪声的影响很大。角接触球轴承产生振动和噪声的主要原因是由于电机转动时，轴承钢珠受沟道波纹度的冲击，激发了轴承外圈与电机有关零件（端盖、机座等）形成一个振动系统，从而引起电机振动与噪声。沟道波纹度越大，引起振动的激振力也就越大。Y 系列（IP44）电动机中电机的非轴伸端的轴承选用 Z1 型电动机专用角接触球轴承。由于 Z1 型轴承沟道经过二次超精研加工，轴承振动与噪声较普通级轴承小。

3. 总装配

中小型电机总装配包括转子套入定子，安装其他部件，如端盖、接线盒、外风扇及电刷装置等，总装后还需进行试验和电机外表修饰。

（1）转子套入定子　总装配时，将转子套入定子是关键工序之一。操作不当，容易造成绕组的撞伤，有时甚至造成转轴变形。套入时，还需注意轴伸与接线盒的相应位置。

转子质量小于 35kg 时，可用手将它穿入定子（见图 6-10）；较大的转子，需用吊装工具将转子穿入定子（见图 6-11 和图 6-12）。

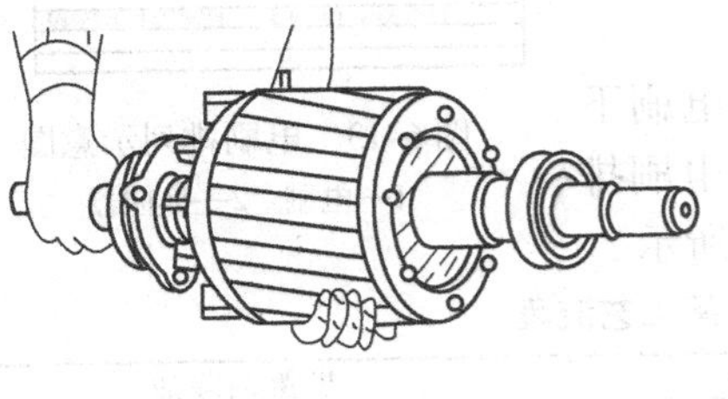

图 6-10　人力将转子托起装入定子内膛

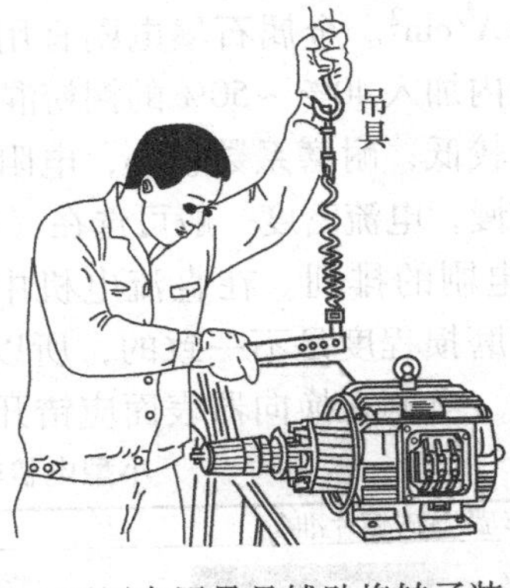

图 6-11　可用专用吊具辅助将转子装入机座

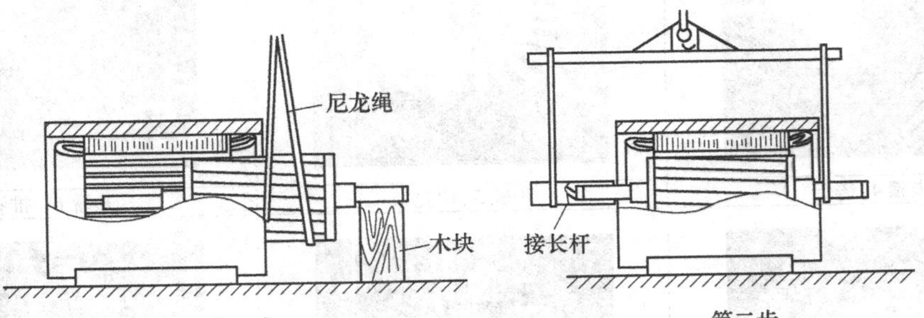

图 6-12　采用加长轴和用绳索起吊的装配方法

（2）安装端盖　安装端盖时，一般先安装非轴伸端。在装配止口面上涂薄层机油，以防止口部位生锈。将端盖装入止口后，轻敲端盖四周，使端盖与机座的端面紧贴，然后对角轮流地拧紧螺栓。

安装第二个端盖时，需将转子吊平（小电机可不吊）。接着把端盖止口敲合，旋紧螺栓。如两头端盖装得不同轴，或端面不平行，转子就可能转动呆滞，需用锤子轻敲端盖四周，以消除不同轴、不平行现象，使转子转动灵活。然后装外轴承盖，拧紧轴承盖螺钉。

（3）气隙调整　对于整圆端盖滚动轴承的中型电机，当转子插入定子后，应先安装滚珠轴承端的端盖，然后安装滚柱轴承端的端盖，以防止滚动轴承受损伤。在一定要先安装滚柱轴承端的端盖时，则此端端盖螺钉不应拧紧，待滚珠端端盖装上后，再旋紧螺钉。

端盖装上后，应进行气隙调整。调整的方法是用千斤顶（两端四个）调整端盖的相对位置。用塞尺在互差120°的位置进行测量（两端），直到气隙均匀度符合技术条件规定标准为止。调完气隙后将螺钉紧固，在卧式镗床上按图样规定位置钻铰定位销孔，并打入定位销。

（4）电刷系统的装配　在带有集电环接触的电机中（如大中型绕线转子异步电动机），电刷装配质量对导流有很大的影响；在带有换向器的电机中，其换向情况的好坏，常与电刷系统的装配质量有密切关系。

1）电刷。集电环和换向器用电刷一般为电化石墨电刷和金属石墨电刷。电化石墨电刷是用天然石墨经过加工去除杂质再经烧结而成的。按原料配比不同，又可分为石墨基、焦炭基及炭黑基等几种。炭黑基的电刷电阻率和接触压降较高，宜用于换向困难的电动机；石墨基常用于正常的电动机。电化石墨电刷的硬度较小，磨损也较慢，电流密度一般可选在$(10\sim12)\text{A/cm}^2$。金属石墨电刷宜用于低电压、大电流电机，是在石墨内加入40%～50%的铜粉混合烧结而成的。它的密度大，硬度较低，耐磨系数较小，电阻率较低，接触压降较低，磨损也较慢，电流密度一般可选在$(17\sim20)\text{A/cm}^2$。

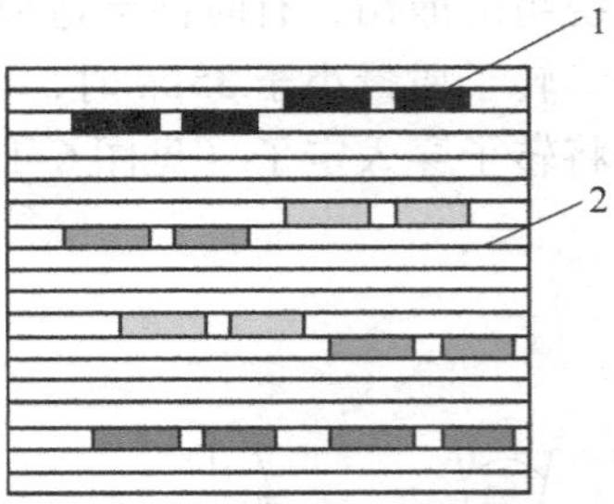

图6-13　电刷排列示意图
1—电刷　2—换向器

2）电刷的排列。在直流电机中，因为在正、负电刷下换向器的磨损程度是不一致的，所以必须合理地安排电刷排列的位置。电刷在换向器表面应错开排列，如图6-13所示。

小型电机转子的基本生产及装配工艺流程

步骤1：硅钢片准备

步骤2：高冲转子铁心

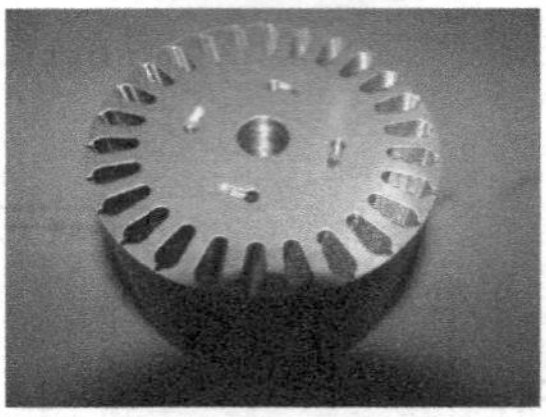

步骤3：除油

步骤4：铸铝

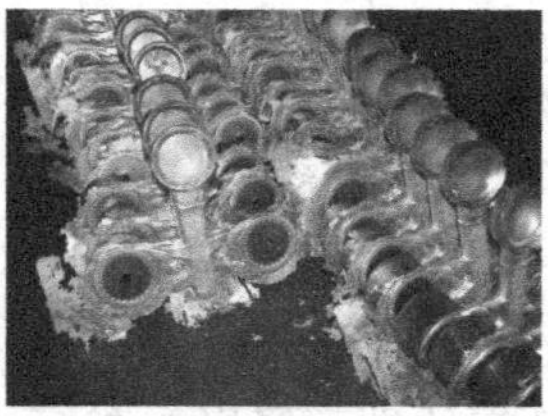

步骤5：切浇口

步骤6：推孔

（续）

步骤7：涂油	步骤8：压轴	步骤9：精车去毛刺

步骤10：动平衡测试	步骤11：涂油及校直	步骤12：暂存
	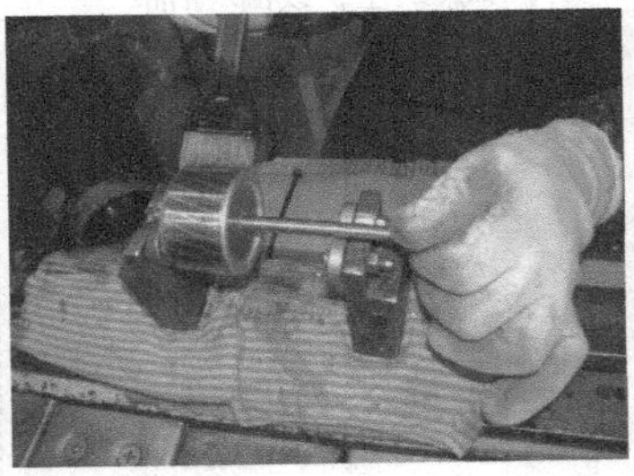	

三、小型电机装配自动化

为提高劳动生产率，降低生产成本，缩短产品的研制或生产周期，以增强产品的市场竞争能力，国内外电机行业均竞相在电机装配领域引入自动化技术。

早期的电机装配自动化系统，以电机半自动化总装线为代表，用于大批量少规格的小型电机装配。这种半自动化总装线包括自动装转子机、轴承压装机、端盖压装机和拧紧螺钉机等装配机械，其功能有：定子上料、转子插入定子、压装轴承、装两端端盖和拧紧螺钉。主要装配过程均靠机械完成，辅助工作则由人工完成。这种半自动化总装线的设备均固定安装，具有一定的工作节拍，工作效率较高，可达到25～40s/台。

为适应多品种、小批量产品的自动装配要求，国外相继发展了柔性装配单元（FAC）和柔性装配系统（FAS），均以计算机控制的机器人作为核心设备，因而均具有较高的自动化水平。

柔性装配单元包括一台搬运机器人和多台装配机器人。搬运机器人负责各种零部件的搬运，并按照顺序将组装件依次送到装配机器人的工作站，然后把装好的组装件搬到传送带上输送出去。在装配机器人处配有工作台和压床等设备，负责各种部件的组装。柔性装配单元可装配不同类型的组件，也可改变计算机程序，以便对不同规格的电机产品进行装配。

在柔性装配单元的基础上，国外进一步发展了全自动化的柔性装配系统。这种系统主要包括可编程序装配单元、系统存储仓库和柔性物流传送系统等几大部分，其核心是可编程的装配单元。可编程的装配单元通过改变计算机程序，实现对装配机器人的控制，并对各种不同规格的电机进行装配。为了保证无阻滞地向装配系统供应组件，并在系统发生故障时起缓冲作用，柔性装配系统设有存储仓库。仓库内设有可编程序的货架控制装置，使计算机能对各存储单元进行随机访问。柔性物流传送系统由传送带或自动引导小车（AGV）组成。负责物料的搬运和系统内外各工序间物流的交换。自动引导小车运转灵活，不受限制，且停位精度很高（可达±1mm），因而成为柔性传送系统的主要设备。FAS系统通常采用分级分布式计算机控制系统，以对系统中各种自动化设备进行管理与控制。计算机系统包括主计算机、FAS 管理计算机、物流计算机和多台 FAC 计算机。通过这些计算机，FAS 系统可方便地改变程序，并对装配系统加以控制，以实现对多规格电机的自动装配。以国外发展的一种自动装配系统为例，可实现对 450 种不同规格的小型电机的自动装配。由此可见，FAS 柔性装配系统不但自动化程度高，而且适应能力较强，是当今小电机装配自动化的方向。

除装配自动化外，还有电机出厂试验自动线和静电涂装自动线。使用这些自动线，将极大地改善劳动条件和提高劳动生产率，并可为实现电机厂的无人化生产创造有利条件。

小型电机总装的基本生产工艺流程

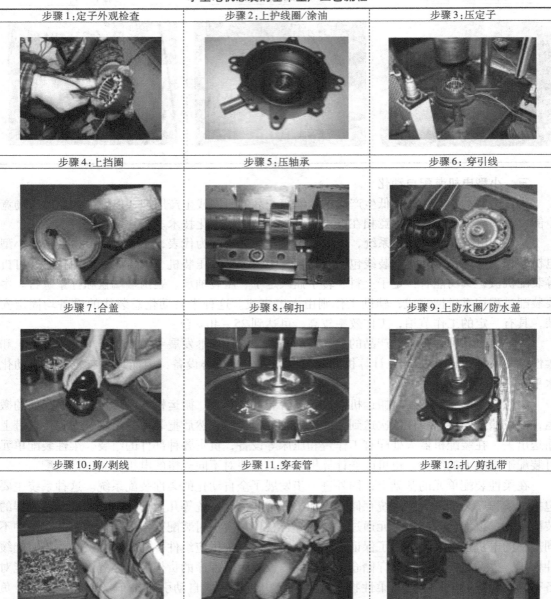

步骤 1:定子外观检查	步骤 2:上护线圈/涂油	步骤 3:压定子
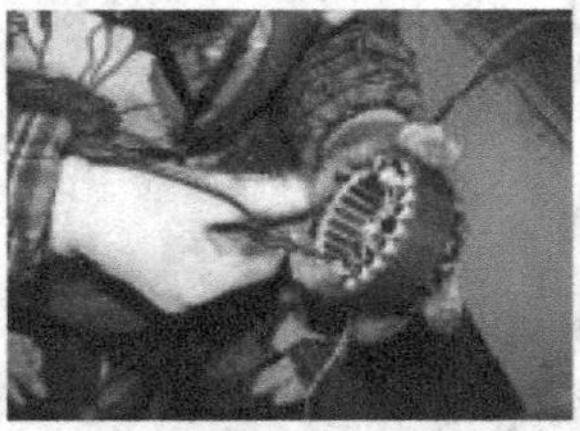		
步骤 4:上挡圈	步骤 5:压轴承	步骤 6: 穿引线
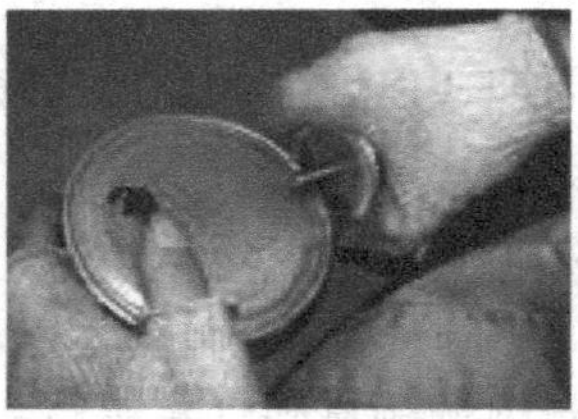		
步骤 7:合盖	步骤 8:铆扣	步骤 9:上防水圈/防水盖

步骤 10:剪/剥线	步骤 11:穿套管	步骤 12:扎/剪扎带
		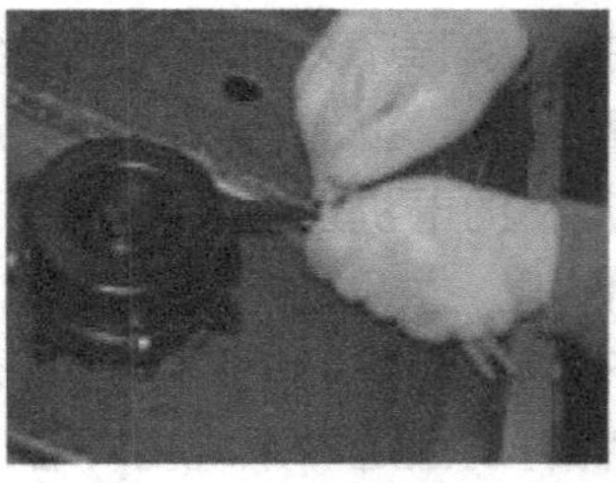

（续）

步骤 13：压接端子	步骤 14：插入塑件	步骤 15：综合测试
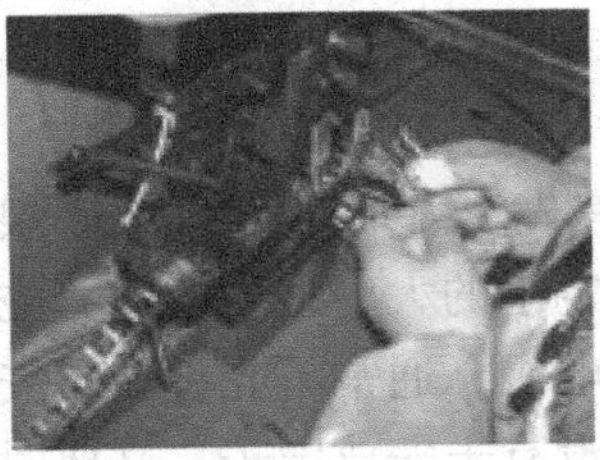	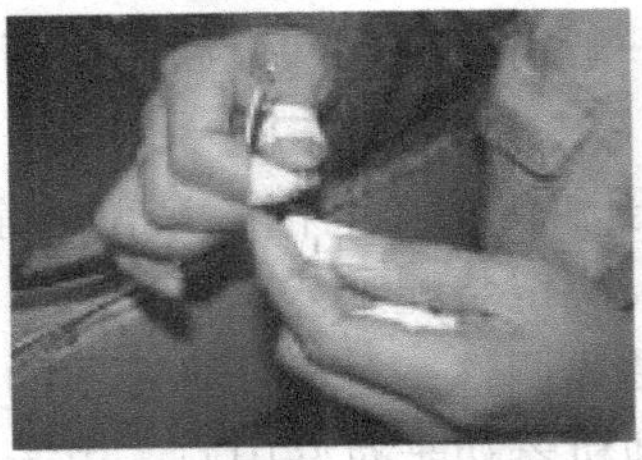	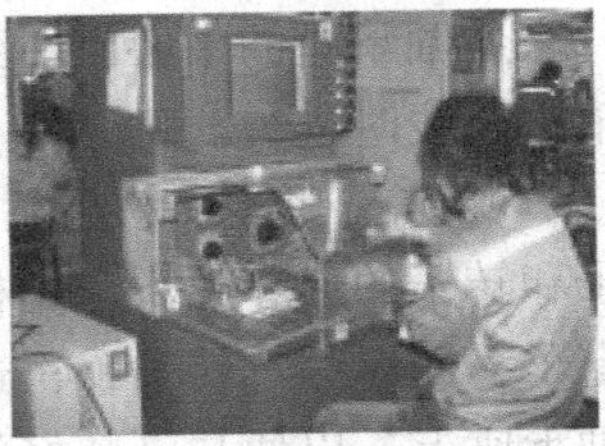
步骤 16：噪声检查	步骤 17：贴铭牌/合格证	步骤 18：外观检查及包装

四、大型座式轴承电机装配工艺

1. 座式轴承

大型电机的转子重，转矩大，滚动轴承担负不了这么大的载荷，故采用滑动轴承。一般多放在轴承座上，如图 6-14 所示，轴承座通常用铸铁或铸钢制成。在轴承座上装有可沿水平直径拆开的两半式轴瓦，上面是轴承盖，轴瓦由铸铁制成，轴瓦的内表面镀上一薄层轴承合金。在转子较长的大中型高速电动机中采用自整位轴瓦（见图 6-15）。把轴瓦与轴承座配合的外表面做成球面或圆柱面，以使轴瓦按轴的挠度自动地相应调整；同时还可以补偿轴承安装时的误差，使轴颈处于它所需要的位置。

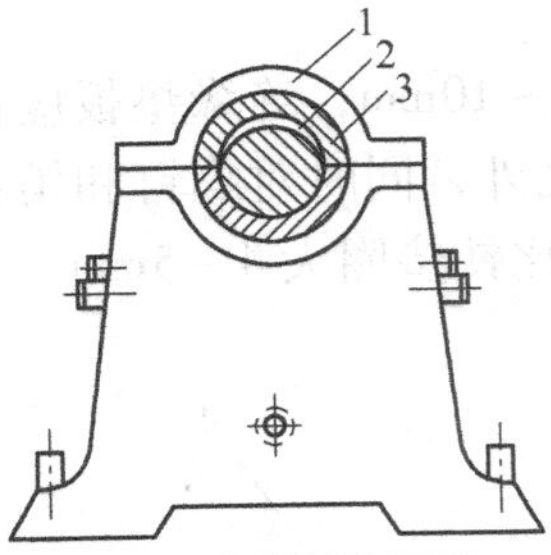

图 6-14　座式轴承示意图

1—轴承盖　2—间隙　3—上轴瓦

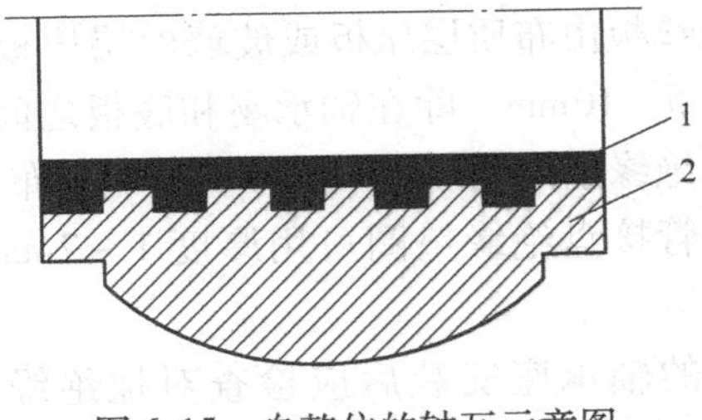

图 6-15　自整位的轴瓦示意图

1—轴承合金　2—轴瓦

2. 座式轴承电机的装配

大型座式轴承电机装配工作都是在安装地点进行的。

（1）电机安装前的准备　电机安装前应对设备进行验收，以便及时发现设备有无不完整和损坏现象，同时对安装基础也要验收。安装电机的基础在承受给定的静、动负荷下，应不产生有害的下沉、变形或振动现象等，并应按基础验收的技术条件要求进行全面验收。

（2）底板和轴承座的安装　底板是固定和支承电机并将负荷传到基础上去的中间板。大型电机的底板是由若干块或整块组成的。底板的位置要按基准轴线及规定高度安装，底板的水平度偏差（用水平仪校准）应不大于0.15mm/m。

安装轴承座时必须保证电机或机组的轴线与已装好的机组的主纵轴线在同一垂直面之内，且各轴承座的中心高一致。一般需经预装和最后调整两个过程。轴承座最后调整是在调整轴中心线时进行。

（3）定子和转子的装配　定子和转子（电枢）装配之前应首先装好联轴器，然后根据定子和转子的尺寸大小和结构情况决定装配工艺过程。对于整圆定子的大中型电机，可先安放定子，而后穿过转子，再进行轴线调整；对于分半定子的大型电机，通常首先把转子安装在轴承座上，以便与已装好的其他机器初步对好中心，由于这时没有未安放定子，必要时可以较轻便地调整底板的位置。

转子初步对中心后，从轴承座上取下转子，再把定子吊过来安放在它应放的位置，并初步找一下中心，然后将前轴承座拆下，再把转子插入定子，待转子插入定子后，将轴承座重新装上。最后进行转子与已安装好的机器找中心工作。此时应按技术要求仔细调整轴向窜动间隙、联轴器处两轴线的重合性及气隙的均匀性。这项工作必须仔细进行，否则在运行时由于机组连接的缺陷，也会引起电机的振动和损坏。

对于尺寸较小、重量较轻的电机，也可以把转子先插入到定子中，然后再一起吊装到轴承座上去，这样可以节省前轴承座反复拆装的工序。但此时定子和转子的吊装应各用自己的吊索独立地挂在吊车的吊钩上，不允许定子、转子一方面的重量由另一方面来承担，否则会引起部件的变形和损坏。

3. 轴承绝缘结构

在安装大型电机座式轴承时，轴承座和底板之间必须垫以绝缘垫板。加绝缘垫板的目的主要是防止轴电流（也叫作轴承电流）的危害，如图6-16所示。轴电流产生的原因很多，例如电机的磁场不对称所产生的脉动磁通等。它能在轴颈和轴瓦间形成小电弧侵蚀轴颈和轴瓦的配合表面，严重时能将轴承合金熔化，造成烧瓦事故。同时，油膜的击穿使油质严重变坏，增加轴承发热，故必须予以足够重视。

绝缘垫板由布质层压板或玻璃丝层压板制成，厚度为3～10mm，绝缘垫板应比轴承座每边宽出5～10mm。除在轴承座和底板之间放置绝缘垫板之外，同时对螺钉和销钉也应加以绝缘。绝缘垫圈用厚度2～5mm玻璃丝布板制成，其外径比铁垫圈大4～5mm。与轴承相连接的油管接盘绝缘垫圈可用厚度1～2mm橡胶板制成。

绝缘的轴承座安装后应检查对地绝缘电阻，轴承座组装后对地绝缘电阻应大于5MΩ；电机总装后，在转轴和轴瓦有径向间隙条件下，轴承对地绝缘电阻应大于1MΩ。

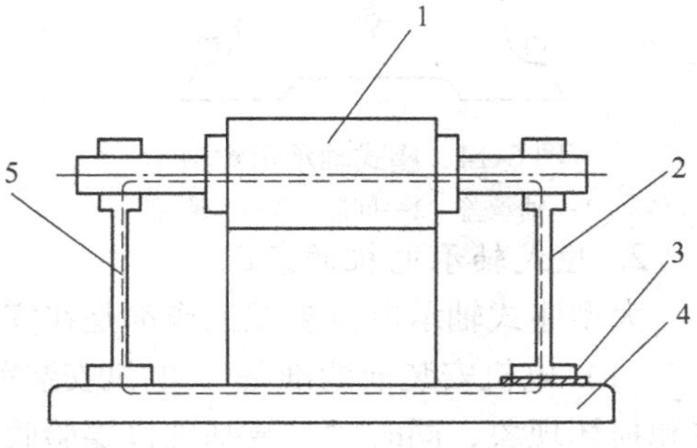

图6-16　轴电流的路径

1—转子　2—轴承室　3—绝缘垫板　4—底板　5—轴电流路径

五、典型中型交流卧式电机装配工序

典型中型交流卧式电机装配工序见表6-2。

六、典型中型交流立式电机装配工序

典型中型交流立式电机装配工序见表6-3。

七、典型同步风力发电机装配工序

典型同步风力发电机装配工序见表6-4。

表 6-2　典型中型交流卧式电机装配工序

工序名称	产 品 图 片	工 作 内 容
装配前准备	所有工序需严格按照工艺守则要求进行 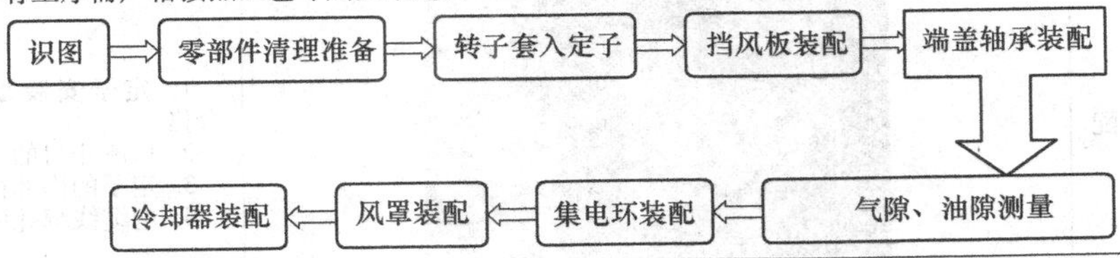	
	1. 熟悉图样、资料及技术要求 2. 准备所需材料、工量器具等 3. 清点零部件，如有缺损，及时报告	4. 定子、转子内、外部清洁，无油污、杂物，漆膜均匀 5. 铁心表面平整、无异物，通风槽无阻塞 6. 定子、转子绕组绝缘完好、无损伤，绝缘电阻合格
端盖的清理、涂油、涂漆	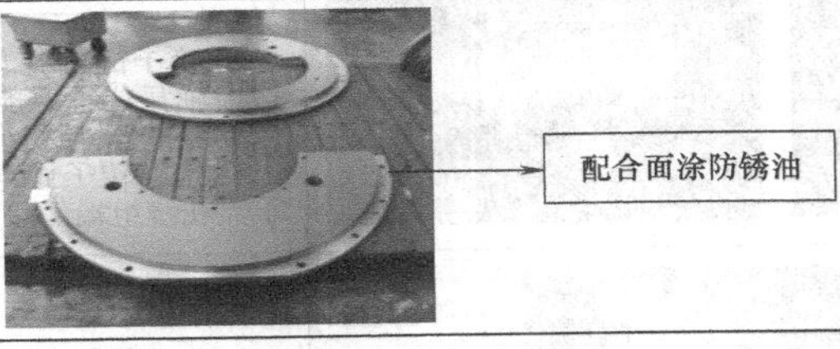	检查端盖是否有合格标识，配合面是否有损伤、毛刺、锈斑等。若有则处理后涂油、涂漆
检查轴承座绝缘端的对地绝缘	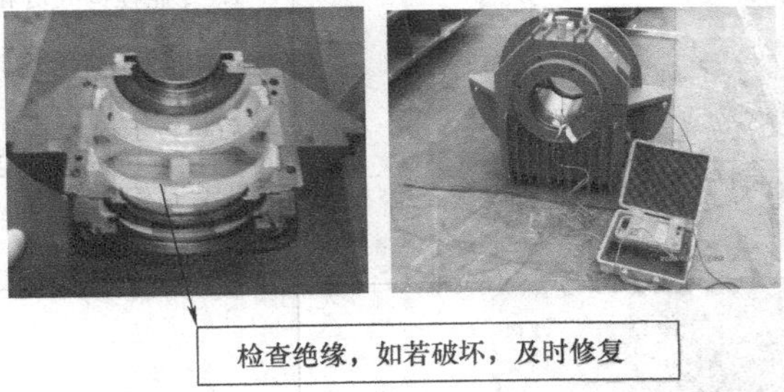	1. 绝缘层不允许有开裂、起皱、起泡、分层等缺陷 2. 测量绝缘电阻大于1MΩ
轴承座内部检查		1. 零部件是否完好无缺，主要检查各种密封件不能有破损 2. 检查轴承在轴承室是否转动自如(用木棍撬动轴瓦，各方向能灵活转动)
轴承座端盖的装配		1. 端盖与轴承座的螺钉孔要对好 2. 端盖与轴承座的接触面要符合要求 3. 用塞尺检查轴承座与端盖止口间应无间隙

（续）

工序名称	产品图片	工作内容
定子装配前检查		1. 定子安装是否有流程卡，是否合格 2. 机座止口的清理，涂油 3. 定子的内部检查 4. 电缆线绑扎固定是否符合要求
转子装配前检查	 	1. 转子安装是否有流程卡，是否合格 2. 对转子表面进行检查，是否有异物 3. 转子的轴瓦位置的检查及清理（注：轴瓦位置不能有损伤，损伤过大应及时报告，损伤小时可及时处理） 4. 绕线转子做重点磕碰情况检查，重点在绕组端部和无纬带
转子套入定子		1. 专业挂钩人员和工作者做好抬转子前的准备 2. 抬转子前请检验员到场，对定子和转子清理和复检，并检查流程卡，合格后将转子抬入定子 3. 注意转子套入定子时工作者一定要配合挂钩人员将工作完成
安装挡风板		将挡风板按图样要求正确装好
端盖轴承装配及轴瓦的正确放法		1. 将端盖轴承用吊车装入机座止口（注：端盖上平面需与机座上中心线平齐，止口配合无间隙并均匀对称拧紧螺钉） 2. 用吊车将转轴抬起0.5～1.0mm，将下瓦装入各端轴承座球面内，使下瓦合面与轴承座合面保持平行（注：在轴瓦内圆或轴承上涂抹一层航空润滑脂） 3. 双钩配合装配时谨慎施工，防止磕碰
油隙的测量		1. 在下瓦合面轴向两端及转轴轴承位置两端分别垫上熔丝 2. 装好上瓦（先插定位销，再对称均匀拧紧螺钉，再卸下上瓦，将熔丝取出。用千分尺测量各铅丝厚度以判断油隙大小）

（续）

工序名称	产品图片	工作内容
安装油淋、上瓦及轴承内外油封		安装下半油封时，油封上转凸台向下的则在装端盖前装入。安装上半油封，并扣好弹簧（注：油封不得过紧）
安装轴承上盖		用自制导向杆慢慢落下（油凸台要对转轴中心），落下后注意合面基本无间隙并上、下、内、外盖无明显间隙
调整瓦间距及定子、转子对齐		1. 在定子、转子机械对齐的情况下，根据图样要求的瓦间距进行加垫片的方法来调整瓦间距 2. 若电机试验后，根据磁力线的情况进行加、减垫片或者车端盖的方法来保证瓦间距的合格
气隙测量		根据图样要求的气隙值选择适当的气隙塞尺对定转子气隙进行测量（注：标准值与平均值之差不得大于10%）
半圆端盖装配		按图样要求对半圆盖板贴橡胶之后盖板里面应涂一层防锈漆

（续）

工序名称	产品图片	工作内容
集电环和刷架的装配	 	1. 将刷架安装在集电环上，并将连接片固定 2. 刷盒与集电环图样无要求的，按3～5mm控制 3. 磨电刷。电刷装配前须预磨，装配工作者可采用两种方法：一是将砂布缠绕在导电环上用胶带封闭，扳动转子；二是将砂布缠绕在导电环上，人为拉住砂布两头来回拖动，电刷的弧面与导电环的圆基本重合。静态达到90%，砂布采用00#砂布 4. 清理磨电刷时产生的炭灰 5. 将转子连接集电环的连线接好 6. 送检合格后，将集电环罩安装好
电机风扇装配		风扇安装好后要对其制动垫圈拧到位，刷漆
底板装配		1. 将该工号底板由摆放区吊出，用清洗剂将底边表面擦干净，然后涂上防锈油。看工程更改单上的地板是否要磷化（TBD） 2. 将电机吊起将机座四个角清理干净，再将底板螺钉对称拧紧，以防电机振动
安装磁力标牌、测温元件支撑和出线盒接线及清理	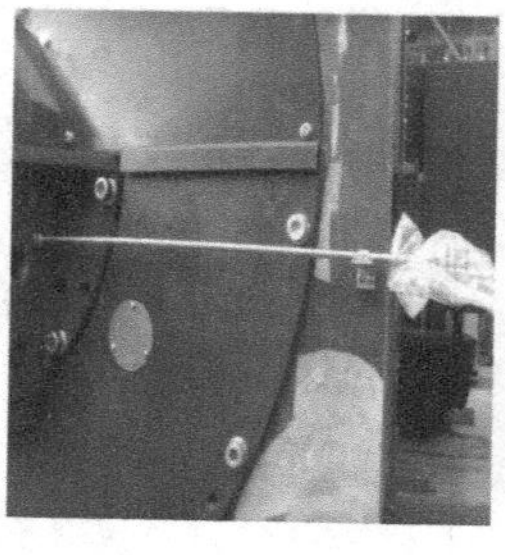 	出线盒中不允许有螺钉等杂物

（续）

工序名称	产品图片	工作内容
电机总成试验存栈		装配人员配合电机试验 1. 电机地脚平面平整、无异物，与试验平板接触平稳 2. 润滑油路、水路正常 1. 出厂空载试验：记录试验数据 2. 振动：振速≤2.5mm/s 或振幅≤0.05mm 3. 噪声：无运行杂音，噪声合格 4. 轴承温升：试验 1h，滑动轴承温升不高于 30K，滚动轴承不高于 35K，如试验 1h 后的轴承温升平于标准值，必须延长 0.5～1h 试验时间，重新对轴承好坏进行判断 1. 外形清洁完整，零件齐全 2. 百叶窗及气隙盖平整、完好 3. 进、出油管洁净、无异物，安装符合工艺要求 4. 轴伸无碰伤及锈斑，轴伸包扎整齐美观（新电机安装联轴器键） 5. 电机外表油漆 6. 防轴窜装置安装合理

表 6-3 典型中型交流立式电机装配工序

工序名称	产品图片	工作内容
装配前准备	所有工序需严格按照工艺守则要求进行 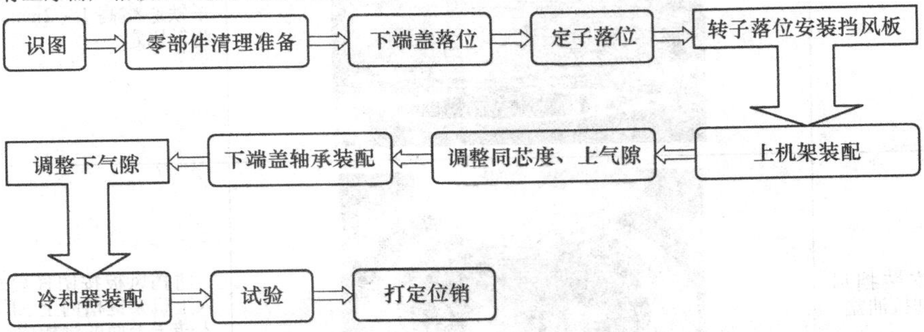 	
	1. 熟悉图样、资料及技术要求 2. 准备所需材料、工量器具等 3. 清点零部件，如有缺损，及时报告	4. 定子、转子内、外部清洁，无油污、杂物，漆膜均匀 5. 铁心表面平整、无异物，通风槽无阻塞 6. 定子、转子绕组绝缘完好、无损伤，绝缘电阻合格
下端盖的清理、涂漆、止口涂油及下端盖落位	 	1. 检查端盖是否有合格标识，配合面是否有损伤、毛刺、锈斑等。若有则处理后涂油、涂漆 2. 将合格的下端盖吊入立式坑内，用四个小千斤顶顶住。摆放方向以便于插气隙为准（统一四个孔对四个角）

（续）

工序名称	产 品 图 片	工 作 内 容
落定子		1. 将合格的定子吊入立式坑内，用四个工艺螺杆将下端盖与定子固定，方向以外形图和工程资料单为准 2. 定子落下后工作者应立即将四周盖板盖好，保护自己及他人的人身安全
落转子	 	1. 将合格的吊装工具套于转子上，再取出上机架里面的锁板将转子上的吊装工具锁好，要求吊装工具可随意转动 2. 检查定子、转子安装流程卡是否签字合格，并检查定子、转子 3. 吊入转子前请检验员到场，对定子和转子清理和复检 4. 注意，转子吊入定子时工作者一定要配合挂钩人员将工作完成 5. 转子吊入定子内后，转子铁心要比定子铁心略高 1 ~ 2mm。然后下面用千斤顶将轴固定
安装挡风板和接油盆		将挡风板按图样要求安装好，并将键放入上机架键槽内上、下移动，合格后将键敲入转子上面的键槽中
安装上机架		1. 将上机架打开上盖，把四根胀紧套螺栓拧松且放平。再将上机架吊入转子上对好位置，缓慢落下（注意对键槽） 2. 上机架落下后按外形图对好进、出油管的方向，再装上连接螺栓 3. 装好锁板，拆掉下面顶轴的千斤顶
同心度和气隙的调校		1. 按照数据表进行打力矩，分三次完成（分别为 1/3、2/3 和 3/3），打力矩需对角均匀受力 2. 用卡规将同心度调校，使之同心且四边均匀 3. 根据图样要求的气隙值选择适当的气隙塞尺对定子、转子气隙进行调整测量 4. 气隙不均匀度的计算，应小于或等于10% 5. 气隙不均匀度按图样要求计算，图样没做要求的按 10% 计算

（续）

工序名称	产品图片	工作内容
安装下端盖与下气隙的测量	 	1. 根据图样要求，先找对进、出油管的方向 2. 利用装轴承套的四根螺栓均匀地把下端盖顶上去，到位后把端盖螺栓装好（注：装下端盖时不能直接用小千斤顶直接顶上去，以免造成轴承外盖的破损） 3. 测量气隙方面与上面相同，如气隙不均匀需按左图进行操作 4. 下面工作完成后必须将转子下面的保险螺母卸下来，防止电机转动螺母自动脱落伤人
检查定转子铁心对齐度	铁心对齐度一般要求转子铁心比定子铁心低2mm 注：由于零部件加工组装的误差积累和铁心叠压张开度的不确定性的影响，实物目测检查转子铁心整体低于定子铁心2 mm的基础上，上下浮动5mm范围内可视为合格	
安装接油盆、下测温元件及对油隙进行调整、加油	  	1. 按要求安装好接油盆，接油盆出油口方向应与上机架出油管方向一致，且安装好油管与机座上油嘴相连 2. 用塞规调整油隙大小，立式电机轴瓦单侧油隙一般为0.09～0.16mm，可根据电机的转速做适当的调整（油隙过大会引起电机振动，过小会使轴瓦过热而烧瓦） 3. 加油要注意图样要求的牌号，一般加至油标红线即可
安装冷却器		安装冷却器前要对其里面进行清理，保证里面清洁、无杂物，且要有合格证明
出线盒接线		按图样要求将线接好
电机总成试验、存栈可参考交流卧式电机		

表 6-4　典型同步风力发电机装配工序

工序名称	步骤	产品图片	工作内容
定子装配前的检查	1	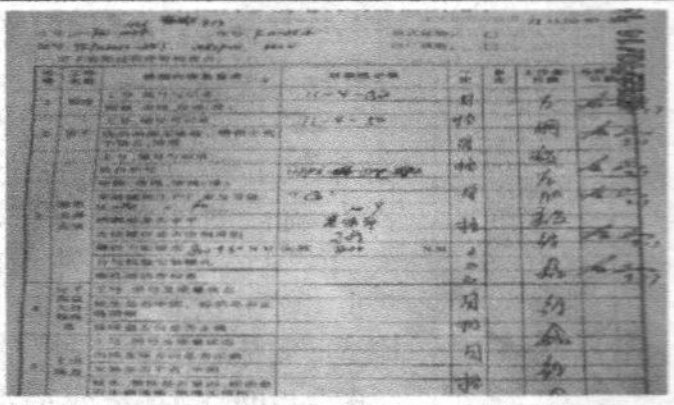	操作要领检查:对上一道工序流程卡的确认,及对本工序所需零部件的工号、序号的确认,并将工号、序号移置到送试卡。检查所需的工装、量具、辅助用料、工具是否备齐 质量要求:要求本工序流程卡上的工号、序号与实物一一对应
	2	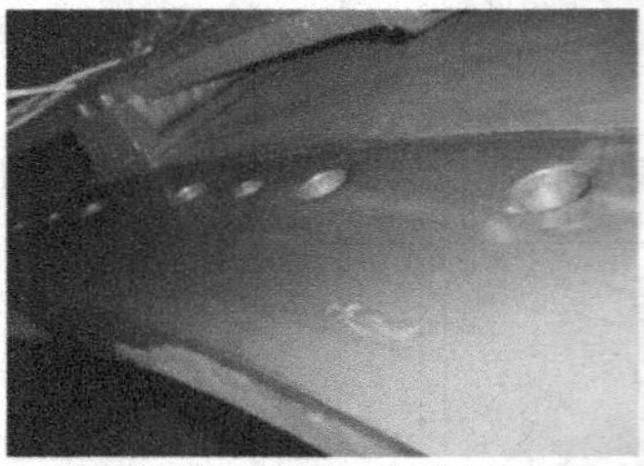	操作要领检查:对定子的汇流环进行检查,检查汇流环上是否有磕碰印痕,定子汇流环下的机座平面无切屑、杂物及焊渣,定子锥形支撑安装平面无高点、杂物、焊渣等 质量要求:汇流环上绝缘完好,配合平面无高点,汇流环固定钢板内无残留焊渣,定子内部无灰屑、杂物等
	3	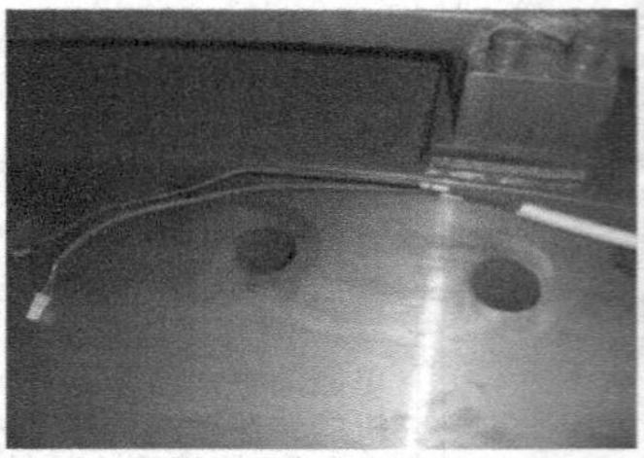	操作要领检查:检查定子测温元件线,并测量测温元件线的阻值 质量要求:要求检测测温元件线电阻值数据是否符合要求(110Ω±5Ω),同一台测温元件线测量电阻数据相差不大于1Ω,测温元件相序标识完整
	4		操作要领检查:检查定子电缆线绝缘是否存在破损,电缆线相序颜色标识是否正确,绝缘包扎是否整齐 质量要求:对定子电缆线高度进行测量,要求电缆线距机座平面高度控制在320~360mm范围内
	5		操作要领检查:为防止安装锥形支撑过程中造成压电缆线现象的发生,故需对定子内的电缆线及测温元件线进行整理 质量要求:要求电缆线分两相朝两边进行摆放,电缆线不得超过汇流环内圆;测温元件线朝一边进行摆放,不得超过汇流环内圆
锥形支撑装配前的检查	1		操作要领检查: 检查锥形支撑的合格证与合格标识,对锥形支撑的铸件号、生产厂家等信息进行确认,并确认常温、低温信息,然后将铸件号移置至送试卡 质量要求: SK-XXX-XDZD, 低温; SK-XXX-XDZC, 常温。华东风能: HDFN-XXX-XDD, 低温; HDFN-XXX-XDC,常温

（续）

工序名称	步骤	产品图片	工作内容
锥形支撑装配前的检查	2		操作要领检查：通过数锥形支撑两边脚踏板位置至锥形支撑最低点的孔数目确定锥形支撑脚踏板安装位置是否水平
			质量要求：锥形支撑两边脚踏板位置至锥形支撑最低点的孔的数目应两边一致
	3		操作要领检查：对锥形支撑大头端安装平面及机座上锥形支撑安装平面用 X-9 清洗剂进行清洗，再用毛刷均匀在两个平面涂抹一层防锈油，并在吊起时用合孔螺栓试合锥形支撑大头端螺纹孔，并检查螺纹孔
			质量要求：要求防锈油涂抹均匀，锥形支撑螺纹孔内无切屑、杂物等
	4	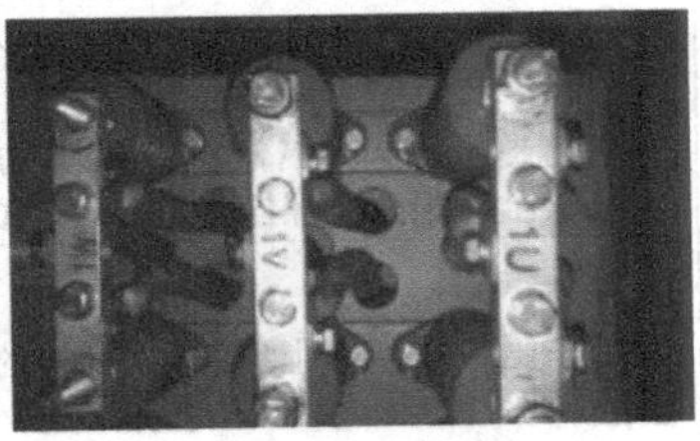	操作要领检查：检查电缆出线盒，然后对电缆出线盒进行拆除，对盒盖部分做好标识“配装 FXXXXXX 电机”，并将连接用的螺栓、螺母、垫圈及橡胶固定在盒盖上
			质量要求：检查出线盒内部绝缘子是否有损伤，是否有磕碰印痕，并检查合格证及合格标识是否齐全
	5		操作要领检查：检查测温装置所需零部件是否备齐，然后将测温接线装置与支座进行装配，并在测温接线装置的盒盖上做好标识“配装 FXXXXX 电机”
			质量要求：检查测温元件弹簧端子是否有损坏；端子上的相序标识是否清晰；检查支座是否存在有焊渣；支座的表面涂层是否完整
	6	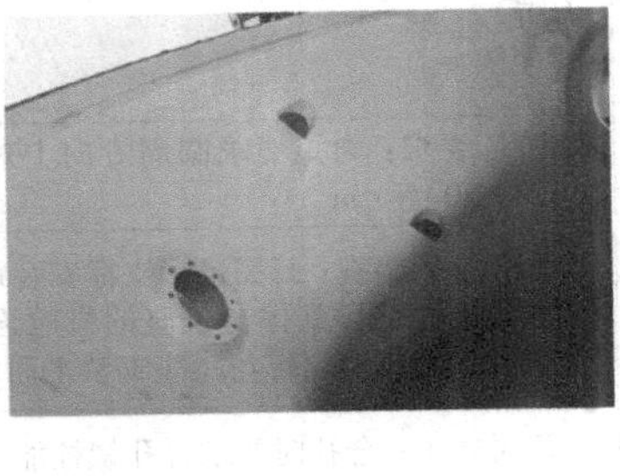	操作要领检查：对锥形支撑安装测温元件出线盒位置与电缆线出线盒位置进行识别
			质量要求：在锥形支撑大头端朝下时，站在锥形支撑内部，面对脚踏板位置，左边小安装孔安装测温元件出线盒，右边大安装孔安装电缆线出线盒

（续）

<table>
<tr><th>工序名称</th><th>步骤</th><th>产品图片</th><th>工作内容</th></tr>
<tr><td rowspan="14">锥形支撑装配</td><td rowspan="2">1</td><td rowspan="2">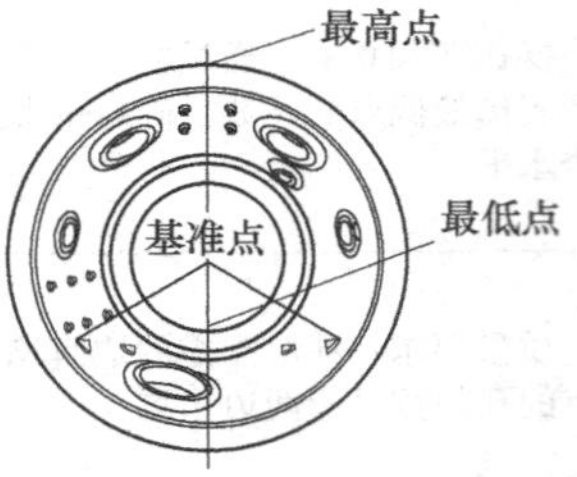
</td><td>操作要领检查：在定子及锥形支撑上找出最高点及最低点，画线做好标识。然后将锥形支撑用专用吊具吊起，缓慢落入定子中</td></tr>
<tr><td>质量要求：锥形支撑脚踏板的中心线与脚踏板安装的短边弧交点即为锥形支撑最低点；定子为排水孔位置即为最低点。反之，其180°方向位置即为最高点</td></tr>
<tr><td rowspan="2">2</td><td rowspan="2">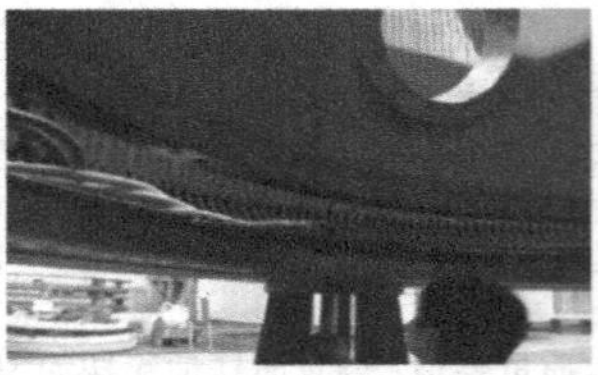</td><td>操作要领检查：将锥形支撑落入定子，用定位杆将锥形支撑与机座的最低点和最低点螺孔进行对齐</td></tr>
<tr><td>质量要求：在锥形支撑距机座安装平面 220 ~ 320mm 距离时，将锥形支撑最低点与机座的最低点对齐</td></tr>
<tr><td rowspan="2">3</td><td rowspan="2"></td><td>操作要领检查：当锥形支撑与机座安装平面有 60mm 高距离时，在锥形支撑大头端圆周方向上安装合孔螺栓，以保证锥形支撑与机座安装孔对齐，方能落下锥形支撑</td></tr>
<tr><td>质量要求：锥形支撑大头端圆周方向上均匀安装 6 根合孔螺栓，6 根合孔螺栓完全拧入到位</td></tr>
<tr><td rowspan="2">4</td><td rowspan="2"></td><td>操作要领检查：用油漆刷在螺栓的螺纹旋合面上涂润滑脂</td></tr>
<tr><td>质量要求：润滑脂涂抹均匀，涂过润滑脂的螺栓必须在 4h 内完成安装，螺栓的力矩值必须在 24h 内紧固完成</td></tr>
<tr><td rowspan="2">5</td><td rowspan="2">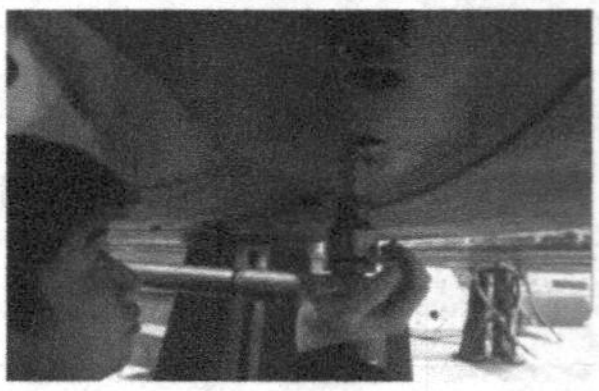</td><td>操作要领检查：装配锥形支撑安装螺栓，螺栓先用电动扳手打紧，并要求在锥形支撑安装孔位置从最低点作为起始位置，按顺时针方向依次在安装孔旁用黑色记号笔标识 1 ~ 30 号</td></tr>
<tr><td>质量要求：电动扳手拧紧力矩(260 ± 10) N · m，标识为楷体，字高 30mm</td></tr>
<tr><td rowspan="2">6</td><td rowspan="2">
<table>
<tr><th colspan="3">锥形支撑安装螺栓力矩顺序表</th></tr>
<tr><td>1-16</td><td>8-23</td><td>5-20</td></tr>
<tr><td>2-27</td><td>3-18</td><td>10-25</td></tr>
<tr><td>7-22</td><td>14-29</td><td>4-19</td></tr>
<tr><td>11-26</td><td>6-21</td><td>13-28</td></tr>
<tr><td>2-17</td><td>9-24</td><td>15-30</td></tr>
</table>
注：打力矩顺序为从左至右、从上至下。</td><td>操作要领检查：用定扭力扳手打锥形支撑安装螺栓力矩</td></tr>
<tr><td>质量要求：力矩要求圆周方向上对称打紧，力矩值为(850 ± 20) N · m</td></tr>
<tr><td rowspan="2">7</td><td rowspan="2"></td><td>操作要领检查：打完锥形支撑安装螺栓力矩后，才能用合孔螺栓对锥形支撑与机座的机舱连接孔进行合孔，并用塞尺检查锥形支撑与机座安装平面之间的间隙</td></tr>
<tr><td>质量要求：合孔时要求合孔螺栓能顺利旋合，并且与机座通孔无明显干涉。要求机座与锥形支撑的间隙值不得超过 0.04mm</td></tr>
</table>

（续）

工序名称	步骤	产品图片	工作内容
主出线的接线	1		操作要领检查：测量绝缘电阻。用绝缘电阻表测量定子绝缘电阻，若绝缘电阻合格，将电缆线固定在线夹上
			质量要求：要求绝缘电阻值5min内不小于500MΩ。安装时要求相序安装正确
	2		操作要领检查：调整电缆线位置，以就近原则将电缆线穿入线夹，并将线夹拧紧，将电缆固定在锥形支撑外壁上
			质量要求：电缆线无过度弯曲及与硬物相抵的现象。电缆线穿入过程中，保证定子内电缆线圆周上不得超过汇流环的第6个环（从锥形支撑侧数起）
	3		操作要领检查：穿线。将电缆线按相序要求从过渡支座中将电缆线引出
			质量要求：电缆线在过渡支座中布线需保证电缆线无打结或过度弯曲现象
	4	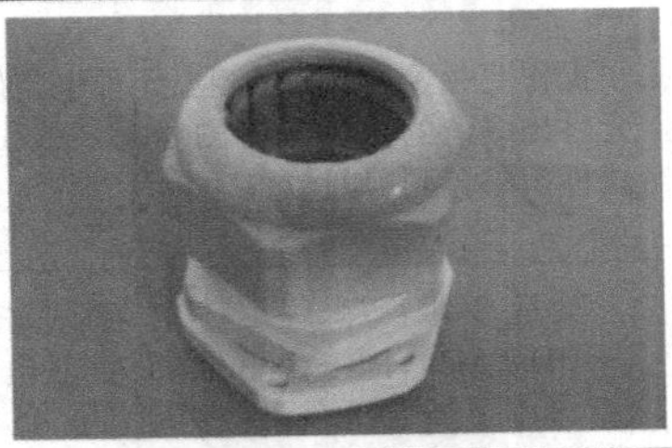	操作要领检查：装接头。在穿电缆线前，在出线盒过渡板上装好防水接头
			质量要求：防水接头与过渡板连接牢固，接头无损伤，外侧锁紧螺母不锁紧
	5		操作要领检查：接电缆。按相序要求将电缆线从防水接头中穿出，并将出线盒过渡板安装在过渡支座上
			质量要求：安装过渡板时，绝缘子最短的一端靠近踏脚板位置，相序从上至下依次为U相、V相、W相
	6		操作要领检查：装电缆。将电缆线拉紧，并旋紧防水接头锁紧螺母将电缆线卡紧
			质量要求：锁紧螺母旋紧后，电缆线不得再在防水接头内随意移动

（续）

工序名称	步骤	产品图片	工作内容
冷压接头	1	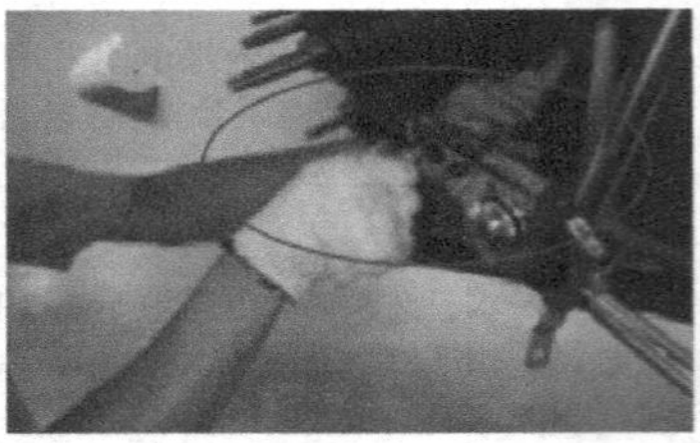	操作要领检查：电缆线接入出线盒配剪好长度后，将电缆裸线剥离 45mm 左右，再将电缆裸线插入接头底部，冷压接头 质量要求：不允许损伤裸线，要求每根之间成直线相挨状态，不允许有弯折的裸线夹杂于其中。电缆断芯根数小于 10 根。用冷压钳压紧后，接头与裸线之间无间隙
	2	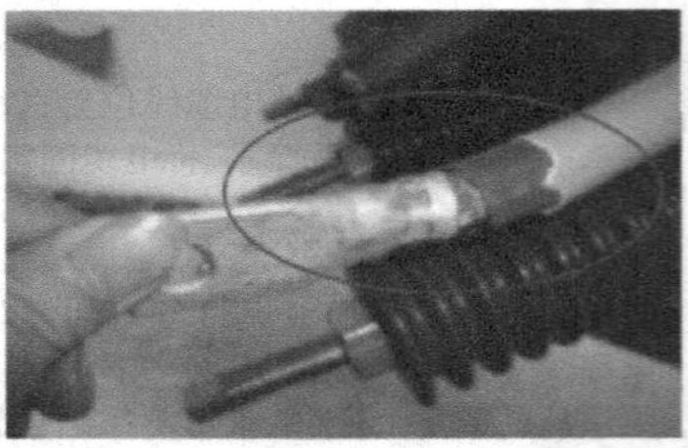	操作要领检查：剥电缆热收缩管 质量要求：电缆线端部预留约 40mm 长且不套热收缩管，剥套管时不能损伤绝缘
	3	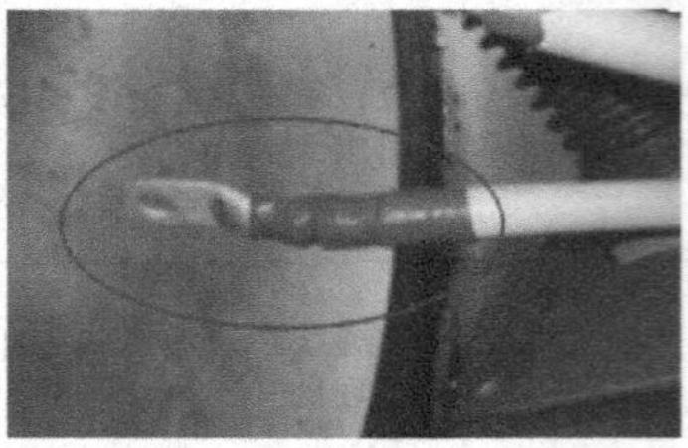	操作要领检查：检查电缆线芯是否有伸出在外现象，用白坯布蘸少许无水酒精将包扎区域清理干净，用硅橡胶自粘带从收缩管末端 10mm 起包至接头冷压口处（约 15mm），半叠包两次 质量要求：需清理干净后才可包扎，包扎紧凑
测温元件出线盒的接线	1		操作要领检查：测量测温元件电阻值，合格后根据测温元件出线盒的位置配剪测温元件线引线，并将测温元件线标识移置到剪断位置 质量要求：测温元件电阻值数据是否符合要求（110Ω±5Ω），同一台测温元件测量电阻数据相差不大于 1Ω，标识距测温元件引线剪断位置 45～60mm
	2	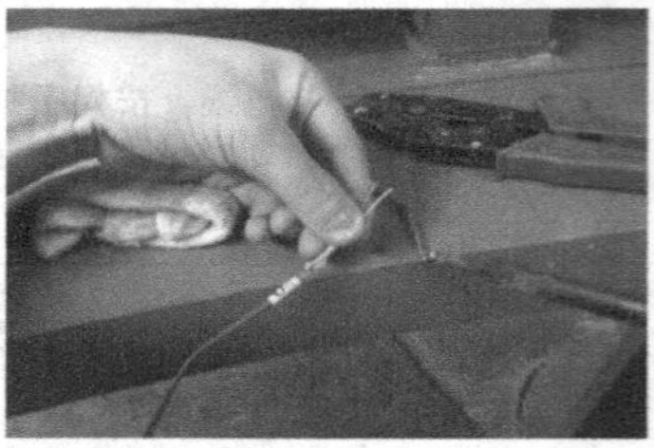	操作要领检查：剥线。将配剪好的测温元件引线从锥形支撑圆孔内引出，测温元件引线用线夹固定在锥形支撑上，将测温元件引线头部的保护层剥开，以便于后续施工 质量要求：剥线时，每根线的线芯长度保留 5～8mm，每根线的保护层保留长度为 20～30mm，屏蔽网保留 5～8mm，剥线完后将屏蔽网上的漆清理干净
	3		操作要领检查：锡焊。将预留的线用电烙铁采用锡焊的方式，将其中的一端焊接在屏蔽网上 质量要求：预留的线长 40～55mm，两端剥线 5～8mm，焊接位置要求牢固

（续）

工序名称	步骤	产品图片	工作内容
测温元件出线盒的接线	4	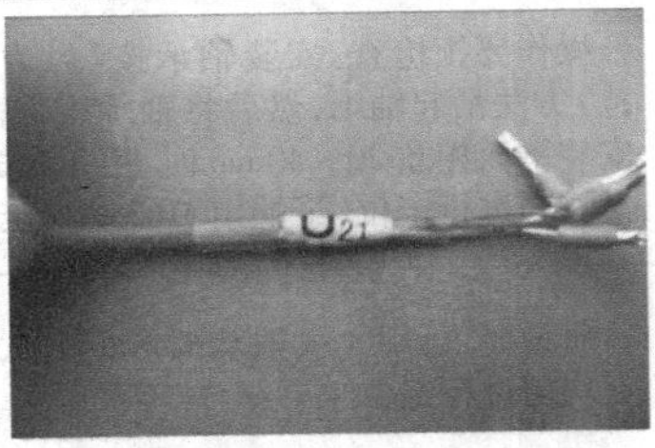	操作要领检查：套热收缩管。将热收缩管套入测温元件引线头部，使热收缩套管头部与测温元件引线红色保护层头部对齐，加热热收缩管使热收缩管收缩套牢。将接线端子从线芯内套入，并将接线端子与线芯配合位置压紧 质量要求：热收缩套管长 50 ~ 60mm，热收缩套管头部与测温元件线红色保护层头部对齐，接线端子压接牢固，用手轻轻扯动时线芯与接线端子不得脱离
	5		操作要领检查：接线。将压接好的接线端子根据引线的标识接入测温元件出线盒相应的接线排内 质量要求：测温元件线上的标识应该与接线排上的标识一一对应
	6		操作要领检查：测量电阻值。用万用表测量测温元件的阻值，测量屏蔽线接头与各相之间的阻值 质量要求：测温元件电阻值数据是否符合要求（$110\Omega \pm 5\Omega$），同一台测温元件测量电阻数据相差不大于 1Ω，屏蔽线与各相之间的阻值应该为无穷大
转子装配前的检查	1		操作要领检查：对转子外观进行检查，包括转子外圆平整度、油漆是否完整、转子两端面压板是否变形 质量要求：转子外圆冲片无翻片、毛刺，无吸附切屑、异物，油漆饱满完整，上、下压板无变形、突出，且紧密贴合磁钢。轴承安装平面无高点，安装止口无凸点
	2	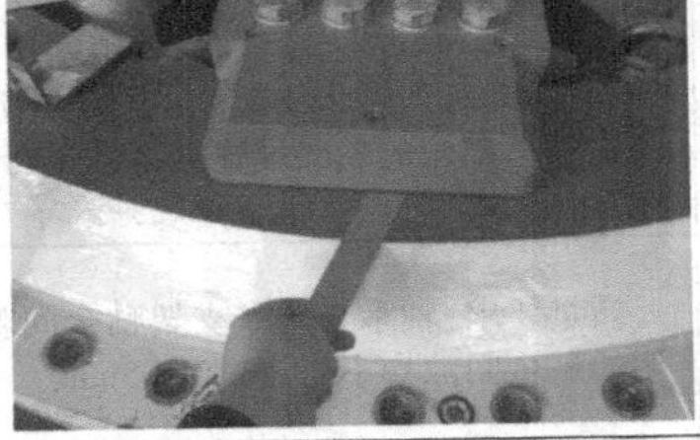	操作要领检查：对轴承进行检查。检查轴承合格证及合格标识是否完整。检查轴承锁紧销部位是否有漏油现象，并用 0.5mm 的矽钢片对制动片与制动盘之间的间隙进行检查。检查轴承密封圈是否安装，并对轴承安装平面上的高点、毛刺进行清理 质量要求：轴承油路连接位置无漏油现象，锁紧销已回位，制动片与制动盘之间的间隙大于 0.5mm，轴承表面油漆完整
	3		操作要领检查：对转子弧形板的常温、低温进行确认。对轴承上的安装平面及转子支架的上、下止口安装平面用 X-9 作为清洗剂进行清洗，清洗后用毛刷均匀涂刷一层防锈油。然后吊起转子，对转子内圆进行清理 质量要求：轴承弧形板上有“35CrMo”标识的为低温弧形板，有“45”标识的为常温弧形板。对转子内圆进行清理时要求转子内圆无焊渣、切屑、杂物等

（续）

<table>
<tr><th>工序名称</th><th>步骤</th><th>产品图片</th><th>工作内容</th></tr>
<tr><td rowspan="12">主轴承的装配</td><td rowspan="2">1</td><td rowspan="2">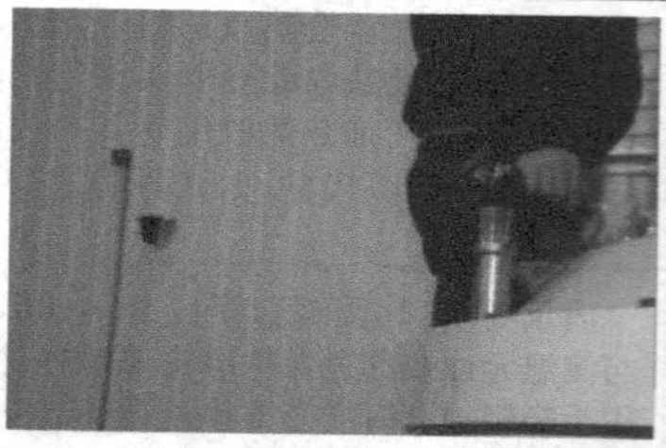</td><td>操作要领检查：安装轴承按《风力发电机制造吊运规范》方法吊起轴承，然后将轴承缓慢落下，当轴承与转子安装平面相差20～40mm时，用3根试合螺杆在圆周方向上均匀进行定位（下端用M16螺栓定位）</td></tr>
<tr><td>质量要求：用3根轴承弧形板的试合螺杆在圆周方向上均匀进行定位</td></tr>
<tr><td rowspan="2">2</td><td rowspan="2">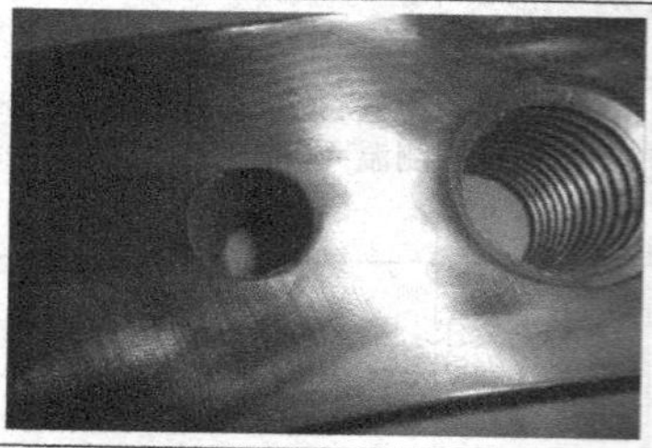</td><td>操作要领检查：做标识。从轴承TOP点开始，在锥形支撑小头端内壁依照顺时针方向在10块弧形板安装区域用黑色记号笔标识1～10号。将弧形板上与转子的贴合面用油刷均匀涂抹一层防锈油</td></tr>
<tr><td>质量要求：用合孔螺杆将弧形板拧紧到位后方可安装轴承连接螺栓</td></tr>
<tr><td rowspan="2">3</td><td rowspan="2"></td><td>操作要领检查：涂胶，然后将弧形板与轴承连接螺栓涂螺纹锁固胶</td></tr>
<tr><td>质量要求：螺纹锁固胶涂抹长度为前7～8扣螺纹</td></tr>
<tr><td rowspan="2">4</td><td rowspan="2"><table><tr><th colspan="3">弧形板安装力矩顺序表</th></tr><tr><td>1-6</td><td>3-8</td><td>2-7</td></tr><tr><td>4-9</td><td>5-10</td><td></td></tr></table>注：打螺栓力矩顺序为从左至右、从上至下。</td><td>操作要领检查：安装弧形板。将弧形板依照标识号进行安装。安装时，必须用2根弧形板试合螺杆穿过轴承与弧形板连接，安装完后用电动扳手将弧形板与轴承的连接螺栓进行拧紧。再用力矩扳手对弧形板安装螺栓进行拧紧（对称打力矩顺序见左表）</td></tr>
<tr><td>质量要求：打力矩时要求先紧中间的安装螺栓，打力矩拧紧力矩为(250±20)N·M，拧紧力矩后才能将工艺螺杆取出，安装对称方向上的弧形板</td></tr>
<tr><td rowspan="2">5</td><td rowspan="2">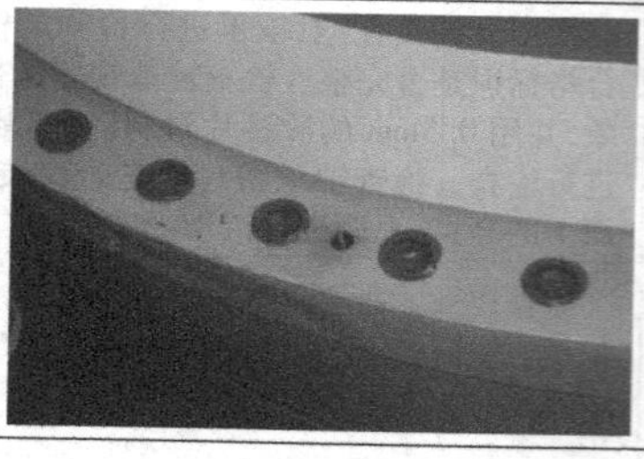</td><td>操作要领检查：拧紧力矩后用塞尺检测轴承与转子配合面、弧形板与转子支架间的贴合情况。然后，用工艺螺栓对轴承部位的轮毂端连接螺孔进行合孔及加盖橡皮塞</td></tr>
<tr><td>质量要求：轴承与转子支架贴合间隙、弧形板与转子支架的贴合间隙均不得超过0.05mm</td></tr>
<tr><td rowspan="2">6</td><td rowspan="2">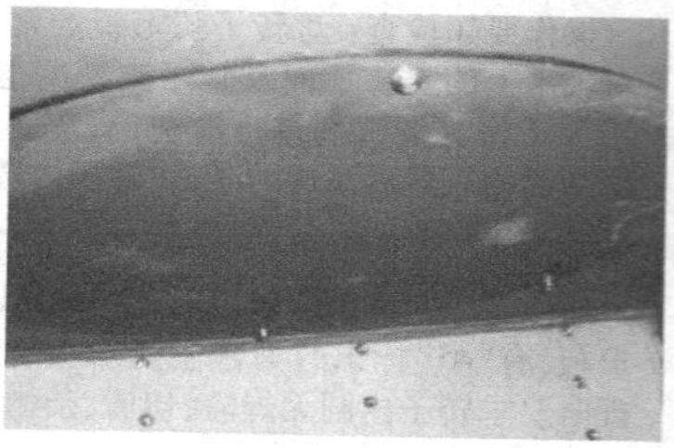</td><td>操作要领检查：安装盖板。在转子支架2个圆孔位置安装圆盖板，要求用十字槽螺钉旋具将安装螺栓进行拧紧</td></tr>
<tr><td>质量要求：盖板安装到位，螺栓拧紧，螺纹头部7～8扣丝涂螺纹胶</td></tr>
</table>

（续）

工序名称	步骤	产品图片	工作内容
套转子前准备	1		操作要领检查：安装导向杆。在转子轴承内圆上安装2长4短共6根导向杆 质量要求：导向杆要求圆周上均匀分布
	2		操作要领检查：对定子外观进行检查。在套转子之前对定子绝缘电阻进行测量，并将锥形支撑安装轴承平面进行清理。然后在定子锥形支撑上标识最高点位置及最低点位置 质量要求：要求定子内圆无高点、切屑、杂物等。绝缘电阻值5min内不少于500MΩ。从机座最低点位置延伸至锥形支撑小头端内圆上位置为最低点，以锥形支撑上的最低点的180°位置为最高点
	3	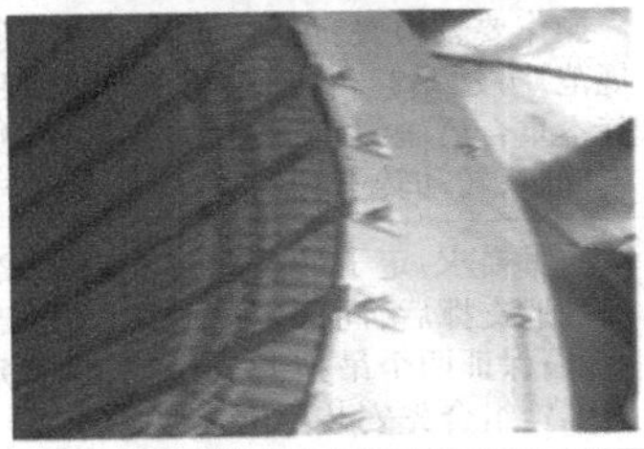	操作要领检查：安装弧形板。在定子圆周上对称安装弧板，挂不锈钢条，并将不锈钢条数量计在流程卡上 质量要求：弧形板挂满，不锈钢条挂满，工艺螺栓拧紧，连接螺栓不得碰伤线圈绝缘
	4	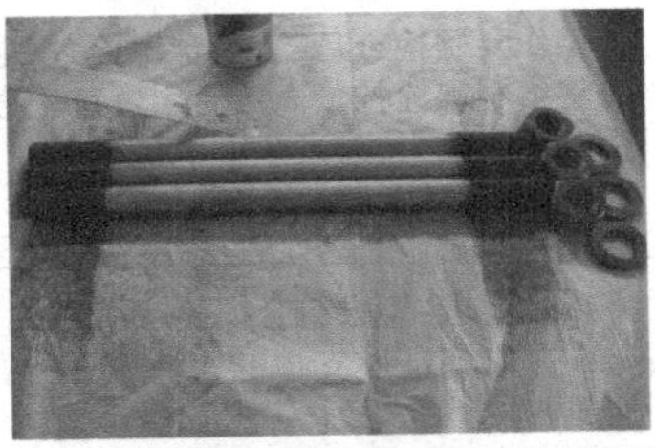	操作要领检查：对转子轴承安装的螺栓组合进行检查，检查批次号是否一致，试合螺母，查看螺母是否能顺利拧入 质量要求：要求组合螺栓摆放在牛皮纸上，严禁接触地面，并整齐摆放，严禁堆放
	5	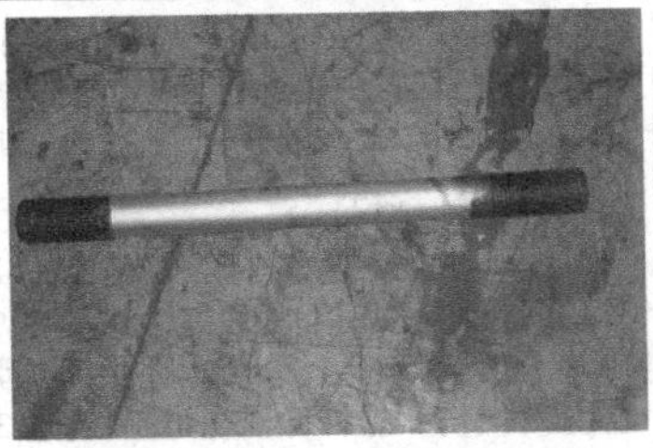	操作要领检查：螺栓涂脂。用油漆刷在双头螺栓的螺纹旋合面上涂润滑脂，长度为55～70mm 质量要求：润滑脂涂抹均匀，涂过润滑脂的螺栓必须在4h内完成安装，螺栓的力矩值必须在24h内紧固完成
	6		操作要领检查：垫圈涂脂。止动垫圈与螺母接触的端面用油漆刷均匀涂上一层润滑脂 质量要求：润滑脂涂抹均匀

（续）

<table>
<tr><th>工序名称</th><th>步骤</th><th>产品图片</th><th>工作内容</th></tr>
<tr><td rowspan="4">套转子前准备</td><td rowspan="2">7</td><td rowspan="2"></td><td>操作要领检查：安装调整工装。将气隙调整工装装在机座外圆上，支撑落在吊耳外圆上，顶紧螺栓靠在机座外圆</td></tr>
<tr><td>质量要求：工装内圆与机座外圆基本同心，顶紧螺栓应位于定子铁心上平面附近位置，偏差不大于50mm</td></tr>
<tr><td rowspan="2">8</td><td rowspan="2"></td><td>操作要领检查：检测。测量定子内圆变形情况，并根据实际测量值拧紧气隙调整工装上的顶紧螺栓。调整时，定子实际测量值大的一方，将气隙调整工装的螺栓拧紧，边拧紧边测量，直至将内圆尺寸调整至8点测量值的平均值</td></tr>
<tr><td>质量要求：圆周对称测量8点，调整后定子内圆的椭圆不超过2mm，调整完后将气隙调整工装外侧的顶紧螺栓全部拧紧</td></tr>
<tr><td rowspan="8">套转子装组合螺栓</td><td rowspan="2">1</td><td rowspan="2"></td><td>操作要领检查：吊转子。转子按《风力发电机制造吊运规范》方法吊起，移动至定子位置，保证定子、转子中心线基本重合后缓缓落下转子，当转子的长导向杆接近锥形支撑时，转动转子，保证定子最高点与轴承TOP点对正</td></tr>
<tr><td>质量要求：定子最高点与轴承TOP点对正。导向杆进入锥形支撑后，同区域内的转子支架与锥形支撑的孔数一致；保证两个吊挂人员指挥，检查定子距离；出线盒位置螺栓组合先安装到位</td></tr>
<tr><td rowspan="2">2</td><td rowspan="2"></td><td>操作要领检查：安装组合螺栓，用电动扳手及专用套筒子将组合螺栓拧紧。然后用黑色记号笔将组合螺栓安装位置进行编号，要求从电机最低点起，依照顺时针方向编号1～54号</td></tr>
<tr><td>质量要求：要求组合螺栓有编号的一端、螺母有厂家记号的一端朝锥形支撑的大头端，并要求垫圈平的一边贴合锥形支撑</td></tr>
<tr><td rowspan="2">3</td><td rowspan="2"></td><td>操作要领检查：打第一次力矩。用电动力矩扳手对组合螺栓拧紧，打力矩的过程中，严禁电动力矩扳手搭靠在螺纹上，以防螺纹损伤。打完力矩后对组合螺栓进行检查</td></tr>
<tr><td>质量要求：分三次拧紧力矩；第一次采用电动扳手拧紧，按螺栓合格证上的最终力矩的50%拧紧，以定转子间隙最大位置为起点，分两边往中间拧紧，拧紧后保证螺纹部分无损伤。螺杆伸出螺母平面2～3扣丝</td></tr>
<tr><td rowspan="2">4</td><td rowspan="2">组合螺栓力矩顺序表
<table>
<tr><td>1-28</td><td>14-41</td><td>8-35</td></tr>
<tr><td>21-48</td><td>5-32</td><td>18-45</td></tr>
<tr><td>11-38</td><td>24-51</td><td>3-30</td></tr>
<tr><td>16-43</td><td>12-39</td><td>25-52</td></tr>
<tr><td>4-31</td><td>17-44</td><td>10-37</td></tr>
<tr><td>23-50</td><td>2-29</td><td>15-42</td></tr>
<tr><td>13-40</td><td>26-53</td><td>6-33</td></tr>
<tr><td>19-46</td><td>9-36</td><td>22-49</td></tr>
<tr><td>7-34</td><td>20-47</td><td>27-54</td></tr>
</table>
注：打螺栓力矩顺序为从左至右、从上至下。</td><td>操作要领检查：打第二次力矩。用液压力矩扳手对组合螺栓进行二次拧紧（打力矩顺序见左表），打力矩的过程中，严禁力矩扳手搭靠在螺纹上，以防螺纹损伤。打完力矩后对组合螺栓进行检查</td></tr>
<tr><td>质量要求：第二次采用液压力矩扳手拧紧，按螺栓合格证上的最终力矩的80%拧紧，对称拧紧，拧紧后保证螺纹部分无损伤。螺杆伸出螺母平面2～3扣丝</td></tr>
</table>

（续）

<table>
<tr><th>工序名称</th><th>步骤</th><th>产品图片</th><th>工作内容</th></tr>
<tr><td rowspan="4">套转子装组合螺栓</td><td>5</td><td>
<table>
<tr><th colspan="3">组合螺栓力矩顺序表</th></tr>
<tr><td>1-28</td><td>14-41</td><td>8-35</td></tr>
<tr><td>21-48</td><td>5-32</td><td>18-45</td></tr>
<tr><td>11-38</td><td>24-51</td><td>3-30</td></tr>
<tr><td>16-43</td><td>12-39</td><td>25-52</td></tr>
<tr><td>4-31</td><td>17-44</td><td>10-37</td></tr>
<tr><td>23-50</td><td>2-29</td><td>15-42</td></tr>
<tr><td>13-40</td><td>26-53</td><td>6-33</td></tr>
<tr><td>19-46</td><td>9-36</td><td>22-49</td></tr>
<tr><td>7-34</td><td>20-47</td><td>27-54</td></tr>
</table>
注：打螺栓力矩顺序为从左至右、从上至下。</td><td>操作要领检查：打第三次力矩，用液压力矩扳手对组合螺栓进行最终拧紧（打力矩顺序见左表），打力矩的过程中，严禁力矩扳手搭靠在螺纹上，以防螺纹损伤。打完力矩后对组合螺栓进行检查，并按通用技术要求做好起始线标识

质量要求：第三次采用液压力矩扳手拧紧，按螺栓合格证上的最终力矩的100%拧紧，对称拧紧，拧紧后保证螺纹部分无损伤。螺杆伸出螺母平面2～3扣丝</td></tr>
<tr><td>6</td><td></td><td>操作要领检查：做标识。螺栓组合安装完成后，用游标卡尺测量锥形支撑止口上平面到轴承下安装止口重点位置的距离，对称检查6点

质量要求：6点测量值的差值不大于0.1mm</td></tr>
<tr><td>7</td><td></td><td>操作要领检查：拆弧形板。螺栓组合装完后，将机座上弧形板安装螺栓松开，定子上的不锈钢条拆除

质量要求：不锈钢条拆下后需清点，保证不锈钢条拆除数目与安装数目一致</td></tr>
<tr><td>8</td><td></td><td>操作要领检查：若不锈钢条由于定转子卡紧无法顺利取出，则在机座法兰端靠近外圆与不锈钢条卡紧位置呈90°位置的地方（两处）垫千斤顶，用千斤顶将机座稍稍顶起，再将不锈钢条取出

质量要求：机座下端的支撑应靠近锥形支撑的安装外置，给千斤顶施压时必须保证机座法兰面不得离开支撑</td></tr>
<tr><td rowspan="3">装配零部件的检查</td><td>1</td><td></td><td>操作要领检查：安装盖板。确认端盖上唯一性标识，然后将该工序所需零部件的编号、厂家名称、合格证移置

质量要求：端盖上标识清楚，唯一性标识清晰，与机座一一对应</td></tr>
<tr><td>2</td><td></td><td>操作要领检查：检查。查看所需零部件是否存在磕碰印痕，并对油漆损坏处进行补漆处理

质量要求：零部件无磕碰，油漆无损伤</td></tr>
<tr><td>3</td><td>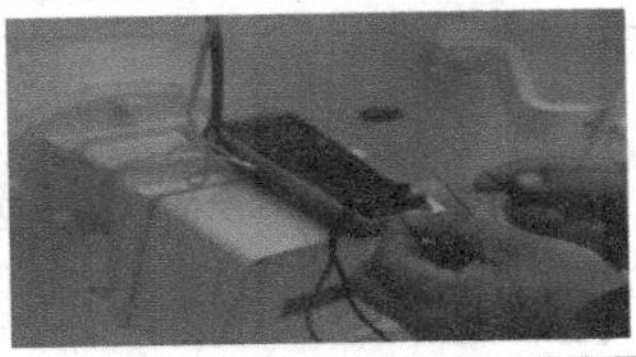</td><td>操作要领检查：用万用表检查轴承测温元件电阻，确保测温元件完好。对定子、转子间进行检查、清理，并对转子上平面用吸尘器进行清理

质量要求：要求测温元件阻值为（110±5）Ω</td></tr>
</table>

（续）

工序名称	步骤	产品图片	工作内容
端盖装配	1	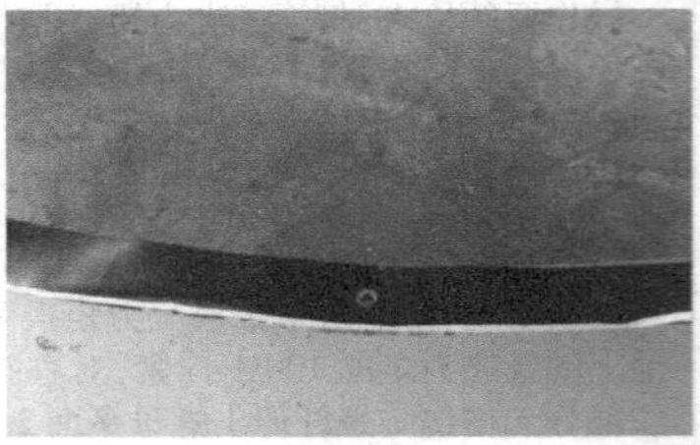	操作要领检查：安装封垫。在铁端盖与玻璃钢端盖配合平面上均匀涂一层粘结胶303，将封垫粘在端盖上
			质量要求：胶涂抹均匀，封垫粘结后牢固，封垫不得将安装孔覆盖，接口位置平整
	2		操作要领检查：安装端盖。确认玻璃钢端盖的最低点，然后将玻璃钢端盖的最低点对应排水孔所在中心线将玻璃钢端盖装在端盖上，并将螺栓拧紧
			质量要求：玻璃钢端盖的最低点即玻璃钢端盖无挡檐的部分最低点，玻璃钢端盖与端盖紧贴，弹垫压平
	3	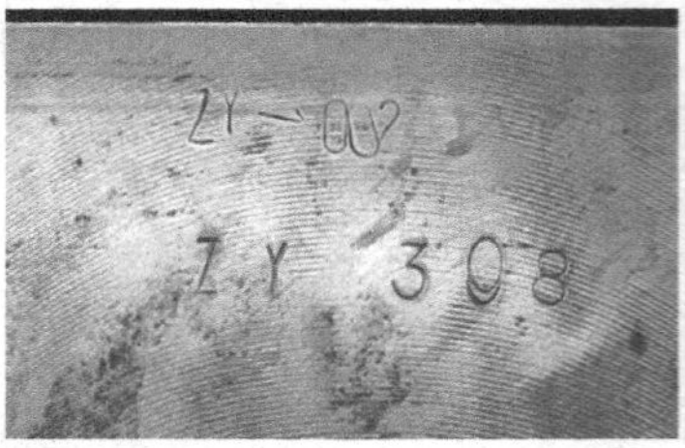	操作要领检查：安装端盖时，需对准端盖与机座上的起始标识线，端盖与机座一一对应
			质量要求：对准端盖与机座上的起始标识线。若机座变形大，需敲击端盖时，必须在敲击部位加垫块进行防护，严禁直接敲击端盖本体，工作者需站在发电机上进行施工时，应穿鞋套、戴安全帽进行防护
气隙测量、拧紧端盖螺栓	1		操作要领检查：测气隙。用气隙塞尺对发电机上、下两端每个气隙孔的气隙进行测量
			质量要求：测量时，将气隙塞尺从端盖及法兰面上的每个气隙工艺孔中插入，插入时动作要轻柔，避免用力过大而损伤到线圈的端部；检测气隙时气隙塞尺应放在定子铁心齿部及转子外圆之间，并用手电照准测量位置以进行确定位置的正确性；气隙塞尺的插入深度应不小于80mm，气隙测量值应以塞尺在定子、转子之间带力自由通过为准
	2	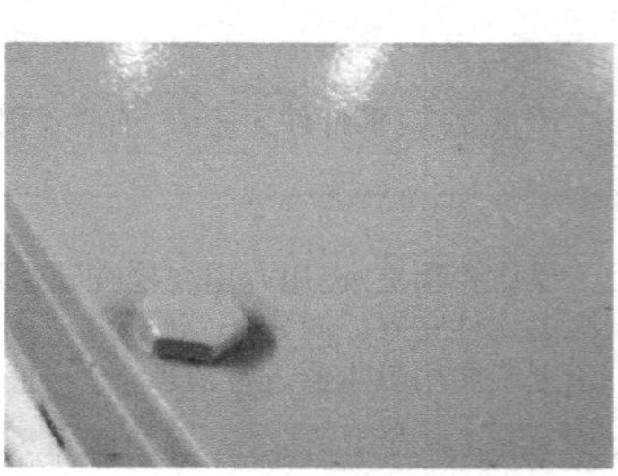	操作要领检查：紧螺栓。气隙合格后，安装端盖的制动垫圈及螺栓
			质量要求：要求螺栓全部拧紧，力矩为(50±3)N·m

（续）

工序名称	步骤	产品图片	工作内容
点焊及装外迷宫环	1	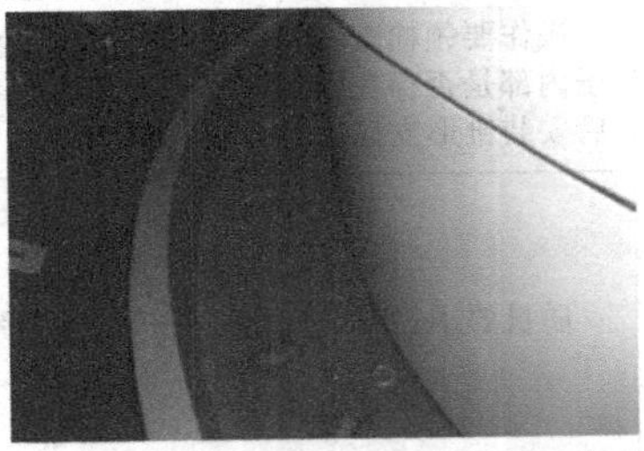	操作要领检查：装螺栓。安装转子工艺螺栓，工艺螺栓螺纹涂螺纹锁固胶。然后对工艺螺栓进行点焊，焊点去渣清理后涂防锈漆铁红环氧聚氨酯漆 质量要求：要求转子工艺螺栓安装低于转子支架上平面1～3mm，并要求在转子工艺螺栓前4～5扣丝涂螺纹紧固胶。焊接前需对定子、转子做好防护，点焊要求每个工艺螺栓圆周对称点焊3点
	2	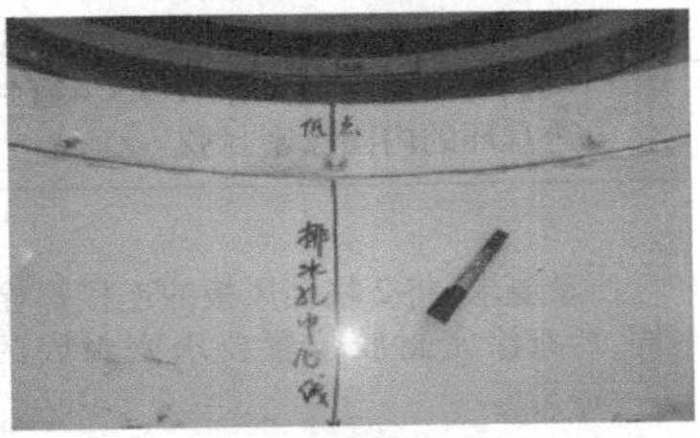	操作要领检查：装迷宫环。确认外迷宫环的常温、低温标识，并将标识的中间位置对应排水孔所在中心线进行安装。注意，外迷宫环与玻璃钢端盖连接位置需加垫封垫，封垫的安装参见通用规范 质量要求：常温的最低点位置为开槽、低温的最低点位置为通孔，并注意外迷宫环的排水位置位于电机的最低点
装踏脚板、布线板支撑	1		操作要领检查：脚踏板在安装前，需将工件清理干净，表面无油污、杂物等，用螺栓将脚踏板固定在锥形支撑安装凸台上 质量要求：踏脚板平面应与锥形支撑4个凸台平面完全贴合，踏脚板平面上的大孔应在主出线盒出线位置下方。安装螺栓需全部拧紧到位，弹簧垫片压平
	2		操作要领检查：装支撑。将支撑用螺杆挂在锥形支撑上，不得拧紧。在支撑上安装布线板，调整支撑位置，将布线板固定，布线板固定好后再将支撑拧紧，拧紧后弹簧垫片压平 质量要求：布线支撑与锥形支撑紧贴，所有螺栓均拧紧，弹簧垫片压平
	3	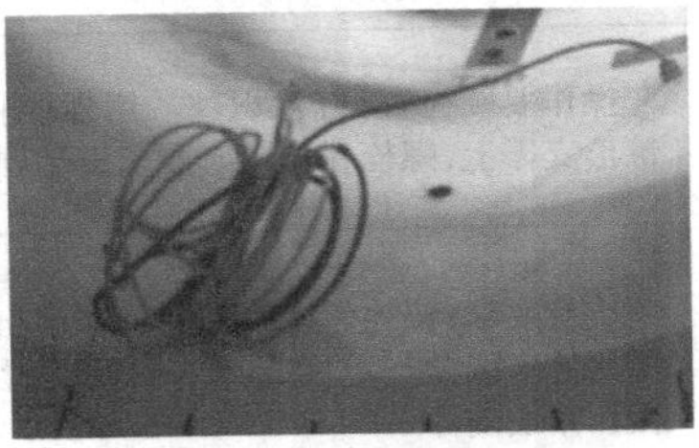	操作要领检查：装测温元件。对轴承测温元件进行安装，要求测温元件螺纹头部完全拧入，伸出的测温线绑扎好后，做好防护，防止油漆时损坏测温元件引线端部 质量要求：轴承测温元件完全安装到位，触头与轴承贴紧，测温元件引线无损伤
电机清理、装挡风板	1	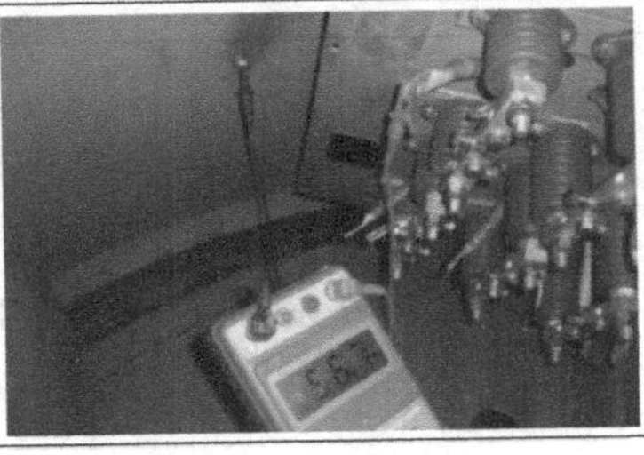	操作要领检查：测电阻。在送试前对发电机绝缘电阻进行测量，保证送试前电机绝缘电阻合格，并且需在送试卡上的备注栏内做好记录 质量要求：要求绝缘电阻值5min内不少于500MΩ

（续）

工序名称	步骤	产品图片	工作内容
电机清理、装挡风板	2		操作要领检查：对电机内部进行检查清理，检查电机定子内部是否存在安装过程中遗留的杂物等。检查无问题后安装锥形支撑进、出口盖板 质量要求：要求进、出口盖板的安装弹垫拧平
	3	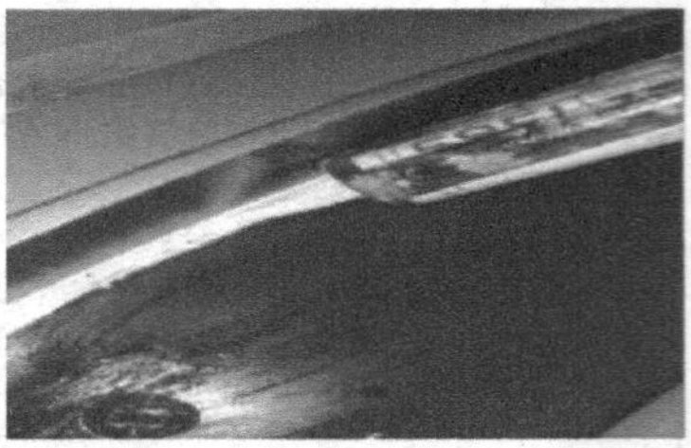	操作要领检查：安装挡风板。将2块挡风板的接口处和挡风板的内圆均匀涂抹HT9661密封胶进行密封，还需将内迷宫环的内圈涂密封胶 质量要求：将2块挡风板的连接螺栓安装，要求安装紧固，所有涂密封胶位置要求密封胶的涂抹均匀、整齐、美观
小装配	1		操作要领检查：安装挡雨罩。要求安装螺栓拧平，并在挡雨罩的外圆均匀涂抹一层密封胶，并检查挡雨罩的高度 质量要求：安装时严禁用电动扳手对螺栓进行紧固，密封胶的涂抹要求均匀、整齐、美观。挡雨罩开口位置应在电机出水孔位置，挡雨罩上端不超过轮毂安装平面
	2	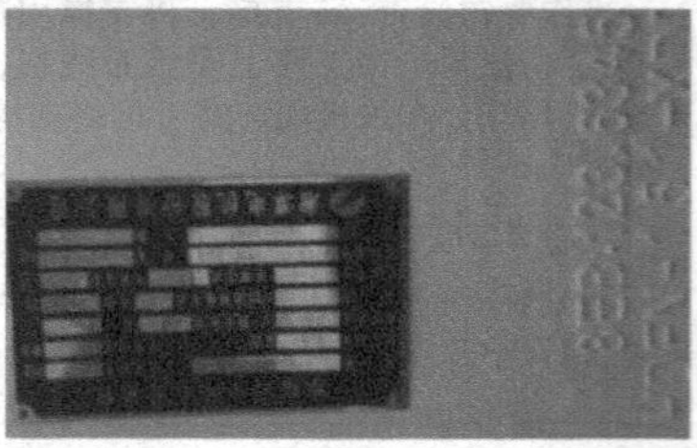	操作要领检查：钉铭牌。将铭牌与锥形支撑用螺钉进行连接，螺钉在装配时需拧到位 质量要求：铭牌装在锥形支撑炉号的正上方，名牌下端与炉号平行，间隔50mm左右，名牌顶部方向与炉号的起始位置朝向一致
	3	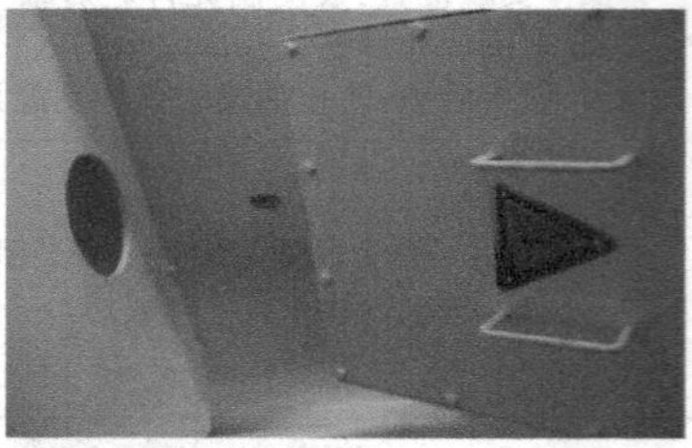	操作要领检查：钉标识牌。用螺栓将接地标识牌装在锥形支撑上，螺栓在安装时要求安装到位 质量要求：接地标识牌分别装在主出线盒与踏脚板、测温元件出线盒与走线支撑的中间位置，标识端朝向脚踏板和布线支撑
	4	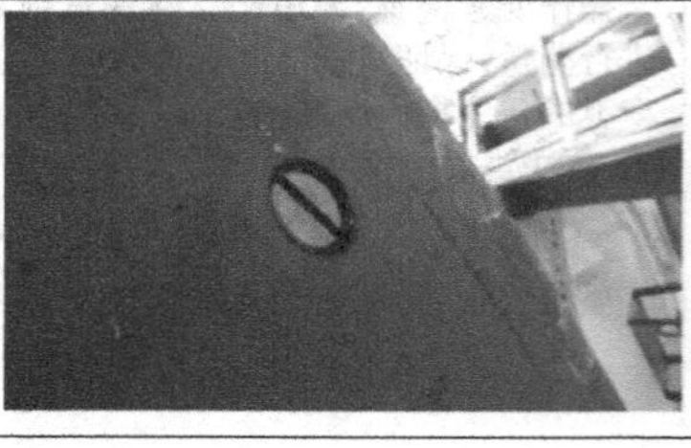	操作要领检查：装工艺螺栓。安装电缆出线盒盖和测温元件出线盒盖，并安装机座机舱端，将工艺螺孔堵塞 质量要求：堵塞头部前6～7扣丝需涂螺纹密封胶，拧紧后堵塞头部不得超出机座法兰面

（续）

工序名称	步骤	产品图片	工作内容
安装内部通风管道	1		操作要领检查：对锥形支撑上的内通风机支架安装平面进行检查，对内通风机的表面油漆进行检查 质量要求：要求安装平面平整、无高点，4 点在同一平面。内通风机表面油漆无起泡、脱落现象
	2	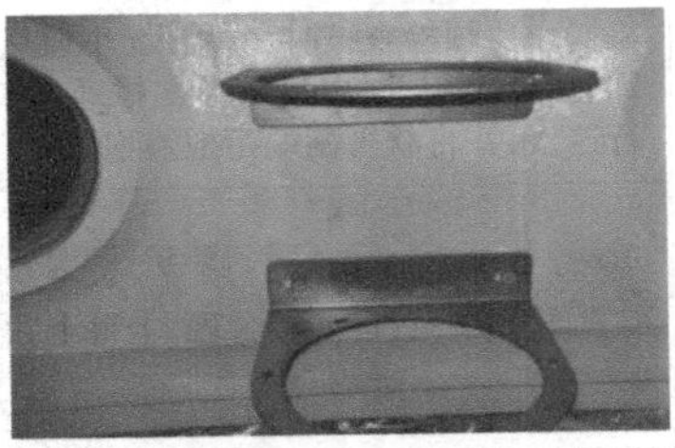	操作要领检查：装内通风机。安装内通风机支架，并将弹簧垫圈拧平、螺栓拧紧 质量要求：保证两个支架的上下两平面基本平行
	3		操作要领检查：将通风机安装在两个支架的中间部位，并在通风机的上、下两安装位置各穿 2 个螺栓予以定位 质量要求：通风机上的箭头标识朝轴承端；面对通风机，通风机上的出线盒朝右、靠外，方便接线
	4		操作要领检查：装风罩。安装内通风机的网罩，然后安装通风机下部分的安装螺栓，并拧紧 质量要求：要求网罩的平面部分贴合下支架。要求通风机下部分的锁紧螺栓的非螺栓头端朝上
	5		操作要领检查：装锥叉。先将 45°锥叉与上支架之间垫密封圈，然后再将 45°锥叉安装在上支架上 质量要求：要求密封圈与上支架间涂 303 胶贴合。密封圈与锥叉间涂密封胶密封
	6	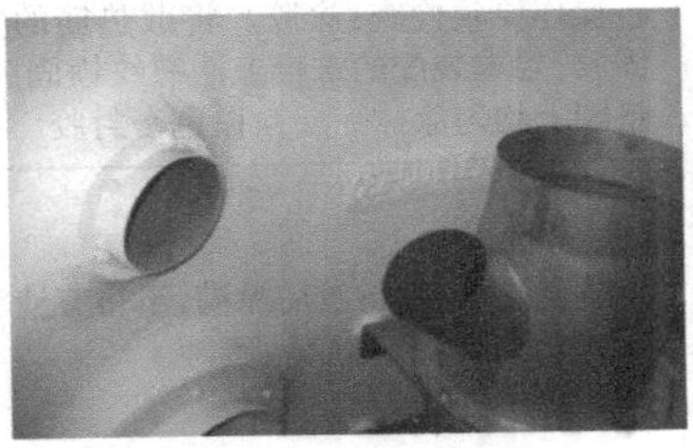	操作要领检查：调整 45°锥叉位置，然后再安装螺栓，并拧紧 质量要求：要求 45°锥叉的岔口位置对准锥形支撑内部通风口，并与通风机的出线盒相反方向；通风机上部分的锁紧螺栓非螺栓头端朝下

（续）

工序名称	步骤	产品图片	工作内容
安装内部通风管道	7		操作要领检查：装冷却管。面对轴承TOP点，先安装轴承右边的冷却管部分，并拧紧螺栓（顺着轴承内圆圆弧方向，开口朝左的为轴承右边的冷却管道） 质量要求：注意调整轴承右边的冷却管位置，使其与电机内部的布线板不干涉
	8		操作要领检查：连接。用大、小通风软管分别将轴承冷却管与45°锥叉、电机锥形支撑通风口法兰与45°锥叉进行连接，并将软管两端用抱箍抱紧 质量要求：管道连接合理，卡箍卡紧
	9		操作要领检查：对所有已完成部分的螺栓拧紧、密封情况进行检查 质量要求：连接位置密封性好，无漏风
散热筋的安装	1	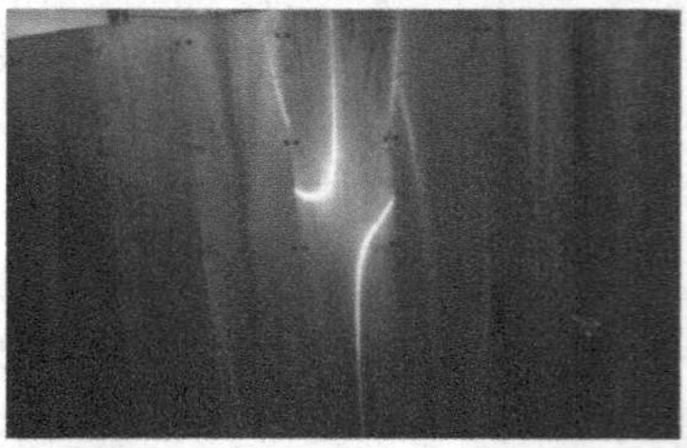	操作要领检查：检查散热筋安装平面及机座安装平面，要求安装平面无高点、毛刺，并在搬运散热筋过程中应注意安全，防止散热筋转运时的磕碰，转运过程中应加垫进行防护 质量要求：检查散热翅外观有无磕碰变形、电镀层是否完好、外观无拉拔缺陷；检查散热翅安装贴合面有无刮伤、高点等。检查机座表面是否光滑，无锈蚀、杂物、油污等
	2	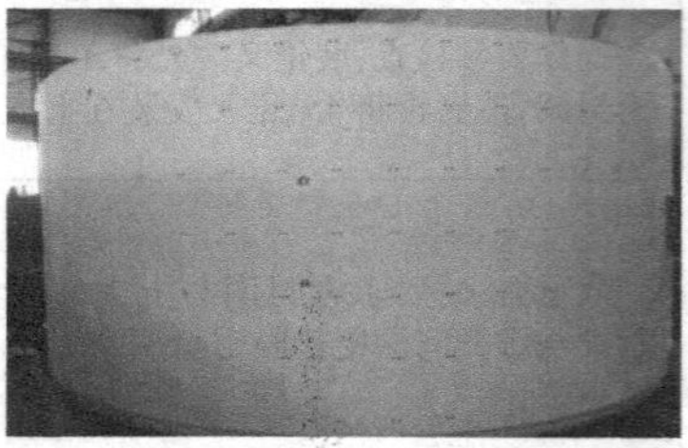	操作要领检查：涂导热硅脂。对散热筋安装面及机座表面用滚推的方法均匀涂抹薄薄的一层导热硅脂 质量要求：导热硅脂要求用滚推均匀，散热筋安装面及机座表面导热硅脂厚度之和为0.20～0.45mm，涂完硅脂后检查安装平面无杂物残留（如刷毛等）在散热翅贴合面上
	3		操作要领检查：涂胶。将散热筋的安装螺栓涂螺纹锁固胶，要求装配的螺栓上涂螺纹锁固胶，与机座贴合的型垫圈上均匀涂抹一层涂白色密封胶 质量要求：密封胶需涂满，不得有遗漏，螺栓头部前6～7扣丝涂螺纹锁固胶

（续）

工序名称	步骤	产品图片	工作内容
散热筋的安装	4		操作要领检查：安装散热筋。将散热筋的中段安装孔用导杆穿过固定在机座的中段安装孔位置，然后将散热筋靠紧机座，贴合完全后将涂胶的螺栓拧入，并将安装螺栓从上至下逐个打紧力矩，然后自检碟形垫圈是否拧平 质量要求：螺栓紧固力矩为(20±2)N·m
	5		操作要领检查：清洗。安装完成后对散热筋安装端部高度及与机座贴合间隙进行检查，然后用120#汽油对散热筋表面、端部及散热筋之间的间隙进行清洗 质量要求：螺栓拧紧后要求散热翅与机座贴合间隙控制在0.30mm以下；装配后散热翅端部高度差不大于3mm。清洗过程用塑料框做好废弃汽油的收集。要求散热筋表面及涂胶位置无残余导热硅脂
	6	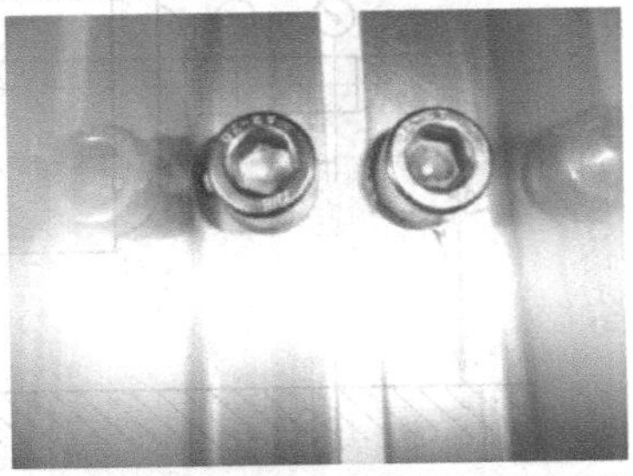	操作要领检查：涂密封胶。对散热筋的端部、散热筋之间间隙位置、散热筋与机座吊耳配合位置进行涂胶 质量要求：散热翅与散热翅间要求密封胶均匀，涂层厚度6～12mm，外观光滑。吊耳配合位置涂胶要求密封胶与散热翅平齐、外观光滑。散热翅端部涂密封胶要求涂胶严实无缝隙、突起、硅油渗出

第三节　中小型电机的试验与检查

总装好的电动机，出厂应进行检验试验，其目的在于：验证电机性能是否符合有关标准和技术条件的要求；设计和制造上是否存在影响运行的各种缺陷；通过对检验试验结果的分析，从而找出改进设计和工艺和提高产品质量的途径。

电机制造厂所做的检验试验一般可分为两类，即检查试验和型式试验。

检查试验一般称为出厂试验。它是在该类电机定型批量生产时，对每台组装为成品的电机进行的部分性能简单的检查。检查的项目中，有的能够直观反映被试电机的某些性能，如耐电压、绝缘电阻、噪声振动等；有的则不能直接反映被试电机的性能，而只能在与合格样机相应的试验参数相比较后，才能粗略判断被试电机是否符合要求，如用空载电流、堵转电流、空载损耗和堵转损耗来判定异步电动机的功率因数及效率等性能指标水平。

所谓型式试验是指那些能够较确切地得到被试电机的有关性能参数的试验。根据需要，试验可包括标准中规定的所有项目，也可以是其中一部分项目。按国家标准规定，在下述情况下，应进行型式试验。

1）新设计试制的产品。

2）经鉴定定型后小批量试投产的产品。

3）设计或工艺上的变更足以引起电机某些特性和参数发生变化的产品。

4）检查试验结果与以前进行的型式试验结果发生不可容许的偏差的产品。

5）产品自定型投产后的定期抽试。

一、电机的机械检查

1. 轴中心高尺寸的检查

检查时将电机搁置在平板上，用游标高度卡尺检查轴伸接合部分中点的高度 H，用千分尺测量该部位的轴伸直径 D，如图 6-17 所示。

中心高的偏差主要是由机座加工及端盖加工的误差造成的。机座止口中心线与底脚平面的距离的加工误差是造成电机中心高的偏差主要原因。

2. 轴中心线对于底脚支承面平行度的检查

检查方法是将电机搁置在平板上，用指示表检查轴伸接合部分的两端到底脚平面间距离之差，换算到每 100mm 长度的平行度，如图 6-18 所示。

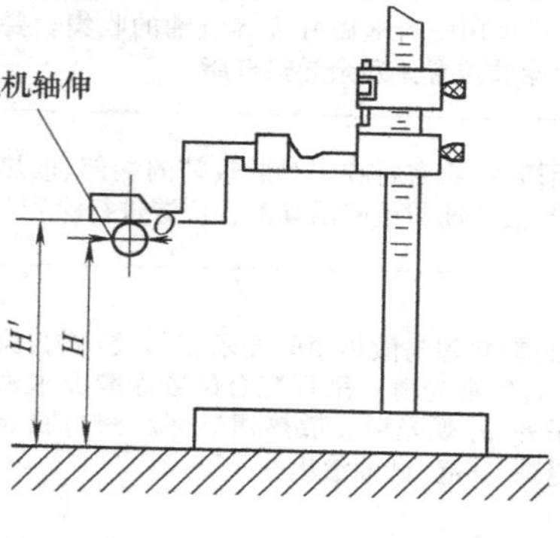

图 6-17　安装尺寸 H 的测量

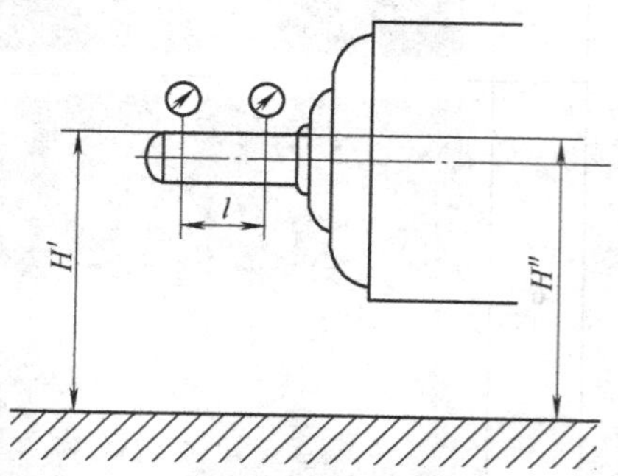

图 6-18　轴中心线对于底脚支承面平行度的检测

3. 沿轴向长度的底脚支承面平面度的测量

检查时，先将电机搁置在平板上，再用塞尺检查底脚支承面与平板间的缝隙，以底脚的轴向长度为基准，计算出底脚支承面的平面度。

4. 底脚孔中心的径向距离（安装尺寸 A）的测量

测量时，用游标卡尺测量两孔外壁间距离 A' 和内壁间距离 A''，如图 6-19 所示，进而算出 A 值。

5. 底脚孔中心的轴向距离（安装尺寸 B）的测量

测量时，用游标卡尺测量两孔外壁间距离 B' 和内壁间距离 B''，如图 6-20 所示，从而计算出 B 值。

6. 底脚孔对电机垂直中心线的径向距离的测量

测量时，将电机搁置在调节螺栓上（或架于两顶尖上）以直角尺校正，如图 6-21 所示，使底脚支承面垂直于平板，用游标高度卡尺和千分尺测量。

7. 自轴伸支承到距离较近的左右两个底脚孔的中心线间的距离（安装尺寸 C）的测量

测量时，将电机搁置在平板上，如图 6-22 所示，用专用

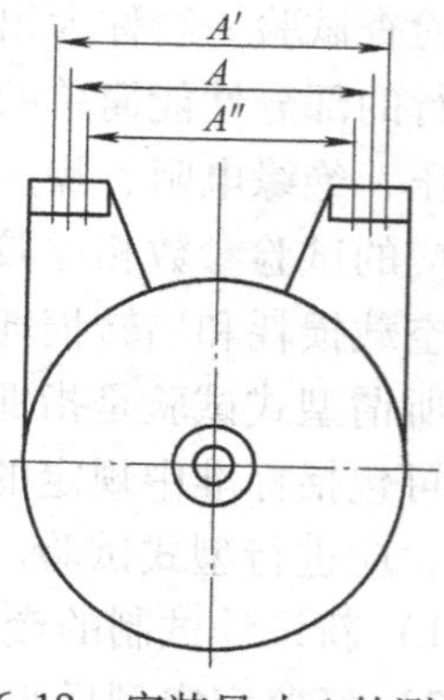

图 6-19　安装尺寸 A 的测量

角板套入轴伸并与轴伸支承面接触，用精度为0.05mm的游标卡尺测量C'尺寸，用分度值为0.02mm的游标卡尺测量底脚孔径K，进而算出C值。

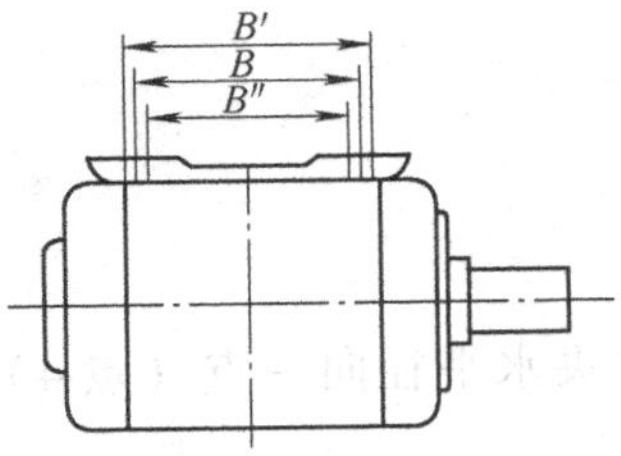

图6-20 安装尺寸B的测量

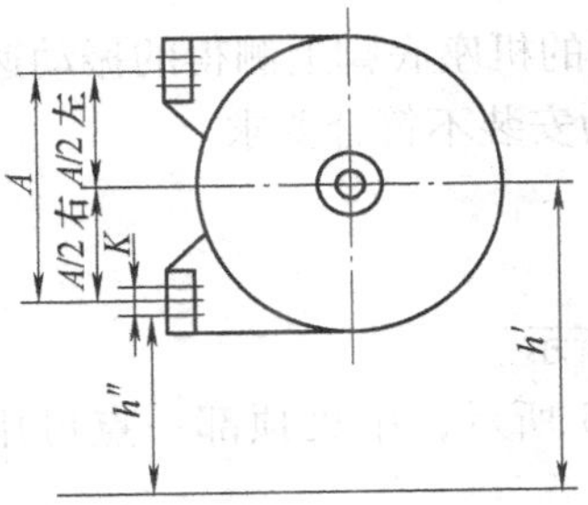

图6-21 安装尺寸$A/2$的测量

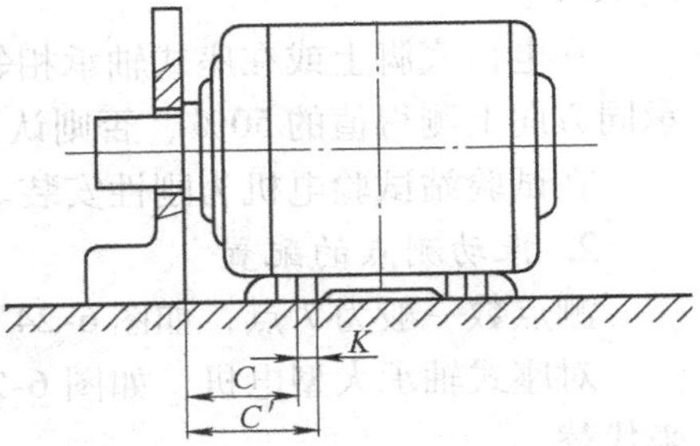

图6-22 安装尺寸C的测量

8. 轴伸接合部中点的圆周面对轴中心线的径向圆跳动

测量时，将电机和指示表搁置在平板上，以指示表对正轴伸接合部分的中点，以手转动转子，检查轴伸的径向圆跳动，如图6-23所示。

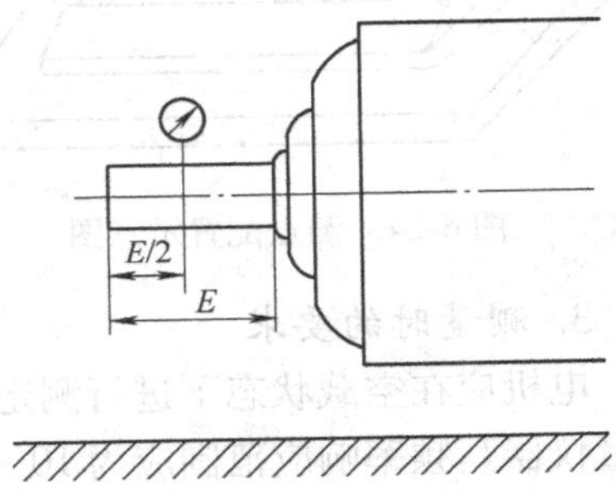

图6-23 轴伸径向圆跳动的测量

二、电机的电气性能检查

（1）电机检查试验

1）定子绕组在实际冷态下直流电阻的测定。

2）耐电压试验。

3）短时升高电压试验。

4）空载电流和损耗的测定。

5）堵转电流和损耗的测定。

6）噪声试验。

7）绕组对机壳及绕组相互间绝缘电阻的测定。

（2）电机型式试验

1）检查试验的全部项目。

2）温升试验。

3）效率与功率因数的测定。

4）短时过转矩试验。

5）最大转矩的测定。

6）起动过程中最小转矩的测定。

7）超速试验。

三、电机振动测定方法简介

1. 电机的安装要求

1）轴中心高为250mm及以下的电机，应安放在弹性垫上或悬吊于弹簧下。

2）轴中心高大于250mm但不超过400mm的电机，可直接采用橡胶板做弹性垫（推荐用两块12mm厚，含胶量为70%的普通橡胶板相拼而成）。

3）轴中心高超过400mm的电机，应采用刚性安装。如被试电机是直接放在平台上测试，安装平台、基础和地基三者应刚性连接；如被试电机放在方箱（垫箱、垫块）平台上测试，则方箱平台与基础应为刚性连接；如基础有隔振措施或与地基无刚性连接，则基础和安装平台的总质量应大于被试电机质量的10倍，并保证安装平台和基础不产生附加振动或与电机共振。在安装平台上测得被试电机在静止时的振动速度有效值应小于在运转时最大值的10%。

在电机底脚上或在座式轴承相邻的机座底脚上测得的振动速度有效值，应不超过相邻轴承同方向上测得值的50%，否则认为安装不符合要求。

在试验站试验电机为刚性安装。

2. 振动测点的配置

测点数一般为7点，如图6-24所示。

对座式轴承大型电机，如图6-25所示，中央顶部一点可用中央水平径向一点（点4）来代替。

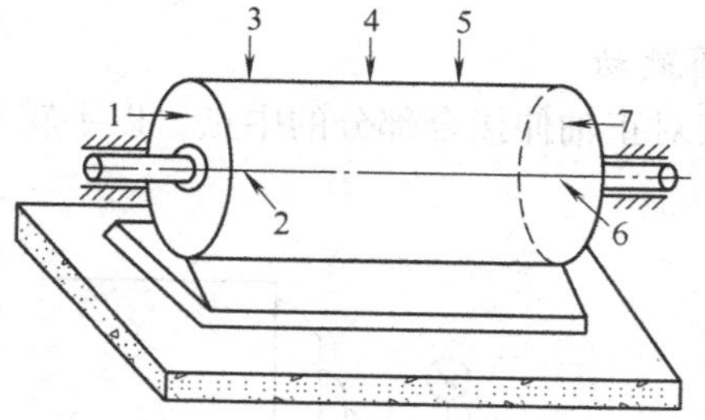

图6-24　测点配置示意图

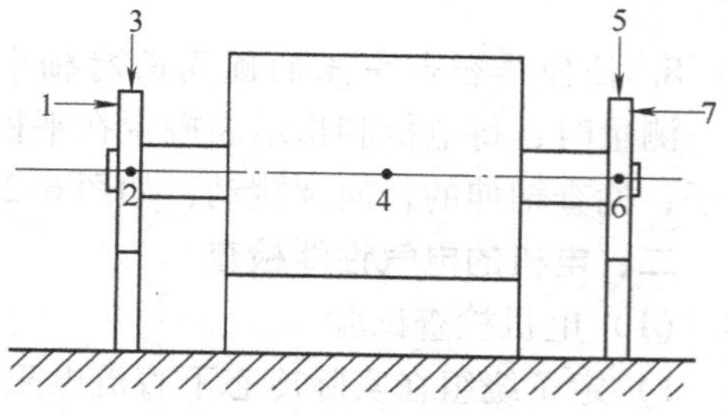

图6-25　座式电机测点的配置

3. 测量时的要求

电机应在空载状态下进行测定，此时转速和电压应保持额定值。测量时所用的振动速度测量仪器其频率响应范围应为10～1000Hz，在此频率范围内的相对灵敏度以80Hz的相对灵敏度为基准，其他频率的灵敏度应在基准灵敏度的-20%～+10%的范围以内；测量误差应小于±10%；测量仪器的传感器与测点的接触必须良好；传感器及其安装附件的总质量应小于电机质量的1/50。电机的振动数值以各测点所测得的最大数值为准。

四、电机噪声测定方法简介

1. 电磁噪声

电磁噪声是指电机运转时由电磁作用引起振动产生的噪声。电机气隙中存在各次谐波磁场，它们除产生切向力矩外，还会相互作用产生径向磁拉力。这种径向力是一种行波，称为径向力波。径向力波作用于定子、转子铁心上使轭部产生径向变形，从而引起铁轭和机壳作径向振动。定子的径向振动引起周围空气振动，从而产生电磁噪声（因转子刚度相对较强，其变形可不予考虑）。电磁噪声与槽配合、槽斜度有密切关系，与电机结构刚度也有关

2. 通风噪声

通风噪声是电机运转时风扇和风道中或风路上的障碍物引起的涡流声和共鸣声，是高速电机中的一种主要声源。

3. 机械噪声

机械噪声是电机运转时，由于机械上不平衡或撞击、摩擦等原因引起电机部件振动而产生的。它的种类很多，包括轴承噪声、旋转振动噪声、电刷噪声和构件共振噪声等。其中轴承噪声在采用滚动轴承的小型电动机中比较突出；电刷噪声常是直流电机的主要噪声。

五、电机噪声的测定

国家标准《旋转电机 定额和性能》（GB 755—2008）规定了额定功率为1.1~6300kW、转速为960~3750r/min的单台电机（电动机、发电机和交流机）在空载时的噪声限值，见表6-5。

ZJ-0级：表6-5中限数值加5dB；ZJ-2级：表6-5中限数值加5dB；ZJ-3级：表6-5中限数值加10dB；ZJ-4级：表6-5中限数值加15dB。

表6-5 ZJ—1级电机的防护等级、转速、额定功率与（A）计权声功率级限值

防护等级	IP22	IP44	IP22	IP44	IP22	IP44	IP22	IP44	IP22	IP44	IP22	IP44
转速/(r/min)	960及以下		>960~1320		>1320~1900		>1900~2360		>2360~3150		>3150~3750	
功率/kW	声功率级/A											
1.1及以下	71	76	75	78	78	80	80	82	82	84	85	88
>1.1~2.2	74	79	78	80	81	83	83	83	85	88	89	91
>2.2~5.5	77	81	81	84	85	87	86	86	89	92	93	95
>5.5~11	81	85	85	88	88	91	90	90	93	96	97	99
>11~22	84	88	88	91	91	95	93	93	96	100	99	102
>22~37	87	91	91	94	95	97	96	96	99	103	101	104
>37~55	90	93	94	97	97	99	98	98	101	105	103	106
>55~110	94	96	97	100	99	103	101	101	103	107	104	108
>110~220	97	99	100	103	103	106	103	103	105	109	105	110
>220~630	99	101	102	105	106	108	106	106	107	111	107	112
>630~1100	101	103	105	108	108	111	108	108	109	112	109	114
>1100~2500	103	105	108	110	110	113	109	109	110	113	110	115
>2500~6300	105	108	110	110	111	115	111	111	112	115	111	116

1. 被试电机的安装

对轴中心高H为400mm及以下的卧式电机或电机高度的1/2为400mm及以下的立式电机，应采用弹性安装，其弹性支撑系统的压缩量数值应符合有关标准规定。为保证弹性垫受压均匀，被试电机应先置于有足够刚性的过渡板上，然后再置于弹性垫上，电机底脚平面与水平面的倾斜不应大于50°。当刚性过渡板产生附加噪声时，允许将电机直接置于弹性垫上。对轴中心高超过400mm的卧式电机及电机高度的1/2超过400mm的立式电机，应采用刚性安装。此时，安装平台、基础和地基三者应刚性连接。安装平台和基础应不产生附加噪声或与电机共振。此外，测试场所的地面为硬地坪，对声波有足够的反射。在任何情况下，电机的底脚平面高于地平面应不超过80mm；弹性垫的面积应不大于基准箱投影面面积的1.2倍。

基准箱是为了在电机噪声测试中，确定电机外形尺寸的一种方法。它是环绕电机周围的最小直角六面体（包括反射面）。对于形状不规则的电机，如果突出部分为不可忽视的发声部分，则电机的外形尺寸应按该部分的外形尺寸确定，如图6-26a所示；如果突出部分为次

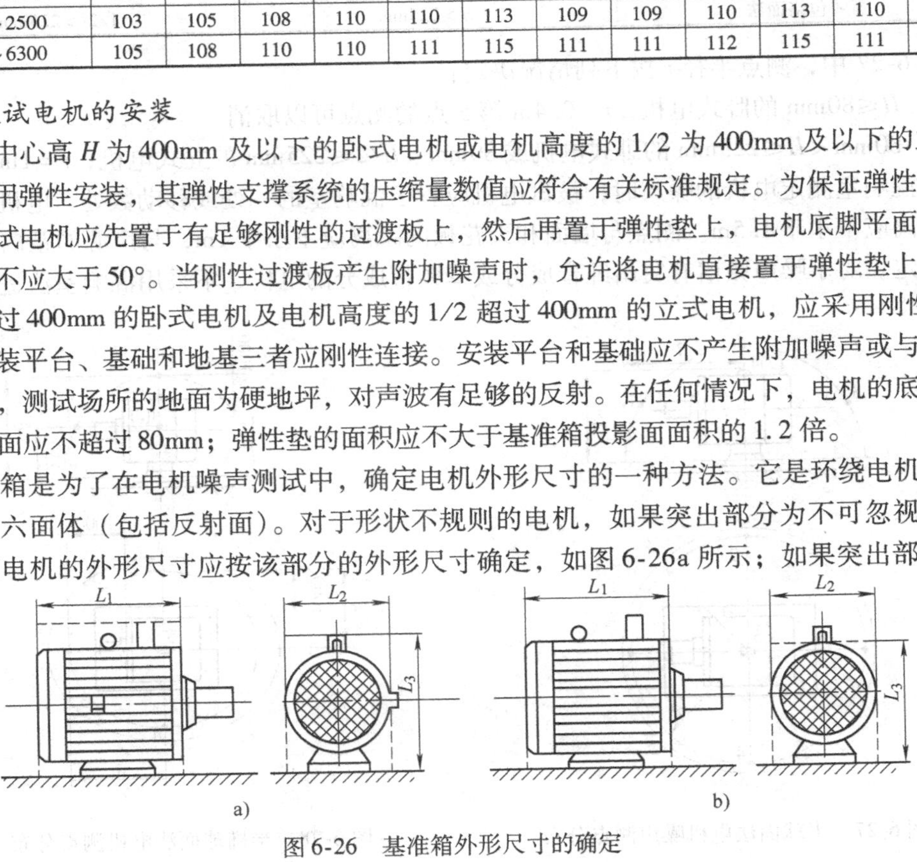

a) b)

图6-26 基准箱外形尺寸的确定

要发声部分，则在确定电机外形尺寸时突出部分可不予考虑，如图6-26b所示。图6-26的虚线部分的尺寸决定的箱体称为基准箱，噪声的测试距离应按对基准箱的距离计算。

2. 混响室的选用和声源要求

在混响室测定电机的噪声时，混响室应符合有关标准的规定，其容积应大于200m^3，电机体积应小于混响室体积的1/10。声场类别见表6-6。

表6-6 声场类别

声场类别	点声源倍增距离声压级衰减值/dB
混响场	<1
半混响场	>1，<5
自由场	5~6

3. 测点的配置

在半自由场和半混响场中电机噪声测点配置有三种方法，即半球面法、半椭球面法和等效包络面法。测点的配置方法和适用范围见表6-7；测点的配置按图6-27~图6-30所示的规定。

表6-7 测点的配置方法和适用范围

测点配置方案	适用范围	
	卧式电机	立式电机
半球面法	$H \leqslant 225mm, l/H \leqslant 3.5$	$1/2l \leqslant 225mm, l/H \leqslant 3.5$
半椭球面法	$H > 80 \sim 225mm, l/H > 3.5$	
等效包络面法	$H > 225mm$	$1/2l > 225mm$

图6-27中，测点半径r按下列情况决定：

1）$H \leqslant 80mm$的卧式电机，$r = 0.4m$第5点的测点可以取消。

2）$80mm < H \leqslant 225mm$的卧式电机或$80mm < H/2 \leqslant 225mm$的立式电机，$r = 1m$。

在混响室测定电机的噪声时，被试电机应置于混响室的一处或移动数处，电机表面离墙壁的距离应不小于1.5m。测点与墙面和天花板的距离应不小于1m，与声源的距离应符合有关的规定。对于噪声频谱有突出纯音成分或窄频带成分的电机，不采用混响室法进行测定。

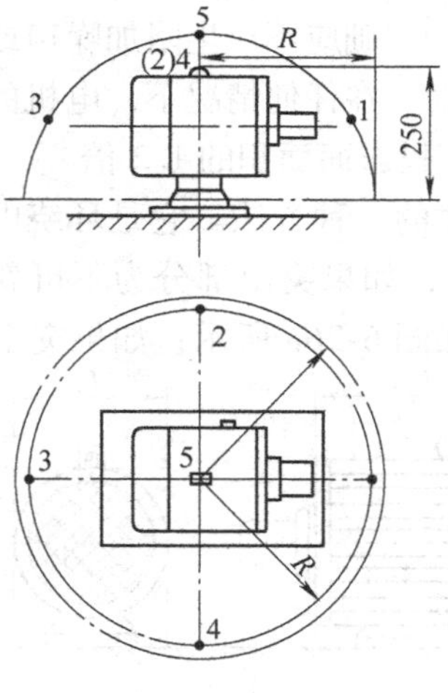

图6-27 半球面法电机噪声测点分布

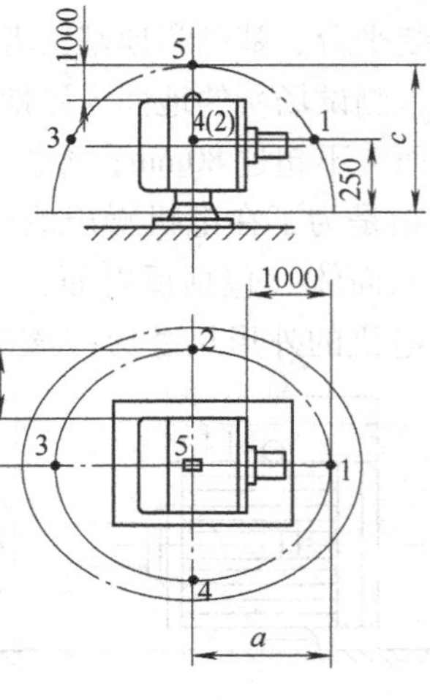

图6-28 半椭球面法电机测点分布

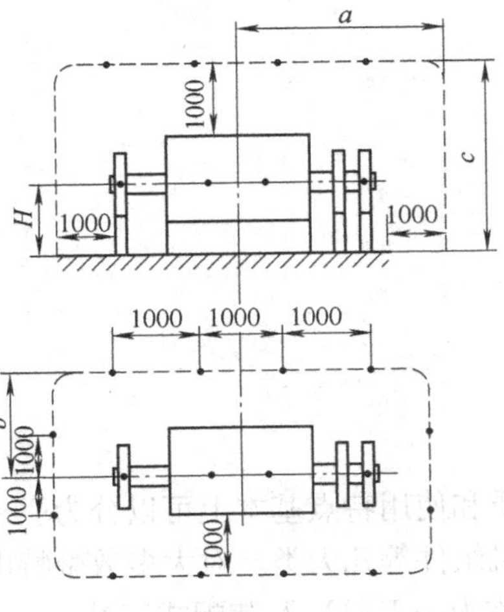

图 6-29　等效包络面法电机噪声测点分布

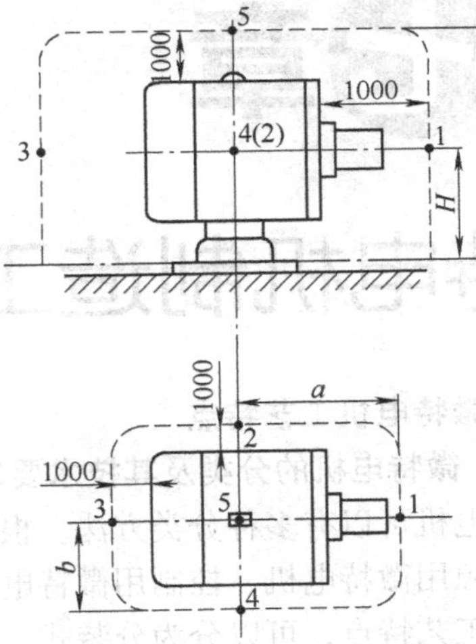

图 6-30　外形尺寸较大电机噪声测点分布

4. 测量时的要求

电机噪声测定项目包括：

1）电机噪声的（A）计权声功率级。

2）电机噪声的 1/1 倍频程或 1/3 倍频程频谱分析。

3）电机噪声的方向性指数。

电机噪声应在电机空载状态下进行测定，此时转速（对交流电机应为额定值）和电压（具有串励特性的电机除外）应保持额定值。当用静止整流电源供电时，电源应符合有关标准的规定。

对多速电机或调速电机，应在噪声为最大的额定转速下测定。对转向可逆的电机，应在噪声较大的转向下进行测定。测量时应采用精密声级计或精度更高的组合声学仪器；同时还应备有 1/1 倍频程或 1/3 倍频程滤波器。背景噪声的修正、标准声源的修正及混响室中噪声的测试结果计算均按有关规定进行。

第七章

微特电机制造工艺

一、微特电机工艺特点

（一）微特电机的分类及其技术要求

微特电机可以有多种分类方法。根据其工作性质和使用特点基本上可以分为驱动用微特电机、电源用微特电机、控制用微特电机和微特电机组件等几大类。对大多数微特电机按总体结构和工艺特点，可以分为分装式、通孔式（又称为一刀通）及装配式三种。

1. 分装式结构

如大部分直流力矩电机、电动工具、多极旋转变压器、感应同步器以及一些专用电机采用这种结构。

2. 通孔式（一刀通）结构

这种结构适于气隙小、同轴度高的电机，多见于机座号较小的交流伺服电动机、自整角机、旋转变压器和交流测速发电机中。

3. 装配式结构

多数微特电机属于这种结构，因为轴承外径和定子铁心内径能够设计成同一尺寸的电机（一刀通结构）占少数。

（二）微特电机的结构特点

微特电机的结构与一般中小型电机有着类似或相近的一面，因为微特电机是在一般电机的基础上发展起来的。它们的工作原理相通，结构类似。但是，由于工作和使用要求的差异，微特电机的结构在很多方面有别于普通电机，有很多特征靠近精密机械和仪器仪表，形成了与中小型电机不同的特点。综合起来看，微特电机结构的主要特点有：

1. 体积小、重量轻

在微特电机中采用轻合金（如铝合金）、塑料等材料较多，结构上多采用薄壁件，如机壳、端盖、杯形转子等。

2. 零部件较多

微特电机的零部件多种多样，可以分为标准件（如标准螺钉、螺母、垫圈、标准电刷和标准轴承等）、通用件（如铁心冲片、机壳、端盖、刷架和电刷等）及专用件三类。应当尽量多用标准件、通用件，少用专用件。

3. 结构上要求稳定可靠

为保证工作的稳定可靠，首先从材料选择和结构设计上采取相应措施。

4. 结构精密

微特电机的零部件有较高的尺寸精度、较小的形位误差和较好的表面粗糙度，不少零部件结构与精密机械和仪器仪表结构要求相当。

5. 与电子电路密切配合

各主要类型的微特电机都需要配以相当的电子控制或驱动电路，以发挥各类微特电机的特长。

6. 结构多样性

微特电机品种多，应用范围广，使用的环境条件也有多种，因此微特电机结构受多种因素影响。

（三）微特电机工艺的特点

微特电机制造工艺主要包括机械制造工艺和微特电机专门工艺两类。随着微特电机新结构和生产技术的不断发展，微特电机制造工艺中也大量使用精密机械、仪器仪表、电子工业和自动化技术，形成了有独立特色的微特电机生产技术分支。其主要特点是：

1）微特电机尺寸小，生产批量与单台价值差别大，要求合理地组织生产。

2）微特电机制造工艺技术面广。

3）微特电机作为系统元件，要求可靠性和尺寸精度较高。

4）新原理、新结构的微特电机不断涌现，要求工艺方法不断更新，工艺技术不断提高。

除此之外，还应不断提高车间文明生产水平，保证装配车间环境洁净，保持一定温度和湿度。工序间运送和传递可采用适当的工位器具，防止轻、小、薄零部件变形，以及产生应力或性能变坏等。

二、铁心制造

（一）铁心冲片的分类与结构

微特电机的铁心绝大部分是由冲片叠压而成的，因此铁心冲片的结构与工艺是首要问题。微特电机的种类及总体结构不同，其定子和转子的铁心冲片有多种结构形状。

按冲片外形轮廓不同，冲片有圆形、方形、鼓形等。按槽形不同，冲片有圆形槽、梨形槽、矩形槽、梯形槽等。按磁极型式不同，冲片有凸极式、隐极式、罩极式等。

典型定子铁心冲片如图 7-1 所示。典型转子铁心冲片如图 7-2 所示。

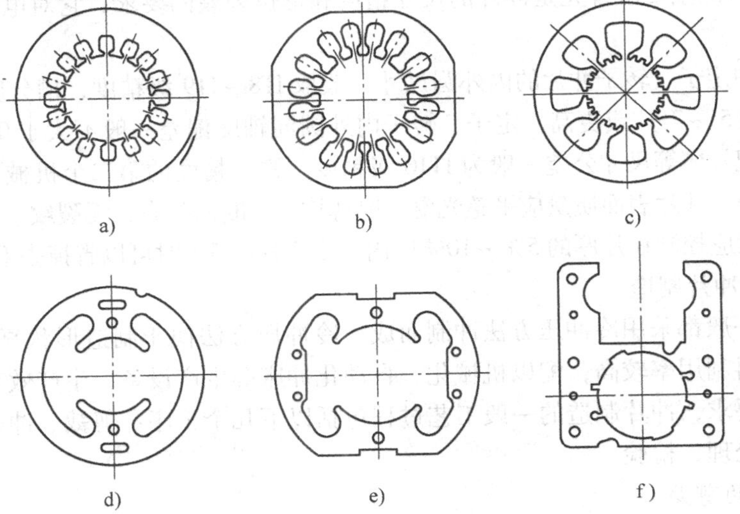

图 7-1　典型定子铁心冲片

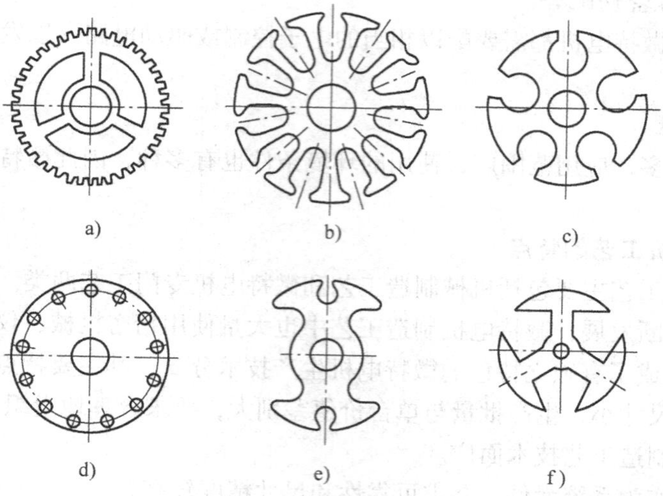

图 7-2　典型转子铁心冲片

（二）铁心冲片的技术要求

图 7-1 和图 7-2 列出的定子、转子冲片用于不同的微特电机，都采用冷冲压方法冲制而成。从结构和制造工艺考虑，它们具有共同的主要技术要求。

1. 电磁性能方面

首先应考虑软磁铁心磁导方向性的要求。软磁材料在外力（冲裁、碰撞、冲击等）作用后，将改变晶体的排列，使电磁性能改变，这是要考虑的第二个问题。在变化的磁场中工作的铁心会产生涡流现象，使铁损增加，并产生不希望的附加力矩，这是应考虑的第三个问题。为了减少铁心内因产生涡流而引起的铁损，提高微特电机的效率，保证微特电机的工作精度，应合理选择冲片厚度。

2. 机械要求方面

铁心冲片的机械要求首先是冲片的尺寸精度和形位公差的要求，它对电机性能及精度影响甚大。

微特电机中定子、转子冲片的内外圆尺寸一般取 IT8 ~ IT9 级精度，槽分度要求 ±10′，精密电机要求 ±（5′~7′）或更高。定子、转子内外圆同轴度偏差一般不大于 0.02mm，其他如槽形、槽口、记号槽等尺寸公差一般为 IT10 级精度。铁心精度的第二个机械要求是冲片表面质量好、毛刺小。冲片表面质量应平整光滑、厚薄均匀、断面整齐、无裂纹、毛刺小。冲片冲制后的毛刺一般应控制在片厚的 5% ~10% 以内，小于片厚 5% 时可以省掉去毛刺工序。

（三）铁心冲片制造

铁心冲片一般都采用冷冲压方法冲制而成。冷冲压方法便于制造形状复杂的薄片零件，精度较高，材料利用率较高，配以机械化、自动化冲床等生产设备，生产效率较高。为了满足冲片的技术要求，冲片制造的一般工艺过程包括以下几个工序：剪裁、冲裁、去毛刺、退火处理、绝缘处理、检验。

1. 硅钢片的剪裁

微特电机铁心冲片用的电工钢片分为卷料和平面板料。为了使冲床、冲模、钢片及冲片的尺寸能合理搭配，便于加工，第一道工序一般是将整张电工钢板料用剪床裁成一定宽度的条料。条料的宽度比铁心冲片外径略大，以保证冲片冲制时需要的搭边值。有关冲裁力的计算，冲床、剪床的选择，材料利用率的提高方法，均与中小型异步电动机铁心制造工艺相同。

2. 冲片的冲裁

卷料或经过剪裁得到的钢片条料。在冲床上经过冲模的冲裁即得所需要的冲片。根据所用冲裁模的不同，可分为单式冲裁、多工序组合冲裁、级进式冲裁等。根据产品要求和工厂生产条件不同，冲片的冲裁方案可以有多种，常用以下几种：

（1）先落料后冲槽　首先用复式冲裁机将钢片冲出定子、转子圆片，然后分别经过复式冲模冲出定子槽、转子槽和轴孔。对直径较大的电机冲片，可以用落料模得到圆片后，用单槽冲模或高速单槽冲方式冲出槽形。

（2）先冲槽后落料　首先经过定子、转子复式冲模分别以轴孔定位，先后冲出定子槽和转子槽，最后用落料模分离出定子、转子冲片。采用多工序组合冲裁，一般可用三台冲床联动完成，故有时称为“三联冲”。

（3）全复式冲模和四、六工位级进式冲模　目前国内已成功研制十位转子、定子冲片并自动叠装出定子铁心的高精度冲裁叠压级进式冲模，在连续十个工位之后，不仅能冲出定子、转子冲片，而且可自动叠装好定子铁心。

显然，前两种冲裁方案，工序分散，只能满足中等批量生产要求。第三种冲裁方案，特别是级进式冲裁，采用带状卷料和高速自动冲床，是解决大批量、高速度、高精度冲裁的有效办法，是目前应用最广泛的方法。

3. 毛刺及其消除

冲模间隙过大、冲模安装不当或冲模刃口磨钝等，都会使冲片产生毛刺。对中批量、大批量生产的铁心冲片，最好是提高冲模的设计与制造水平，正确安装和使用冲模，使冲出的冲片不存在不允许的毛刺，从而取消去毛刺工序。若冲片毛刺过大，可用去毛刺机去除。

减小毛刺的基本措施是：在冲模制造时，严格控制凸凹模的间隙，而且要保证冲裁有均匀的间隙；冲裁过程中，要保持冲模工作正常，经常检查毛刺的大小。如果毛刺过大（如0.06～0.1mm），则必须及时将冲模刃口磨锐（刃磨）。对片厚为0.35～0.5mm的钢片，凸模和凹模的每次刃磨量一般可为0.15～0.3mm和0.1～0.15mm。

4. 冲片的退火处理

软磁材料在出厂时，有的已具有标准规定的磁性能，如热轧硅钢片和全工艺型冷轧硅钢片等。有的材料则需待加工后进行最后的退火处理，才具有规定的磁性，如半工艺型冷轧硅钢片和铁镍软磁合金等。不论哪一类材料，经过下料、冲裁、弯形、去毛刺等工序后，常使冲片边缘（约3mm以内）的结晶组织畸变或晶格破坏，产生冷作硬化现象，使冲片材料变硬、磁性能下降，特别是对中等和弱磁场下的磁性能影响较大，通常需退火处理。

5. 冲片的绝缘处理

微特电机常用的冲片绝缘处理方法与中小型电机相同，可采用涂绝缘漆、表面氧化处理和磷化处理等方法。冲片在绝缘处理后，要作外观检查，并定期检测绝缘层厚度、绝缘电阻、击穿电压及耐热、耐湿性等。

（四）铁心的压装

叠片式铁心制造，一般包括冲片的叠压紧固、铁心在机壳或轴上的固定以及铁心表面处理等。整体式铁心不存在片间紧固问题，因为它是由机械加工或粉末压制等方法形成的。下面主要介绍叠片式铁心的工艺过程和整体式铁心的工艺特点。

1. 叠片式铁心制造工艺

叠片式铁心的工艺过程一般包括：理片、称重或定片数、定位叠压、紧固、表面处理等。

（1）叠片式铁心的叠压　叠片式铁心的叠压一般在定（转）子铁心叠压工具上进行。叠压工具有多种形式。图7-3是控制用微特电机定子铁心叠压工具。把涂胶的定子冲片以心轴和槽键定位叠压。键数可为一根，也可与槽数相等。球面垫圈可保证压圈受力均匀，方向垂直。加压后烘烤一定时间，打开螺母压出心轴即得胶粘的定子铁心。

采用图7-3所示定子铁心叠压工具，对冲片精度和冲裁一致性有一定要求。对叠压工具的一般要求是：定位准确、合理、可靠及装拆方便。有的还要求压紧力和尺寸可调节。

（2）定子铁心的紧固方法　定子铁心叠压后，紧固方法有以下几种：

1）选用适当配合紧固。可采用较松的过渡配合，而在铁心端部外另设压环，使压环与机壳过盈配合，压紧并固定铁心。对小功率电机也可采用较松的过渡配合，而在铁心外表面涂一层粘结剂固定。因为一般铁心外圆不加工，故这种紧固方式要求冲片精度较高，叠压一致性要好。

2）铆接紧固。在铁心的合适位置，设置专用通孔，用穿透铆钉铆接紧固。也可在铁心外缘专门设置的扣片槽内用扣片铆接。穿透铆钉也可用压铸来代替。

3）焊接紧固。常用的焊接方法有二氧化碳气体保护焊、氩弧焊、真空电子束焊和接触（压力）焊等。

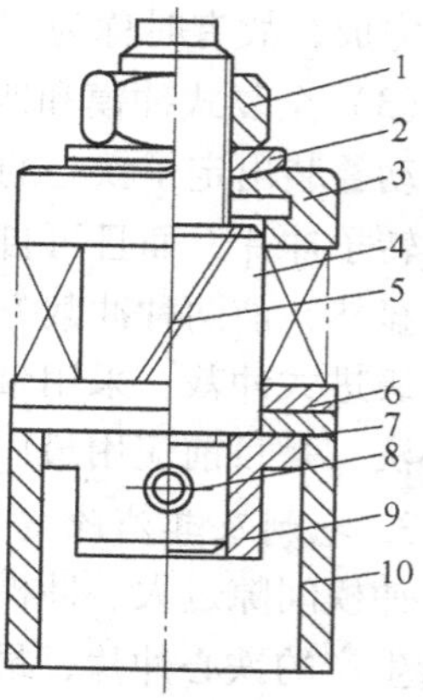

图7-3　定子铁心叠压工具

1—螺母　2—球面垫圈　3—压圈　4—心轴　5—槽键　6—垫板　7—卸料板　8—圆柱销　9—底座　10—卸料环

4）粘结紧固。使用滚胶或浸胶等方法使冲片表面涂一层粘结胶，然后装入叠压心轴，定位夹紧到适当程度，连同夹具一起烘干固化形成铁心。为了提高铁心叠压系数，简化操作，也可以在冲片装入心轴后，在未完全压紧状态下，沿铁心外圈涂胶，待胶液渗入片间空隙后压紧铁心，烘干固化。这种方法多用于精密控制用微特电机小批量生产。

（3）转子铁心的紧固　转子铁心叠压与在轴上的固定常紧密相连，工艺上也常常合并进行。转子铁心叠压与固定主要有两种方法：

一种方法是以冲片外圆及槽口定位，用专门的叠压工装将铁心压紧后直接把轴压入铁心轴孔；另一种方法是冲片内孔以心轴定位，叠压后退掉心轴，再压入转轴。第一种方法对冲片同轴度要求较高，生产效率较高，适用于大批量及自动叠压生产；第二种方法生产效率相对较低，而且外圆不易整齐。

2. 整体式铁心的工艺特点

用电工纯铁镍合金等棒料或锻料形成的整体式铁心，其机械加工性能良好，不仅省去了冲片、叠片等工艺过程，而且容易得到较高的尺寸精度和较高的形状位置精度。应当注意的是，退火处理工序要适当安排，以获得良好的磁性能。这种机械加工形成的铁心，一般情况下材料浪费较大，仅适用于小批量或新产品研制。

粉末压制软磁铁氧体已广泛用于无线电电磁元件中，也可用作磁场变化在几千赫兹频率以上的微特电机的铁心。为了省去冲片的冲裁和叠压的传统工艺，探索新的高效率生产铁心的方法，粉末压制软磁铁心工艺已在不断进行新的开发，并有希望成为定子、转子铁心制造的一个新途径。粉末压制在工艺方法上主要有两种，即粉末冶金法和粉末塑压法。

1）粉末冶金压制法一般是将一定比例的铁粉、镍粉、硅粉等混合均匀，进行退火处理和绝缘处理，然后模压并烧结成型，最后进行磁性能热处理。

2）粉末塑压法是按一定比例将铁粉和少量硅、镍和环氧树脂粉混合，用类似塑料注塑工艺方法，在一定温度下聚合形成铁心。

两种方法的目的都是要得到磁性能好、电阻率高的各种形状尺寸的整体式铁心。要达到这一点，既有材料比例问题，又有工艺方法、工艺规范选取问题，这是个多因素课题，需要不断完善。粉末压制铁心的主要优点是可以大量节省冲裁钢片的工时和材料，使定子、转子铁心的生产类似塑料件压制那样实现高速自动化。

（五）冲片加工的自动化

对于大批量生产的微特电机，冲片及铁心加工的自动化是提高生产效率、保证产品质量和降低产品成本的重要途径。各微特电机生产厂家正在不断提高冲片及铁心加工的自动化水平，其主要方式有两种：

1）采用高速自动冲床和多工位级进式冲模，使用卷料钢片连续冲裁，这是比较先进的方式。这种方式设备结构紧凑、占地面积小、生产效率高，但大型硬质合金多工位级进式冲模设计与制造水平要求高，需要有较大吨位、刚度好、精度高的冲床。

2）各冲床间通过导槽或自动传送装置相连，每台冲床采用单式或复式冲模并连续同步冲裁，组成自动冲裁生产线。这种方式可以利用单台冲床、冲模等，技术要求相对较低。但多台冲床联合生产，占地面积较大，联线较复杂，生产效率也不及前者，适用于一定批量的生产。

以上两种冲片加工自动化方式的实现，都要解决以下几个关键问题：

1）冲床应有足够的重复精度和必要的刚度，振动和噪声要小。这主要取决于机架的刚度、旋转运动部件的平衡及滑块导向的动态精度等。

2）提高模具的制造水平和使用寿命。多工位级进式冲模一般应采用硬质合金材料制造，而且精度应达到微米级甚至更高，使用寿命应在数千万次以上。对联合自动线方式，各冲床和冲模精度、使用寿命应互相协调。

3）送料、出料和废料排出机构应连续稳、简单可靠。送料机构的速度要与冲裁的步距有相应的精度。

三、绕组制造

（一）绕组分类与技术要求

微特电机常用绕组有很多种类。按照绕组的结构型式主要有集中绕组和分布绕组两类，见表7-1。集中绕组用于各类电机的励磁绕组，分布绕组多数用于各类电机的电枢绕组。

此外，绕组还可以按形成方法分为线绕式和非线绕式两类。线绕式绕组主要包括单匝的成型绕组（如大电流的电枢绕组等）和多匝散嵌绕组。非线绕式绕组主要包括铸铝或铜条笼绕组、非磁性杯形转子绕组和盘形印制绕组。尽管绕组种类有很多，但绕组在电机中的作用却基本相同。因此，微特电机绕组的技术要求与普通电机基本相同。

表 7-1　微特电机常用绕组种类和应用

<table>
<tr><th colspan="4">名　称</th><th>应　用</th></tr>
<tr><td colspan="4">集中绕组</td><td>直流/交流换向器电机、单相罩极电机、自整角机的励磁绕组，步进电机的控制绕组，各种凸极铁心绕组</td></tr>
<tr><td rowspan="12">分布绕组</td><td colspan="3">无槽电枢绕组</td><td>无槽电枢直流伺服电机</td></tr>
<tr><td rowspan="6">嵌(绕)线式绕组</td><td rowspan="2">同心式绕组</td><td>等匝绕组</td><td>各种交流电机</td></tr>
<tr><td>不等匝绕组
正弦绕组</td><td>单相异步电动机、旋转变压器、自整角机、移相器等</td></tr>
<tr><td colspan="2">交流整距绕组
交流短距绕组(叠绕组)</td><td>交流电机、自整角机、旋转变压器</td></tr>
<tr><td colspan="2">交流链式绕组</td><td>三相交流电机、自整角机、旋转变压器</td></tr>
<tr><td colspan="2">定子环形绕组</td><td>单相、三相定子塑封电机</td></tr>
<tr><td colspan="2">直流叠绕组、波绕组</td><td>直流、交流换向器电机电枢绕组</td></tr>
<tr><td rowspan="3">无铁心绕组</td><td colspan="2">绕线空心杯</td><td>永磁直流空心杯伺服电动机</td></tr>
<tr><td colspan="2">线绕盘形绕组
冲制盘形绕组</td><td>盘形电机</td></tr>
<tr><td colspan="2">印制绕组</td><td>盘形电机、感应同步器</td></tr>
<tr><td rowspan="2">短路绕组</td><td colspan="2">铸铝、铜条笼型绕组</td><td>单相、两相、三相异步电动机</td></tr>
<tr><td colspan="2">非磁性金属转子杯</td><td>交流测速发电机、两相交流伺服电动机</td></tr>
</table>

（二）绕组的绕制与嵌线工艺

微特电机绕组的绕制与嵌线工艺过程与普通电机基本相同，但微特电机由于受尺寸限制，有结构紧凑、绕组导线细、匝数多、槽满率高、端部尺寸要求严格等特点。因此，在某些电机中首先绕成圆形绕组，然后拉成所需形状进行嵌线。

嵌线时必须保证环境清洁，严防杂物或金属屑等混入铁心槽内及绕组内。嵌线过程中不得用力过量，拉线时应尽量使绕组各匝受力均匀，以防导线拉断或拉细。嵌线后的绕组端部需用专用工具进行整形。整形时，压力不能太大，以免引起匝间短路。对于批量生产的微特电机，应设计专用设备进行自动绕线与嵌线，以提高生产教效率。

（三）绕组的绝缘处理

在微特电机制造中，绕组的绝缘处理方法有浸渍和浇注两种。浸渍工艺与普通电机绕组绝缘处理工艺相同，可分为普通沉浸、真空浸渍、真空压力浸渍和滴浸。其中，真空压力浸渍质量较好，应用较广。浇注绝缘结构具有结构紧凑、坚固、整体密封、防潮、防腐蚀、防振、耐热、耐寒及绝缘性能好等优点，在微特电机绕组制造中越来越被广泛采用。但在浇注过程中必须针对不同的浇注结构及技术要求，选用合适的浇注配方和工艺方法，并配备一定的工艺装备，否则会产生浇注层裂纹、断层、气孔等质量问题，严重影响绕组的性能。

四、机械加工

（一）机械加工的技术要求

微特电机的机械加工件主要有转轴和转子组件、机壳和定子组件以及端盖等三类。它们的机械加工技术要求，既有一般机械加工的要求，也有一些特殊要求，主要包括：

1. 保证气隙的均匀性

当定子内圆和转子外圆两个圆柱体的轴线不重合时（即电机存在偏心时），电机的气隙就不均匀。对多数微特电机来说，轴的刚度是足够的，转子重量引起的挠度可以忽略，这样气隙的均匀性就完全决定于有关零部件的尺寸偏差和形位偏差。如图7-4所示，表示一台微特电机定子、转子铁心的尺寸关系。

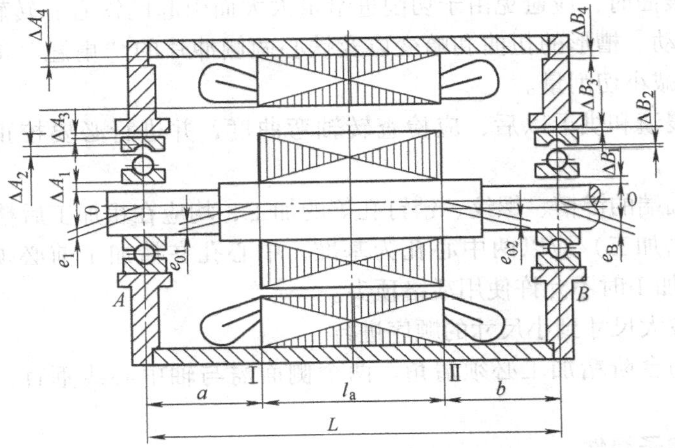

图7-4 微特电机定子、转子铁心的尺寸关系

为了减小偏心，提高气隙的均匀度，必须采用比较精密的配合和较小的径向圆跳动量。减小尺寸偏差和形位偏差，势必对机械加工提出较高的技术要求。有些微特电机（如步进电机、变流伺服机、自整角机等）气隙很小，并常由机械加工工艺允许值决定；有的可小到单边气隙 0.025mm，相应的零部件配合面的尺寸和圆跳动偏差要求最小达 0.001～0.002mm。

2. 防止零部件加工后变形

微特电机转轴较细，机壳端面都是薄壁件，它们的刚度较差，因此，结构设计时应考虑在装夹和加工时可能产生的变形，防止尺寸超差产生废品。为此，一方面要合理选择材料和壁厚等参数，另一方面要合理选择加工时定位和夹紧方式。

3. 保证导磁零部件的对称

对于导磁零部件，如磁极、定子/转子铁心、导磁机壳和导磁转轴等，在材料选择和结构设计上，应力求使磁路对称，便于工艺保证。在加工方面，应考虑不使切削量和切削力过大，防止变形量过大或产生较大的切削应力，降低导磁性能，增大铁心损耗。

4. 不使绝缘零部件的电气绝缘性能恶化

进行结构设计时或加工时，应采取恰当防护措施，使绝缘体不接触加工用冷却液，不使金属粉末、金属屑的污染和侵入，避免绝缘性能下降或损坏绝缘体。

还应注意定子、转子组件材料的多样性，包括有色金属件、不锈钢件、软磁材料叠片、永磁体、塑压件和粉末冶金件等，注意它们各自的切削加工的特殊性。

（二）转轴和转子的加工

1. 转轴的加工

微特电机转轴可分为台阶轴（有中心孔）和光轴（无中心孔）两类。台阶轴的加工工艺与小型电机基本相同。光轴的主要工艺过程如下：

校直→下料→平端面→调制处理→粗磨→热处理→校直→精磨→检查等。

2. 转子组件加工特点

转子组件由铁心、绕组、转轴、换向器等组合而成，其加工工艺与小型电机基本相同，但还需注意以下几个问题：

1）粗车铁心表面时，应避免由于切削进给量太大而引起的铁心和转轴的弯曲变形、铁心冲片与转轴的松动、槽形的扭曲和畸变以及铁心两侧冲片的“扇翘”等。可采用专门的铁心夹装工具，以减小切削量。

2）在绕线、浸渍和烘干以后，应检查转轴弯曲度，并进行必要校正，然后再进行精加工。

3）转子组件轴端的键槽、螺纹、销钉孔等的加工，均应在粗加工后精加工前进行。

4）精加工（磨加工）应以两中心孔为基准，中心孔在精加工前必须研磨，使孔内光滑、角度正确。精加工时不允许使用活络顶尖。

5）精加工应按大尺寸到小尺寸的顺序进行。

6）两轴承段的台阶精加工必须清角。两个侧面需与轴中心线垂直，以保证轴定位精确性。

（三）机壳和定子组件

1. 机壳加工特点

机壳的机械切削加工主要有车削机壳内孔和止口，车削外圆及安装用止口和端面，钻削固定孔，攻螺纹，有底座时还需加工底脚平面和固定孔等。为了实现这些加工要求，可以先加工机壳内孔和止口，后加工底脚平面或安装尺寸；也可以先加工底脚平面或安装尺寸，再加工机壳内孔和止口。这两种方法各有优缺点，可以根据生产条件合理选用。选用时，应当注意解决好保证机壳内孔对两端止口的同轴度，以及机壳的变形问题；合理选用装夹方式，严格控制切削用量，适当安排热处理工序，使变形量减小，保证尺寸精度和形位公差要求。

有的机壳最后机械加工是在压入铁心后，甚至在定子绕组浸渍处理后完成的，这时应和定子组件工艺过程统一考虑。

2. 定子组件的工艺特点

（1）工艺过程　对装配式定子组件，基本工艺过程包括：压装铁心于机壳内→以铁心内孔定位半精车机壳外圆和止口→嵌线→浸渍处理→粗磨内孔→表面涂覆处理→以铁心内孔定位精车机壳外圆和止口。

对压铸机壳定子组件，基本工艺过程包括：压铸机壳→以铁心内孔定位粗车外圆和止口→精车（磨）铁心内圆→嵌线接线→浸渍处理→以内孔定位精车止口和外圆或者压铸机壳→精车（磨）铁心内圆→以内圆定位精车外圆及止口→嵌线接线→浸渍处理。

（2）定于组件的工艺特点　微特电机气隙一般较小，多数需要精车（磨）内孔。这道工序的进行，应特别注意定子组件装夹对同轴度的影响。宜采用塑料胀胎夹具（对较小尺寸）或软爪自定心卡盘（对较大尺寸）。夹具本身和机床设备应有足够的精度，否则会使定子组件轴线偏心，造成磁路不对称，特别是小气隙的电机，影响尤为严重。

精磨铁心内孔时，砂轮的行程以露出铁心的距离为砂轮本身轴向长度的1/2～2/3为好，以防铁心内圆两端形成喇叭口或有锥度。精车止口通常是定子组件加工的最后精加工工序。

为了保证加工精度，应特别注意机床、夹具等的同轴度。对气隙特别小的微特电机，可以将定子组件套在带锥度的芯棒上进行精车，利用芯棒两端中心孔定位夹紧，锥度芯棒上的锥度可取为150 ：0.03。

通孔式结构定子组件一般通过浇注绝缘，将定子组件和端盖胶结成一体，后续工艺可以有不同的加工方案。

（四）端盖的加工

用拉伸和冲压成形的端盖，一般不需要再进行机械切削加工。铸造和型材成型的端盖，其机械加工主要是车削和钻孔等，其基本工艺要点是保证端盖轴承室内孔与止口表面的同轴度。应特别注意的是加工后端盖的变形量不超差。其工艺要点有：

1）对压铸铝合金及其他铸造端盖应进行时效处理，消除内部应力，减小变形。

2）应当减小切削用量，特别是精车加工时，切削量小，夹紧力尽可能小，从而减小端面变形量。一般应将粗车、精车加工分开进行，以提高生产效率。

3）为防止端盖装夹和加工以后变形而超差，需选用合理的定位装夹方式。如常用的软爪自定心卡盘径向定位夹紧、径向夹箍定位夹紧、径向定位轴向压紧法等。

4）端盖止口和轴承室内孔的精加工可以有两种工艺方案：一种是一次装夹，同时精车止口和轴承室内孔方案；另一种是两次装夹，分别精车止口和轴承室内孔方案。它们各有优缺点，适用范围也不同，可合理选用。

① 一次装夹，同时精车止口和轴承室内孔。止口和轴承室内孔的同轴度高，止口平面对中心线的垂直度也好。此外工艺过程短，所需辅助时间也短，适用于端盖的深度尺寸小、轴承室内孔尺寸较大、刚度较好的情况，如圆盘形端盖等。

② 两次装夹，分别精车止口和轴承室内孔。这种方案比较适合于深度尺寸大、轴承内孔小的端盖（如碗形端盖等），但需尽量消除两次装夹产生的定位装夹误差，以保证止口和轴承室内孔的同轴度要求。采用两次装夹的方案，最好以止口径向定位、轴向压紧的装夹方式进行，以防零件受径向压紧力而变形。

5）径向尺寸精度的控制，关键是止口和轴承室内孔尺寸。特别是轴承室内孔尺寸，一般为IT6级精度，较难控制。可以采用高精度车床，或在机床上安装直线感应同步器精密测距数显装置来控制，使径向尺寸偏差控制在0.002～0.005mm或更小。

轴承室最后的精加工也可以采用精确的钢球挤压轴承孔的办法。挤压前轴承孔留有0.01～0.02mm的余量。有时可以连续挤压两次达到公差要求，挤压时应加润滑油。这种方法多用于无衬套的铝制端盖或铁板冲制端盖，采用这种方法可以减小轴承孔内表面的粗糙度值，提高表面的质密度，保证轴承孔尺寸有比较稳定的数值。

6）轴向尺寸的控制，关键是止口端面和轴承室挡肩之间的轴向尺寸，也可以采用直线感应同步器精密测距数显装置控制机床来达到。

7）端盖上的钻孔、攻螺纹、铣削等工序应在粗车之后、精车之前进行，以防影响和破坏精加工后的尺寸精度和形位公差。钻孔加工都应有钻模定位压紧，孔洞也可在压铸和冲制时形成。

8）尺寸的测量应尽量采用气动测量等各种无损检测法，以保持加工精度和表面粗糙度。

9）对刚度较好的端盖，可以采用组合刀具或多刀多刃进行加工，以提高生产率。

（五）机械加工自动化

如前所述，机械加工量在微特电机生产中占有相当的比重。微特电机性能和工作准确度的不断提高，对机械加工技术提出了更高的要求，其核心问题是如何进一步实现高效率、低成本的生产。目前，微特电机机械加工正向以下几个方面发展：

1）加工设备向各种半自动化机床、组合机床以及微处理机控制加工等方面发展。

2）加工要求向高精度、低粗糙度值方向发展。

3）加工方法向无切削、少切削、高效率的生产方向发展（如冷冲压、拉伸、挤压、滚压），向提高配件精度、减小加工余量方向发展。

五、电机装配

（一）微特电机装配工艺的特点

微特电机装配的特点主要由使用要求和结构特征决定的，主要有：

1）所有零件都应具有互换性。即要求结构设计时，每个零件都应有明确的尺寸、形位公差及表面粗糙度要求，这是保证微特电机产品质量的基础。有些比较精密的微特电机零部件完全互换不能满足要求时，需分组装配。

2）保证轴类装配质量。轴类装配对电机使用寿命、噪声、静摩擦、温升等影响极大。各类电机对轴类精度与安装要求各不相同，应当有明确的规定，工艺上要切实保证。

3）保证定子、转子的同轴度和端盖轴承安装的垂直度。必要时，在装配过程中可增加装配同轴度和垂直度的检查。

4）保证转子的静平衡和动平衡要求。因为动、静不平衡均使电机工作时产生附加力矩，轻者有振动、噪声，重者可能出现扫膛、共振等。因此需要专门设备仔细校正。

5）保证滑动接触和导电接触的可靠性。换向器、集电环与电刷的滑动接触，稳速机构的触点接触，必须安装调整到位置正确、压力适中、表面粗糙度达到预定要求。另外，电刷磨合接触面积、另外，电刷压力及其可调范围、接触电阻等都应予以保证。

6）应特别注意轻小、薄壁零件的不变形、不受损伤。微特电机轻小零件和薄壁件很多，刚度差、易变形。加工和装配时，必须采用专门的工具传送、转运和保存，特别是空心杯转子等。不允许使其受到不应有的外力，引起变形或损伤。

此外，装配工艺路线应与生产批量相适应。对大批量生产的微特电机，可以流水作业装配，装配过程分得很细，逐个工序保证质量。对多品种、小批量产品，宜采用成组工艺装配，常分成定子、转子、刷架、电子电路板、调速器和总装配工艺，可制定统一的专用工艺规程，同时包括各产品的具体要求。这样便于保证质量，必要时可增加中间检验工序。

装配过程的工艺环境对产品质量影响很大。部分微特电机属于精密机械，结构紧密精巧，定子、转子气隙和轴向、径向间隙很小，对环境条件十分敏感。装配时，环境的清洁卫生条件直接影响电机性能、可靠性、电气绝缘强度及噪声等。装配车间或工作室内应有空调、吸尘和防尘等设备。

（二）轴承组件结构及其装配

微特电机常用的是滚动轴承和滑动轴承两类。在特殊微特电机（如平台用力矩电机等）中还应用气浮轴承等。这里主要介绍大量应用的滚动轴承和固体滑动轴承。

1）滚动轴承结构简单，标准化程度高，适应范围广，在微特电机中得到了最广泛的应用。为使轴承可靠地工作，安装轴承的部位或组件结构设计时，必须满足如下主要技术要求：使轴承内外圈有足够的同轴度而不倾斜；保证轴承径向和轴向间隙的数值范围；在各种允许的工作状态下，保持轴承的工作温度在允许范围内；保证轴承在工作中有良好的润滑；防止灰尘和脏物进入轴承，破坏润滑，引起腐蚀；便于安装和维护。

2）微特电机所用的滑动轴承几乎都是粉末烧结压制的含油轴承。含油轴承是有弥散孔隙的海绵状烧结体，可将润滑油浸入轴承体互相贯通的孔隙内。转轴转动后，转轴与轴承表面摩擦发热，使润滑油黏度降低、体积胀大。浸润到滑动表面，当转轴有一定转速时，转轴与轴承间因润滑液体的流动，产生抽真空现象，润滑油有从孔隙中被吸出的作用。这种作用常与孔隙对润滑油的毛细作用共存，能使转轴与轴承表面之间形成一层运动状态的油膜，起连续润滑作用。微特电机中常用的含油轴承有铁基、铜基和铁铜基三类。

轴承安装是微特电机装配的重要一环，必须精心制定轴承安装的工艺规程，并严格执行。轴承安装时，场地和工具必须清洁卫生，必须采取防污、防尘措施；应保证轴承内孔与轴中心线重合，防止两中心线歪斜；电机前、后端盖装到机壳上以后，两个轴承的不同轴度应小于轴承径向游隙 e_r 的 1/3～1/2；应使轴承基准面（不打字端面）紧靠轴肩；应通过内圈侧面均匀受力压装到轴承档上，防止滚珠与滚道之间受力过大而损伤；应防止用锤击等冲击力安装。

为了保证安装质量、提高生产率，安装一般应在专用设备上通过压装工具进行，并应有良好的定位基准，避免造成压痕或变形。具体压装时又有热套和冷压等不同方法。

（三）电刷组件的结构和装配

微特电机使用的电刷及其压紧弹簧有多种形式，主要有石墨类电刷，配以各种压紧弹簧组件，以及丝片状弹簧电刷等。

由于石墨类电刷有一定截面积和高度，所以多数需要设置刷盒、弹簧、刷握等，并将它们固定在端盖上。常把电刷和固定电刷的刷盒、弹簧、刷握等部件的总体叫作电刷组件。电刷组件既要准确保证电刷在换向器或集电环上的位置，又要保证电刷与换向器或集电环的活动接触稳定可靠。因此，结构上常需精心设计和加工，安装要求也较高。

（四）装配质量检查

为了保证产品质量，在部件装配和总装配过程中，需逐台进行装配质量检查。在总装检查合格后，再通过产品性能和质量的试验检查，合格产品包装出厂。

微特电机结构精密、精度要求高，装配质量直接影响电机性能。因此，许多产品随着装配过程的进行，需随时进行质量检查；有时还需要边测试边调整，才能达到指标。装配时应有必要的测试设备。微特电机装配质量检查主要项目有：外形和外观、轴向间隙、轴伸径向圆跳动、安装配合面及配合面端面圆跳动、转动灵活性及摩擦力矩等。电气方面的质量检查项目有测量绕组直流电阻、测量绕组的绝缘电阻、检查绝缘介电强度、检查接线正确性及旋转方向等。主要质量检查项目说明如下：

1. 轴向间隙和径向间隙的检查

轴向间隙和径向间隙的具体数值需用专门的测量设备测量。

2. 轴伸及其他部件圆跳动的测量

微特电机的轴伸端、外壳、换向器或集电环表面常有轴线圆跳动量的要求，一般用指示表检查。

3. 轴承的摩擦力矩的检查

轴承的摩擦力矩检查应采用专用的检查指针进行检查。对不同规格的电机，检查指针有相应的规格。

4. 电刷压力的检查

对有换向器、集电环和电刷的滑动接触电机，需对电刷的压力进行测量。电刷压力应在规定的范围之内，过大或过小都对电机性能和使用寿命有严重影响。采用专用测力计，配以简单的脱离接触的指示灯，即可测出电刷弹簧压力具体指数。

（五）微特电机装配自动化

微特电机装配生产的形式主要决定于产品结构和产品的批量。新技术的应用，例如专用设备和自动化技术等，对装配形式也有很大影响。特别是电子计算机用于装配过程的控制，可使装配生产实现完全的自动化。

装配生产形式可分为有人工操作装配和无人工操作装配两种。由于微特电机综合了精密机械、仪器仪表和电子电路等方面的内容，专业性生产和装配种类繁多，所以绝大部分微特电机的装配为有人工操作装配。

1. 有人工操作装配

在有人工操作装配形式中，又有产品固定式装配和人工控制自动机装配等方式。目前，在国内有人工操作装配的产品，固定式装配方式占多数。

（1）工序集中的固定式装配　对于多品种、小批量的微型控制电机，采用手工装配为主的固定作业法。装配中，使用一定的装配夹具、电动工具、检查测试设备等。操作者在固定地点（班、组）完成组件装配和总装配的全部工序。这种方式要求操作者技术水平较高，有一定的装配工作场地，一般装配周期也较长。

（2）工序分散的固定式装配　这种方式仍以人工操作为主，但把装配过程分为若干组件装配和最后总装配，分别形成组件和总装生产线，并通过传送带或人工传送。这种方式把装配工序分散在各组件和总装流水线上，使用的专用电动工具和气动、液压设备较多。操作者按工序排列，每个或几个操作者只完成装配中的一个工序，包括中间的检验与测试工序。这种方式需要操作者对单一性操作有比较熟练的技术，生产效率较高，车间单位面积产量也较高。

这种工序分散的固定式装配方式，广泛用于各种成批微特电机的生产，包括家用电器用微特电机、驱动微特电机和部分控制微特电机。

（3）人工控制自动机装配　人工控制自动机装配以自动化或半自动化的专用自动机装配为主，但个别工序依靠人工操作或控制。因此，自动机工作时，人不能离开，有的要进行人工上料和人工检测。装配微特电机专用的自动机有转台式、自由循环式和积木式。

这种用自动机装配的人工操作较简单，装配质量较好，生产效率较高，但设备原始投资较大，并需专门的机器调试和检修人员。这种装配方式，比较适于单一品种、高效率、大批量生产，如交流罩极电机、洗衣机电机和录音机电机的装配等。

2. 无人工操作装配

随着科学技术的发展，在单一自动化基础上应用计算机控制，把部件、主件装配生产过程自动化，零部件和生产运输自动化，成品检测自动化等串联成线，实现无人操作的自动化装配。把直接或间接影响产品性能因素都包括在自动化的范围内考虑，全部工序都由机器完成。产品装配和检测可通过自动监测、自动记录、数字显示、打印、故障报警等方式进行管理。

在技术先进的国家中，对于部分批量大的工业和民用产品（如伺服电动机、钟表电动机、玩具电动机等）采用无人操作的全自动装配生产，其生产效率很高，但专用设备用量及原始投资都较大。

附 录

附录 A 电机部分零部件外观质量检验图

零部件名称	外质量检验图	主要要求
定子压圈		1. 表面洁净,无脚印、无油污、无锈蚀 2. 加工表面粗糙度满足图样要求 3. 钻孔按图样要求倒角、无毛刺、洁净 4. 图号标识清晰 5. 螺纹孔按图样要求倒角,无毛刺,洁净
风扇		1. 图号、工号标识清晰 2. 安装孔无毛刺、无切屑、无堵塞 3. 表面油漆无破损、无漆瘤、无焊渣 4. 风扇边缘倒角,无毛刺 5. 风扇叶片无变形、无磕碰、无松动 6. 所有焊缝饱满、平整。搭接处无漏焊、无焊渣

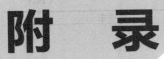

（续）

零部件名称	外质量检验图	主要要求
加热器布线		1. 螺母必须拧紧到位，加热器接线接触良好 2. 加热器管表面无油漆等异物 3. 焊接必须牢固，焊渣必须清理干净
底板		1. 工面已涂油，无锈蚀、无磕碰，粗糙度符合要求 2. 孔内无毛刺、无切屑，边缘倒角 3. 螺孔内无切屑、无毛刺，支柱无变形、无磕碰 4. 工号、图号、供应公司检验标识清晰 5. 安装孔无毛刺、无切屑，边缘倒角 6. 所有焊缝饱满，无漏焊、无焊渣
绝缘轴套		1. 加工表面涂油均匀、洁净，加工表面粗糙度满足图样要求 2. 钻孔按图样要求倒角，无毛刺、无磕碰 3. 按图样要求倒角到位、无毛刺、无磕碰 4. 图号标识清晰 5. 表面洁净，无脚印、无油污、无锈蚀、油漆均匀，无留挂、无漆瘤 6. 状态标识清晰
玻璃钢外风罩	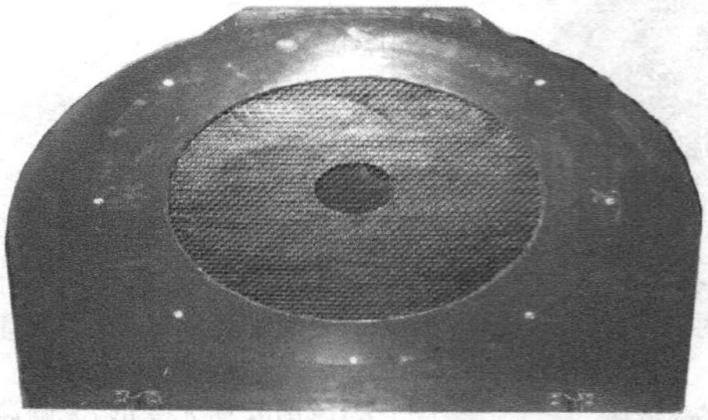	1. 盖板螺栓无缺失，且已紧固 2. 网罩完好，无破损、变形 3. 拼焊位置无焊渣，焊缝均匀，无漏焊 4. 表面油漆均匀，无漆瘤、无磕碰，且洁净
空水冷却器		1. 工号、图号、进出水法兰标识清晰 2. 表面清洁、油漆均匀，无油污、无留挂、无漆瘤 3. 法兰盘螺栓、橡皮配合完好 4. 散热管、散热片完好、无磕碰和损伤

（续）

零部件名称	外质量检验图	主要要求
空空冷却器	   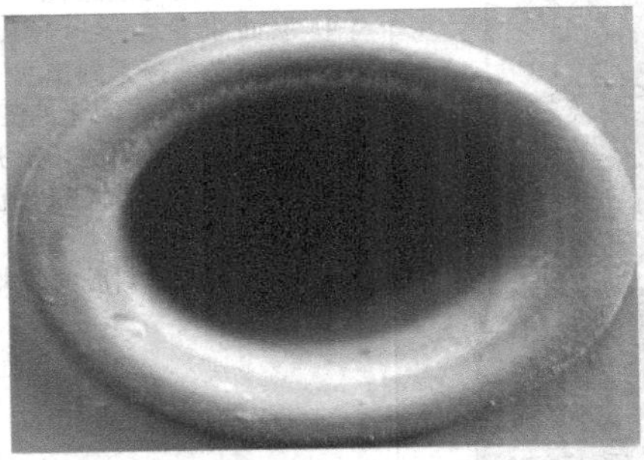	1. 图号、厂家、工号标识清晰 2. 拐角处圆润，无磕碰 3. 管无变形，且用手摸，管无松动 4. 表面洁净、无脚印，且油漆无损伤、无形变 5. 钻孔按图样要求，倒角，无毛刺、无形变 6. 通风管尾部排列有序，无漏管现象 7. 搭扣无变形，且无毛刺、无漏焊 8. 通风管端部饱满 9. 管内无异物

（续）

零部件名称	外质量检验图	主要要求
出线盒	  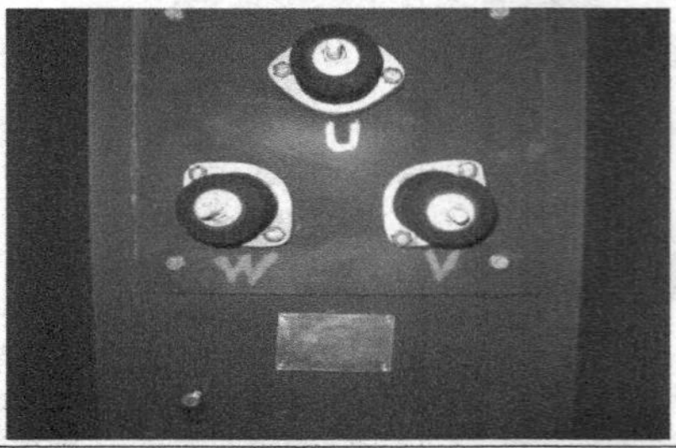	1. 吊装螺孔完好，无毛刺、无堵塞 2. 扶手安装牢固，无松动 3. 工号、图号、厂家标识清晰，无污损 4. 安全标识清晰，无污损 5. 盖板安装密闭，无间隙 6. 表面油漆均匀，无漆瘤、无焊渣、无起泡 7. 绝缘子无破损、漏装，且安装牢固 8. 出线盒内三相标识清晰、正确 9. 有接地标识螺栓 10. 边缘倒角无毛刺，焊缝无开裂、无虚焊 11. 焊接处无焊渣、无漏焊，焊缝饱满 12. 安装孔无毛刺、无盲孔
热筋电机油漆	 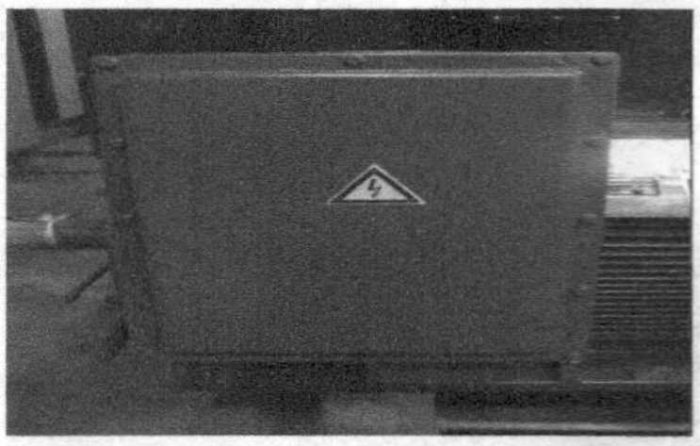 	1. 整体油漆无磕碰，漆面无损伤，洁净 2. 铭牌清晰，表面无油漆等异物 3. 吊攀表面无油漆，洁净、光亮 4. 底面油漆无漏红现象，洁净 5. 螺钉必须拧紧到位 6. 标识清晰，表面无油漆等异物 7. 密封橡胶必须剪切整齐，符合要求 8. 散热槽内无漏红和流挂现象，油漆均匀，洁净 9. 端盖涂的密封胶必须均匀无流挂

（续）

零部件名称	外质量检验图	主要要求
钢出线盒		1. 盖板安装孔无盲孔、无毛刺 2. 表面油漆均匀，无漆瘤、无夹渣、无磕碰，且洁净 3. 警示标识清晰，无污损 4. 安装孔无盲孔、无毛刺，且螺纹套安装牢固 5. 绝缘子无破损、无漏装 6. 出线盒内三相标识清晰、正确 7. 出线盒内壁油漆均匀，表面洁净 8. 拐角处圆滑，无毛刺、无开裂 9. 海绵橡胶无缺失、无缺损、无变形
YJK 电机尾罩		1. 吊耳无变形，且焊接处无焊渣、无漏焊 2. 图号、工号、厂家标识清晰 3. 表面油漆均匀，无漆瘤、无磕碰 4. 网罩完好，无破损、无变形 5. 安装孔无毛刺、无盲孔 6. 所有搭接处无漏焊、无焊渣，焊缝均匀、平整 7. 边缘无毛刺、无卷边

（续）

零部件名称	外质量检验图	主要要求
轴承内盖	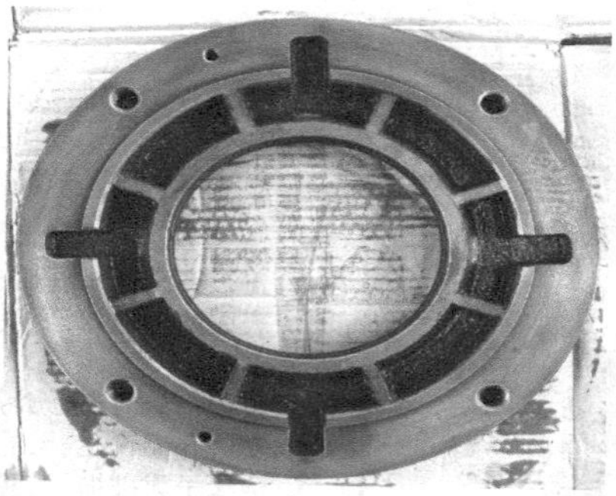	1. 丝孔无毛刺、无油泥，清理干净 2. 表面洁净，无油污、无锈蚀 3. 加工表面涂油均匀，洁净 4. 图号标识清晰 5. 表面清理无夹渣、无铸件缺陷 6. 表面油漆均匀，无留挂、无漆瘤 7. 加工表面粗糙度满足图样要求 8. 按图样要求倒角到位，无毛刺
轴承外盖		1. 加工表面粗糙度满足图样要求 2. 加工表面涂油均匀，洁净 3. 外圆按图样要求倒角到位，无毛刺 4. 表面清理无夹渣、无铸件缺陷 5. 加工表面粗糙度满足图样要求 6. 表面油漆均匀，无留挂、无漆瘤 7. 螺纹孔内无金属屑、油污清理干净倒角无毛刺 8. 加工表面涂油均匀，洁净 9. 钻孔按图样要求倒角，无毛刺 10. 表面洁净，无油污、无锈蚀
滑动轴承装配		1. 甩油环内、外光滑完好 2. 封油环安装结合完好 3. 瓦面清洁、干净，接合面光滑 4. 上下瓦结合螺孔、定位销孔完好
轴套		1. 钻孔要求倒角，无毛刺，孔内洁净 2. 图号标识清晰 3. 加工表面涂油均匀，洁净 4. 表面洁净，无脚印、无油污、无锈蚀 5. 实物表面无磕碰

（续）

零部件名称	外质量检验图	主要要求
转子压圈		1. 加工表面粗糙度满足图样要求 2. 表面洁净，无脚印、无油污、无锈蚀 3. 加工表面涂油均匀，洁净 4. 钻孔按图样要求倒角，无毛刺 5. 图号标识清晰 6. 按图样要求倒角到位，无毛刺 7. 表面油漆均匀，无留挂、无漆瘤
转子嵌线过程	       	1. 表面无磕碰，叠片整齐，通风槽内无异物、无堵塞现象 2. 所有孔内无铁心、无异物、无烂牙，加工面无磕碰、无切屑 3. 电缆线出线孔边缘无毛刺，孔内无切屑、无异物 4. 转轴油漆均匀，无漆瘤、无焊渣 5. 槽内无切屑、无毛刺、无异物 6. 紧固螺母已紧固，且有弹簧点评 7. 部件有合格证，且标识清晰 8. 检查转轴上关键部位是否磕碰 9. 检查并头套安装后端面的整齐度 10. 落入支架内、转轴上的石棉泥是否在本工序完工后清理干净 11. 焊接并头套前按要求将石棉泥进行防护，但不允许石棉泥进入铁心槽内 12. 并头焊接后，检查焊接处是否饱满，有无漏焊 13. 检查绝缘包扎处有无烧坏的迹象 14. 检查包扎绝缘后端部整齐度、一致度 15. 检查包扎是否均匀 16. 检查紧固件是否有弹簧点评，且已拧紧 17. 检查拐弯处绝缘有无破损 18. 嵌线完毕浸漆后效果

（续）

零部件名称	外质量检验图	主要要求
定子嵌线	   	1. 表面洁净，无油污 2. 端部绑扎整齐、美观、紧凑 3. 端箍绑扎美观、牢固 4. 线圈端部整齐 5. 电缆线绑扎牢固，相序色标清晰 6. 测温元件按二次布线要求布线，相序标识清晰 7. 两端槽楔及楔下垫条伸出铁心一致 8. 并头连线布线美观合理，绑扎牢固 9. 电缆悬挂保护 10. 线圈端部间隙均匀
端盖		1. 加工表面粗糙度满足图样要求 2. 按图样要求倒角到位，无毛刺 3. 加工表面涂油均匀，洁净 4. 表面洁净，无脚印、无油污、无锈蚀 5. 加工表面粗糙度满足图样要求 6. 钻孔按图样要求倒角，无毛刺 7. 表面油漆均匀，无留挂、无漆瘤 8. 钻孔按图样要求倒角，无毛刺 9. 图号标识清晰
转轴	 	1. 各加工档位表面无油污、无锈蚀、无磕碰、涂油均匀，表面粗糙度满足图样要求 2. 键槽内无油污、无锈蚀、无磕碰、无台阶，涂油均匀，表面粗糙度满足图样要求 3. 各铁芯档位表面无油污、无锈蚀、无磕碰，涂油均匀，表面粗糙度满足图样要求 4. 表面油漆均匀，无留挂、无漆瘤，涂油均匀，洁净，无脚印、无油污、无锈蚀

（续）

零部件名称	外质量检验图	主要要求
机座	  	1. 加工表面粗糙度满足图样要求，无磕碰 2. 工号、编号、图号标识清晰 3. 按图样要求倒角到位，无毛刺 4. 加工表面涂油均匀，洁净 5. 所有孔按图样要求倒角，无毛刺 6. 表面油漆均匀，无留挂、无漆瘤，表面洁净，无脚印、无油污、无锈蚀等异物 7. 加工表面粗糙度满足图样要求，无磕碰 8. 焊线美观、平整，无焊渣 9. 加工表面粗糙度满足图样要求，无磕碰 10. 机座内腔表面油漆均匀，无留挂、无漆瘤表面洁净，无脚印、无油污、无锈蚀、无异物 11. 上、下加工表面粗糙度满足图样要求，无磕碰和锈蚀 12. 焊线美观、平整，无虚焊、无焊渣
定子铁心	 	1. 表面洁净，无油污、无锈蚀 2. 加工表面粗糙度满足图样要求 3. 按图样要求倒角到位，无毛刺 4. 图号合格标识清晰 5. 槽形符合图样要求，无油污，洁净，无磕碰 6. 通风槽板焊点牢固无焊渣，表面油漆均匀 7. 钻孔按图样要求倒角，无毛刺 8. 焊缝必须清理干净，无焊籽油污 9. 压圈表面无油污，洁净，无磕碰 10. 铁心表面无油污，洁净，无磕碰 11. 筋表面无油污，洁净，无磕碰

附录 B　电动机检查试验记录

表 B-1　三相异步电动机检查试验记录

绝缘电阻 MΩ		直流电阻测定(　　)℃(　　)%			测温元件			加热器检查
U1 V1-W1-GND		定子绕组	U1-V1(U1)		对地绝缘		MΩ	kW
V1 U1-W1-GND			V1-W1(V1)		冷却器	个	Ω	V
W1 U1-V1-GND			W1-U1(W1)		定子	个	Ω	Ω
UVW-GND		定(转)子绕组	K1-L1		推瓦(T)	个	Ω	MΩ
KLM-GND			L1-M1		导瓦(非传动端)			个　Ω
吸收比			M1-K1		下轴承(传动端)			个　Ω

极化指数		堵转试验				空载试验			
电压比测量		f/Hz				f/Hz			
		U_K/V				U/V			
定子	V	I_{KU}/A				I_{OU}/A			
转子	V	I_{KV}/A				I_{OV}/A			
轴电动势		I_{KW}/A				I_{OW}/A			
	V	P_K/kW				P_O/kW			

1.3U_N 匝间试验 3min		结论(　　)格	
1.2N_N 超速试验 2min		结论(　　)格	
磁力标牌是否对齐？(　　)Y/N			
交流耐压试验 1min			

U、V、W-相间	V	后	MΩ	结论(　　)格
U、V、W-地	V	后	MΩ	结论(　　)格
转子-地	V	后	MΩ	结论(　　)格
加热器-地	V	后	MΩ	结论(　　)格
定子测温元件-地			MΩ	个　　Ω

空载运行时间(　　)h					
下轴承(传动端)	℃	导瓦(非传动端)	℃	推瓦	℃

DC 泄漏：　V					
U-地	μA	V-地	μA	W-地	μA
结论(　　)格					

振动测量

示意图

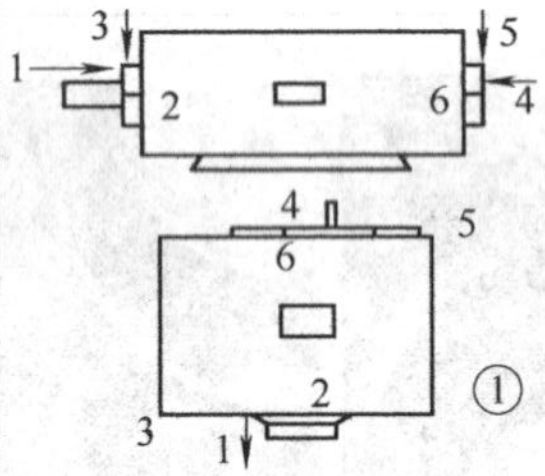

卧式 H(立式 S)

U	mm/s	mm	m/s²
1			
2			
3			
4			
5			
6			

噪声测量　　单位:dB(A)

示意图

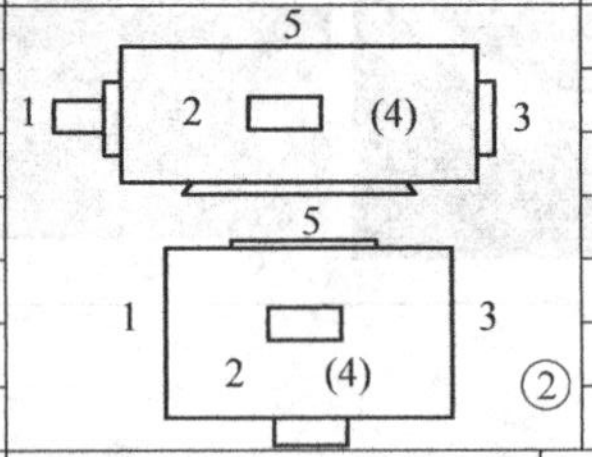

Hz			
1			
2			
3			
4			
5			
6			
7			

环境噪声	dB(A)
声压级 LP/[dB(A)]	
声功率级 LW/[dB(A)]	

表 B-2　三相异步电动机型式试验记录

空载试验

电压 1	电压 2	电压 3	电流	功率	频率	R_0

冷态直流电阻			室温
定子	U1 V1(U)		
	V1 W1(V)		
	W1 U1(W)		
转子	K1 L1		
	L1 M1		
	M1 K1		

定子热电阻	次别	电阻	时间	温度
	1			
	2			
	3			
	4			
	5			
	6			

转子热电阻	次别	电阻	时间	温度
	1			
	2			
	3			
	4			
	5			
	6			

堵转试验

电压	电流 1	电流 2	电流 3	功率	R_0

低频堵转

f/Hz	电压	电流	功率	R_0	
					120% 额定最高转速 2min(　　)格
					176% 短时过电流 15s(　　)格
					130% 短时过电压 3min(　　)格
					160% 短时过转矩 15s(　　)格

温升试验

时间	电压	电流	功率	线圈		电刷	集电环	铁心	机壳	进(水)风	进(水)风	推(前)/导(后)/下轴承	内进风	内出风	水量	室温

直接负载

被试机							陪试机			
f/Hz	转速	电压	电流	cosφ	功率	R_0	电压	电流	功率	R_0

耐压试验				绝缘电阻		
	定子相间	V	s		定子相间(前/后)	/
	转子相间	V	s		转子相间(前/后)	/
	定子对地	V	s		定子对地(前/后)	/
	转子对地	V	s		转子对地(前/后)	/

备注	

噪声测定
Lp[db(A)]
环境噪声　dB
1(　)　4(　)
2(　)　5(　)
3(　)　6(　)

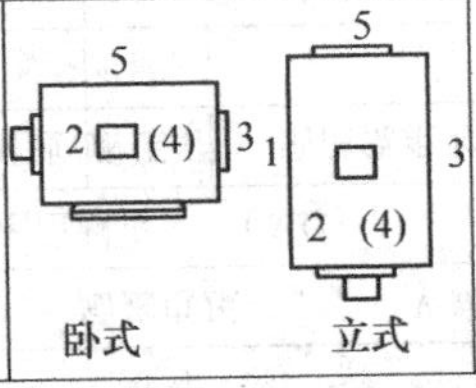

振动测定
/(Vmm/s)
(mm)
1(　)　4(　)
2(　)　5(　)
3(　)　6(　)

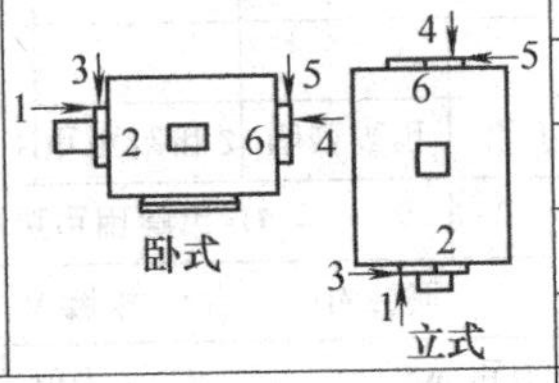

技术条件编号		电压/V 电流/A	定子		转子	
型号						
接法	定子　转子	结论				
容量		试验员				
转速						
校核		试验日期				
工号		序号				

1、长×宽×高=(　　)×(　　)×(　　)(mm)；
2、单位：电压 V、电流 A、功率 kW、温度℃、电阻 Ω、绝缘电阻 MΩ、转速 r/min

表 B-3　同步（变频）电机出厂试验记录　　　试验频率（　　Hz）

工号　　型号　　极数　　极　功率　　kW 电压　　V 电流　　A 接法　　功率因数　　旋向

产品序号　　励磁电压　　V 励磁电流　　A 频率　　Hz 转速　　r/min 防护等级　　冷却方式　　冷却水量　　T/h 轴承冷却水量　　T/h

绝缘电阻测定（MΩ）						直流电阻测定/Ω			测温元件电阻测定/Ω					泄漏试验/μA		交流耐压 1min/V		结论
名称	相间	对地	耐压后	励磁绕组对地		电枢绕组 1	电枢绕组 2	励磁绕组	定子		个		个	电压（　kV）		转子一地		
U—											个		个	U-VW 地		U-VW 地		
V—				加热器检查				室温　℃	冷却器		个		个	V-WU 地		V-WU 地		
W—				MΩ	Ω				轴承		个		个	W-UV 地		W-UV 地		
吸收比		极化指数		三相电压平衡检查		U：	V：	W：	I_f：	频率：				UVW-地		UVW-地		

空载特性试验方法（　）R：				拖动机输入 R：			稳态短路试验方法（　）				工频堵转试验			倍匝间试验
电压	电流	功率	励磁电压/电流	电压	电流	励磁电流	（被试电机）R：		拖动机输入 R：		电压	电流	功率	倍超速试验
							电流	励磁电压/电流	电压	电流				
														轴电动势/V

	U1	U2	U3
高低压油油压　高低压油流量	U1	U2	U3
低压油压力：　　kPa			
高压油顶升压力：　MPa			

高压油流量/（L/min）传动端　　非传动端

顶升高度/mm 传动端　　非传动端

低压油流量/（L/min）进/出油温度：　/　℃

传动端：　推瓦　　导瓦　　非传动端

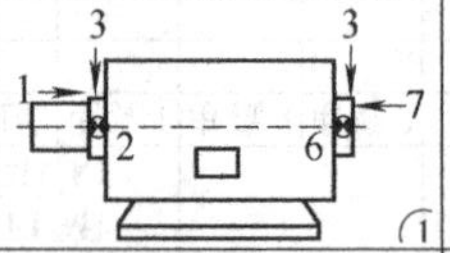

振动测试	Hz	1	2	3	5	6	7	最大

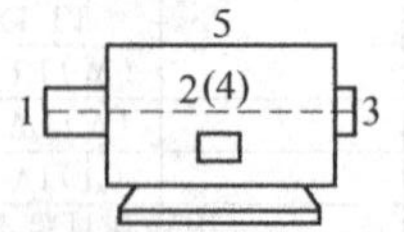

噪声测试	Hz	1	2	3	5	6	平均	环境

轴承温度：室温　　℃	
传动端（下）	
导瓦	
推瓦	
非传动端	
最终空转（　　）格	
耐压后定测（　　）格	

试验员＿＿＿＿＿＿＿＿试验日期＿＿＿＿校核＿＿＿＿结论＿＿＿＿终结认可＿＿＿＿签注号＿＿＿＿技术条件＿＿＿＿

表 B-4 同步（变频）电机型式试验记录

试验频率（ Hz）

工号	产品序号	型号	极数 极	功率 kW	电压 V	电流 A	接法	旋向
功率因数	励磁电压 V	励磁电流 A	频率 Hz	转速 转/分	防护等级	冷却方式	冷却水量(t/h)电机	轴承

定子绝缘电阻测定/MΩ								转子绝缘电阻测定/MΩ			直流电阻测定(欧姆)室温/℃			测温元件电阻测定/Ω				
状态	冷态				热态		耐压后		冷态	热态	耐压后	电枢绕组 1	电枢绕组 2	励磁绕组	定子		个		个
名称	相间	对地	吸收比	极化指数	相间	对地	相间	对地									个		个
U—									加热器检查								个		个
V—									绝缘电阻 (MΩ) 个								个		个
W—									直流电阻 (Ω) 个						冷却器		个		个

绝缘介电和机械强度试验	结论	直流泄漏试验		定子交流耐压试验(1)min		转子耐压试验(1)min				个		个
倍匝间试验		电压(kV)	μA	电压(kV)	结论	电压(kV)	结论	轴承测温元件		个		个
倍超速试验		U-VW-地		U-VW-地		励磁绕阻-地				个		个
倍过电流试验		V-UW-地		V-UW-地				耐压后定子测温元件检查( )格				
		W-UV-地		W-UV-地		波形畸变率/(%)		零序电抗 X_0 测试	U:	I:		P:

抽转子试验 XP Hz	U:	I:	P:	R:	$X''_dX''_q$测定 Hz	转子电流大	U:	I:	P:	转子电流小	U:	I:	P:	R:
空载过励试验 Hz	U:	I:	P:	U_f:	I_f:	R:	空载欠励试验 Hz	U:	I:	P:	U_f:	I_f:	R:	

转动惯量试验 (Hz)	开路不励磁(r/min)	Δt(s)	牵入转矩试验	转速(r/min)						
	短路加励磁(r/min)	Δt(s)		时间(s)						

稀油站输出高低压油压力及轴瓦高低压油流量与顶升高度		空转轴承温度 Hz: / (℃)			振动噪声测试										
高压油顶升压力: MPa		传动端(下)			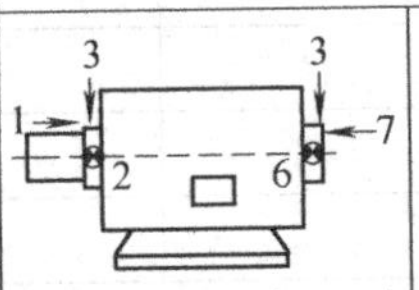 单位:S(mm)V(mm/s)	振动测试	Hz	1	2	3	5	6	7	最大
高压油流量/(L/min)传动端	非传动端	推瓦												
顶升高度/mm 传动端	非传动端	导瓦												
低压油压力: kPa		非传动端												
低压油流量/(L/min)		进/出油温度			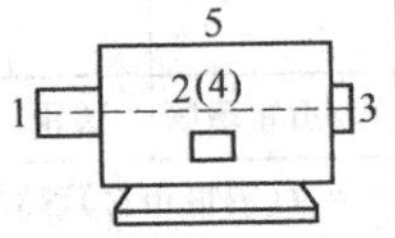 单位:A/LP(dB)	噪声测试	Hz	1	2	3	4	5	平均	环境
传动端: 推瓦 导瓦 非传动端		室温/℃												
三相电压平衡检查/V	U: V: W: Hz: If:													
轴电势测试/V	Hz: / U1: / U2: / U3: /													

试验员______试验日期______校核______结论______终结认可______签注号______技术条件______

（续）

工号　　　　产品序号　　　　型号　　　　试验频率/Hz

空载特性试验（　　）$R=$				拖动机输入 $R=$			
电压	电流	功率	励磁电压/电流	电压	电流	功率	励磁电流

稳态短路特性试验（发电机法）$R=$				拖动机输入 $R=$			
电流	电流	电流	励磁电压/电流	电压	电流	功率	励磁电流

稳态短路特性试验（惰转法）$R=$				工频堵转试验 $R=$				
电流	电流	电流	励磁电压/电流	电压	电流	电流	电流	功率

备注：

试验员________　试验日期________　校核________　结论________　终结认可________　签注号________　技术条件________

（续）

工号：　　　　产品序号：　　　　型号：　　　　试验频率　　Hz

温升试验：试验方法（　　　　）电机冷却水量　　　　t/h 上轴承冷却水量　　　　t/h 轴承座进油量：传动端　　　　L/min 非传动端　　　　L/min

时间	电压	电流	功率	励磁电流	拖动机输入				机壳	碳刷	进风水	轴瓦出水	出风水	内进风 1	内进风 2	内出风	定测高温	定测低温	导瓦	前推瓦	下后轴承	进出油温	室温
					电压	电流	功率	励磁电流															

温升热电阻测量

序号	电枢绕组		励磁绕组	
	时间	电阻	时间	电阻
1				
2				
3				
4				
5				
6				
7				
8				

备注：

试验员＿＿＿＿＿＿　试验日期＿＿＿＿＿＿　校核＿＿＿＿＿＿　结论＿＿＿＿＿＿　终结认可＿＿＿＿＿＿　签注号＿＿＿＿＿＿　技术条件＿＿＿＿＿＿

参考文献

[1] 才家刚，等．电机试验技术及设备手册［M］．北京：机械工业出版社，2011.

[2] 徐君贤．电机与电器制造工艺学［M］．北京：机械工业出版社，2012.

[3] 常玉晨．电机制造工艺学［M］．哈尔滨：黑龙江科学技术出版社，2004.

[4] 黄国治，傅丰礼．中小旋转电机设计手册［M］．北京：中国电力出版社，2007.

[5] 胡岩，等．小型电动机现代实用设计技术［M］．北京：机械工业出版社，2008.

[6] 胡志强．电机制造工艺学［M］．北京：机械工业出版社，2011.

机 械 工 业 出 版 社

教师服务信息表

尊敬的老师：

您好！感谢您多年来对机械工业出版社的支持与厚爱！为了进一步提高我社教材的出版质量，更好地为职业教育的发展服务，欢迎您对我社的教材多提宝贵意见和建议。另外，如果您在教学中选用了《电机制造工艺及装配》（罗小丽　主编）一书，我们将为您免费提供与本书配套的电子课件。

一、基本信息

姓名：__________　性别：__________　职称：__________　职务：__________

学校：______________________________　系部：__________

地址：______________________________　邮编：__________

任教课程：__________　电话：__________　手机：__________

电子邮件：__________　qq：__________　msn：__________

二、您对本书的意见及建议

（欢迎您指出本书的疏误之处）

三、您近期的著书计划

请与我们联系：

100037　机械工业出版社·技能教育分社　林运鑫　收

Tel：010-88379243

Fax：010-68329397

E-mail：lyxcmp2009@ aliyun. com